JN028145

改訂2版

Rユーザのための RStudio［実践］入門

松村 優哉、湯谷 啓明
紀ノ定 保礼、前田 和寛［著］

技術評論社

●**本書をお読みになる前に**

本書に記載された内容は、情報の提供だけを目的としています。したがって、本書を用いた運用は、必ずお客様自身の責任と判断によって行ってください。これらの情報の運用の結果について、技術評論社および著者はいかなる責任も負いません。

本書に記載がない限り、2021年3月現在の情報ですので、ご利用時には変更されている場合もあります。

以上の注意事項をご承諾いただいた上で、本書をご利用願います。これらの注意事項をお読みいただかずにお問い合わせいただいても、技術評論社および著者は対処しかねます。あらかじめ、ご承知おきください。

●**本書のサポートページ**

本書に記載されたプログラムコード、および本書の補足

https://github.com/ghmagazine/rstudiobook_v2

本書に記載の情報の修正・訂正

https://gihyo.jp/book/2021/978-4-297-12170-9

はじめに

本書の特徴

本書はRを用いて一連のデータ分析ワークフローを遂行するためのガイドブックです。近年、RおよびRに関連する環境の発展は目覚ましく、またそれに比例して国内外問わず多くのR関連書籍が執筆・出版されています。数多くの良書が出版されていますが、本書はその中でも、他の書籍にない次のような特徴があります。

- Rによる分析ワークフローの完結
- 充実したRStudio機能の紹介
- tidyverseへ準拠

Rによる分析ワークフローの完結

1つ目は、Rを用いた一連の分析ワークフローについて、1冊で完結させている点です。データ分析には、多少異なるにしろ大枠となるワークフローがあります（**図0.1**）。

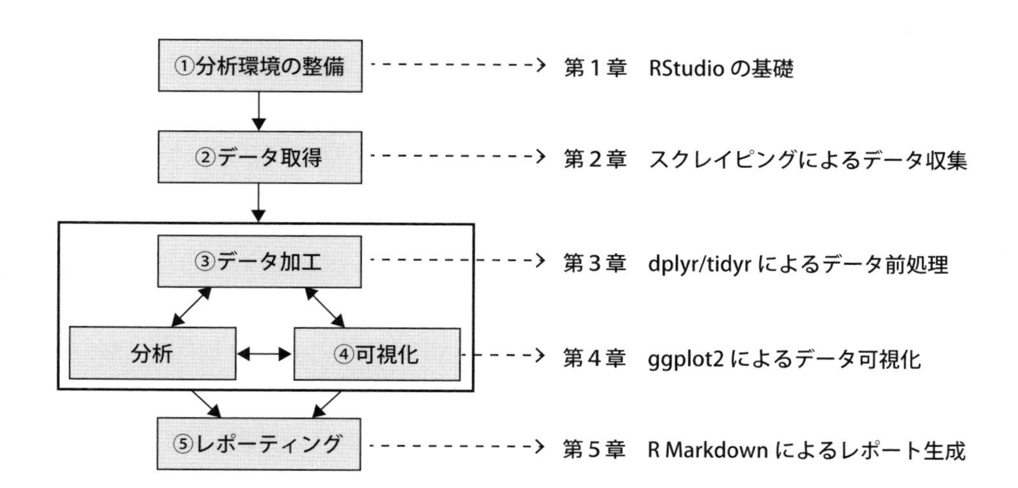

図0.1　分析のワークフロー

まずは①分析を実行するための環境を整備し、②分析の対象となるデータを取得します。データはさまざまな形で提供されます。必要に応じてWebからスクレイピングして取得することもあります。そして取得したデータをRに読み込みます。データを読み込んだあとは、③データを加工して分析できるデータへ整形します。通常、収集・受領したデータはそのままでは分析に使用できないことが多く、通称「前処理」と呼ばれる加工が必要となります。加工を終えたらいよいよ分析の実行です。データや分析結果の④可視化は、③の処理や分析と同時並行で行われます。適切なグラフのタイプを選択し、適切なオプションを設定してデータや結果の特徴を把握していきます。分析や可視化の結果によって、また違う観点で分析を行うために再度③に戻ることもあるでしょう。このように③データ加工と分析、④可視化を繰り返し、最終的な分析結果をまとめあげていきます。

ここまでで分析のワークフローは完了に思えますが、⑤レポーティングを忘れてはいけません。そもそも分析は何らかの目的があって遂行するものです。その目的が達成できたかどうか、また経過を他者に報告したり公開したりすることとなるでしょう。そのためにレポートやダッシュボードを作成します。これにて分析は完了となります。

Rにはこれらの一連の分析ワークフローを実施するためのパッケージ群がすでに準備されていますので、R上ではじめから終わりまで完結できます。これはRを利用した分析においては、大きなメリットといえるでしょう。そして本書はこのワークフローにそって、Rで行う場合の具体的な手順を詳細に解説します。つまり、本書は「Rを用いて一連のデータ分析ワークフローを完了／完結するためのガイドブック」という位置づけといえるでしょう。

充実したRStudio機能の紹介

2つ目は、RStudioに特化した内容だという点です。Rはコマンドを入力して実行していくソフトウェアです。他のプログラミング言語と同様に、Rにも統合開発環境（IDE）が提供されています。その中でも国内外問わず最も支持を集めて人気なのが**RStudio**です。RStudioはGitHub上で開発が進められているオープンソース・ソフトウェアです。豊富なメニュー、ボタンなどのGUI、統合的なグラフィック・ビューワーなどさまざまな機能が提供されています。またRStudioは開発が活発なのも特徴で、日々新しい機能が追加されています。

本書はこのRStudioの各種機能をフルに活用して分析ワークフローを進めていくノウハウを紹介しています。既存の書籍でもRStudioの機能を紹介したものはいくつかありますが、本書は執筆時で最新のRStudio v1.4.1103をベースにしています。RStudioの基本的な機能から最近組み込まれたものまで、初めての方でも体験できるようにまとめています。また開発が速いために、本書で紹介する内容が役に立たなくなるのではと思う方がいるかもしれません。執筆陣でもその点は留意し、できるだけ長く参照に足る書籍となるように配慮して執筆しました。RStudioが新しくなったとしても、本書の内容はきっと多くの方に役立つことでしょう。

tidyverseへ準拠

3つ目は、tidyverseに準拠している点です。R界隈で最も有名な人物であるHadley Wickham氏が提唱したtidy dataという考え方があります。tidyverseは、そのtidy dataから派生したデータ分析に使われるツールデザインに対する枠組みです。tidyverseについては重要な概念ですので、「はじめに」のあとに紹介しています。本書を読み進める前に一読することをお勧めします。

本書は「モダンなRによる分析」を目指すため、これらtidyverse群のパッケージをメインで紹介し、解説します。そのため「tidyverseなパッケージを駆使して分析するためのガイドブック」とも本書はいえるでしょう。

本書の構成

本書は上述のとおり、一般的に行われる分析ワークフローにそった構成をとります。

1章では導入としてR、RStudioの解説を行います。RやRStudioのインストールから、RStudioの各種機能について説明します。まずはRとRStudioの基本操作を押さえることを念頭に置き、その上でRStudioを自分好みにカスタマイズする方法などを試してください。

2章ではRによるデータ収集として、Web上のデータをダウンロード／取得する方法として**スクレイピング**を紹介します。実務においてWeb上からデータを取得する機会は頻繁にあり、Rにはそれを実行できるパッケージがすでに公開されています。これらの技術を駆使し、データを取得するスキルを習得します。

3章では取得したデータを分析できるような形式に加工するための**前処理**のノウハウを解説します。ここではdplyrパッケージ／ tidyrパッケージを用いてデータを整形し、コンピュータが処理しやすい「tidyな」データを作る方法を紹介します。この前処理はRでデータを扱う上で誰しも避けられない処理であり、Rを使いこなす上で重要なポイントとなるでしょう。

4章では**データの可視化**について解説します。Rによるデータの可視化として、現在はggplot2パッケージとggplot2の機能を拡張するパッケージがよく利用されています。可視化により大量のデータから主要な情報を効率的に伝えられるようになることを目指し、また豊富な用例を紹介することで実践的なテクニックが身につきます。

5章ではrmarkdownパッケージを用いて、Rによる処理をシームレスに**ドキュメント・レポートへ出力**する方法を紹介します。基本的な設定方法を説明し、多様な出力フォーマットへの対応、および日本語利用における注意点なども解説します。

付録Aでは`stringr`パッケージを用いて、文字列の検索や置換、抽出などの**文字列操作**を行う方法を紹介します。さらに、文字列操作を行う上で活躍する**正規表現**という技術についても紹介し、多種多様な文字列をR上で簡便に処理する方法を解説します。

付録Bでは`lubridate`パッケージを用いて、文字列から時刻への変換、日付計算など、**時刻・**

日付データを扱う方法を紹介します。実践的な集計例を交えつつ、タイムゾーンや曜日などつまづきがちなポイントについても解説します。

本書は、1章から順に読んでいくことを想定して構成していますが、関心がある章や項目からスムーズに読み進められるように考慮しています。したがって、自身が気になる箇所から読みはじめても構いません。しかし、折をみて他の箇所を読むことで、よりワークフロー全体の理解へとつながるでしょう。

本書の対象読者

本書が想定している読者は、「Rでデータ分析をする、あるいはしたいと思っているすべての方」です。いまやRStudioはRを実行する環境として高いシェアを占めています。そのRStudioの最新のテクニックをこれだけ広範囲で必要最低限にきっちりとまとめた書籍は他にありません。きっと多くのRユーザにとって得るものがあるでしょう。

また、特に以下のような方にはピッタリといえるでしょう。

- R／RStudioでモダンな分析環境を手にしたい
- 分析フローを意識した業務／解析をしたい

Rユーザであればあちこちで耳にするtidyverseへの理解やRStudioの便利機能を駆使できるようになるためです。その導入書として最適です。また、これまで各種ソフトウェアを駆使し、その結果をまた別のソフトウェアで可視化・レポーティングしていた方には、分析のワークフローを一気に遂行するための「ちょうどよい」テキストとなるでしょう。

本書で解説しなかったこと

本書では、Rを使う上での重要なポイントであったとしてもコンセプトを重視して取り上げなかった内容がいくつかあります。

まず、分析手法・統計的な説明については一切ふれていません。現在Rで実現できる分析手法は膨大な数にのぼり、それらを網羅することは困難を極めます。本書はあえてこの具体的な箇所を他書に譲ることで、専門領域によらない共通要素を充実させることとしました。

次に、パッケージ開発やShinyアプリケーションについてもふれないこととしました。Rのパッケージ開発はRの醍醐味の1つであり、RStudioにはそのためのさまざまな機能が提供されています。またShinyアプリケーションはRをバックグラウンドとしたアプリケーションをデプロイできる重要なフレームワークとなります。しかしこれらはRによるプログラミング知識が必須であり、またR自体に対する深い理解が求められます。これは本書のコンセプトから少々逸脱するものと判断しました。

そしてRStudio ServerやR環境の仮想化については省略します。近年では分析環境の再現性が重要視され、そのためにDockerなどを活用した分析環境の構築・共有が提案されています。またAWSなどクラウドサービスの利用も活発です。しかしこれらは分析環境のインフラ整備が必要であり、また実施する分析自体に大きく依存する事項が多くなります。これらを解決したい場合には、自分が所属する各部署との調整が最優先でしょう。

さあ RStudio で分析を

以上より、本書の特徴や位置づけが伝わったかと思います。ぜひ本書を読んで「Rによるモダンな分析フロー」をRStudioで実施してみましょう。Enjoy!

tidyverseとは

本書では、tidyverseと呼ばれるパッケージ群を積極的に使います。tidyverseは、単なるパッケージの寄せ集めではなく、さまざまな操作を統一的なインタフェースで直感的に行える「tidyなツール群」を目指すものです。その開発は、Hadley Wickham氏をはじめRStudio社の著名な開発者を中心に進められています。

tidyverse のパッケージ

tidyverseに含まれるパッケージは、「tidyverse」という名前のパッケージ[注0.1]をインストールすることでまとめてインストールできます。

```
install.packages("tidyverse")
```

`library(tidyverse)`を実行すれば、tidyverseに含まれるパッケージのうちよく使われるものをまとめて読み込んでくれます。`Attaching packages`に表示されているのが読み込まれたパッケージです[注0.2]。

```
library(tidyverse)
```

```
#> ── Attaching packages ─────────────────────────── tidyverse 1.3.0 ──   出力
#> ✓ ggplot2 3.3.3     ✓ purrr   0.3.4
#> ✓ tibble  3.0.6     ✓ dplyr   1.0.4
#> ✓ tidyr   1.1.2     ✓ stringr 1.4.0
#> ✓ readr   1.4.0     ✓ forcats 0.5.1
#> ── Conflicts ────────────────────────────── tidyverse_conflicts() ──
#> x dplyr::filter() masks stats::filter()
#> x dplyr::lag()    masks stats::lag()
```

本書執筆時点（バージョン1.3.0）では、以下のパッケージが読み込まれます。

- `ggplot2`：データを可視化するためのパッケージ
- `dplyr`：データにさまざまな操作を加えるためのパッケージ
- `tidyr`：データをtidy dataの形式に変形するためのパッケージ
- `readr`：さまざまなフォーマットのデータを読み書きするためのパッケージ
- `purrr`：関数型プログラミングのためのパッケージ

注 0.1　tidyverse パッケージは、いわゆる **メタパッケージ** と呼ばれる種類のものです。このパッケージ自体が機能を提供するというよりも、複数のパッケージを依存関係で結び付けることを主な目的としています。

注 0.2　`Conflicts` に表示されているのは、すでに読み込まれている関数と名前が衝突しているという警告ですが、ひとまず無視して大丈夫です。

- tibble：tibbleという**モダンなdata.frame**を提供するパッケージ
- stringr：文字列を操作するためのパッケージ
- forcats：因子型ベクトルを操作するためのパッケージ

これ以外にもさまざまなパッケージが含まれています。一部を紹介すると、以下のようなものです。

- jsonlite：JSONデータを扱うためのパッケージ
- xml2：XMLデータを扱うためのパッケージ
- httr：Web APIを使うためのパッケージ
- rvest：Webスクレイピングのためのパッケージ
- lubridate：日付型/時間型データを操作するためのパッケージ
- hms：時刻を表すデータ型[注0.3]を提供するパッケージ
- blob：バイト列を表すデータ型を提供するパッケージ

ちなみに、本書の初版執筆時点（2018年）では、tidyverseはまだまだ試行錯誤中の部分もありましたが、ここ3年ほどはパッケージの顔ぶれに変化がありません。個々のパッケージの開発はまだまだ活発に続けられていますが、「tidyなツール群」としての輪郭はある程度定まった、といえそうです。

一方で、モデリングに関してはtidymodels[注0.4]、機械学習に関してはmlverse[注0.5]、というように、領域に特化したツール群が新しく登場してきています。こうした広い意味でのtidyverseのエコシステムはこれからも拡大し続けていくでしょう。

tidyverseの過去

tidyverseの前身は、Hadleyが作成した数々のパッケージを指す「Hadleyverse」というバズワードでした。彼が中心となって作り上げたさまざまなパッケージがR界を一変させたことを称えてこう呼ばれました。しかし、HadleyはこのR名前を嫌い、useR!2016で「tidyverse」という呼び方を提案します[注0.6]。このRの一大エコシステムを作り上げているのは自分一人ではなく、Rを愛する多くの開発者なのだ、というメッセージだと筆者は考えています[注0.7]。

注0.3　素のRには日付型データ（Date）や時間型データ（POSIXctなど）はありますが、時刻（例：12:34:56）を表すデータ型が存在しません。hmsパッケージはそれを補完するためのものです。

注0.4　URL https://www.tidymodels.org/

注0.5　URL https://github.com/mlverse

注0.6　URL https://twitter.com/drob/status/748196885307920385

注0.7　実際、Hadley本人もそのようなツイートをしています。URL https://twitter.com/hadleywickham/status/774008060549312512

 tidyverse の未来

tidyverseが目指すところを宣言した「tidy tools manifesto」注0.8には以下の原則が提案されています。

1. 再利用しやすいデータ構造を使う（Reuse existing data structures）
2. 複雑なことを1つの関数で行うよりも、単純な関数を%>%演算子で組み合わせる（Compose simple functions with the pipe）
3. 関数型プログラミングを活用する（Embrace functional programming）
4. 人間にやさしいデザインにする（Design for humans）

「tidy」と聞くと、このあと3章で説明する「tidy data」を思い浮かべるかもしれません。しかし、この原則を見れば分かるように、tidyverseはもっと広範な「tidyさ」をスコープとするものです。その野望の大きさゆえに、この原則もまだまだ未完成なものです。これからtidyverseがどのような地平を切り拓いていくのか、刮目しましょう。

注0.8 URL https://cran.r-project.org/web/packages/tidyverse/vignettes/manifesto.html

Contents
目次

付録B lubridateによる日付・時刻データの処理 249

第1章 RStudioの基礎

本章では、Rプログラミングの統合開発環境であるRStudioの導入方法と、データ分析をするうえで有用ないくつかの機能を紹介します。RStudioを導入することで、コンソール上でのR実行と比べてRプログラミングの生産性を格段に向上させることができます。

本章の内容

1-1 RStudioのダウンロードとインストール

RStudioはRでデータ分析やプログラミングを行うのに便利な機能が豊富に用意されている統合開発環境（Integrated Development Environment；IDE）です。また、RStudioはクロスプラットフォームなソフトウェアですので、macOS、Windows、各種Linux系のOSに対応しています。ここではmacOSとWindowsでのインストール方法を解説します。公式サイト[注1.1]（**図1.1**）からダウンロードページ（**図1.2**）へアクセスし、ご利用のOSのインストーラをダウンロードします。本書執筆時点ではRStudioのバージョンは1.4.1103ですが、必ずダウンロードページに表示されている最新版をインストールするようにしてください[注1.2]。

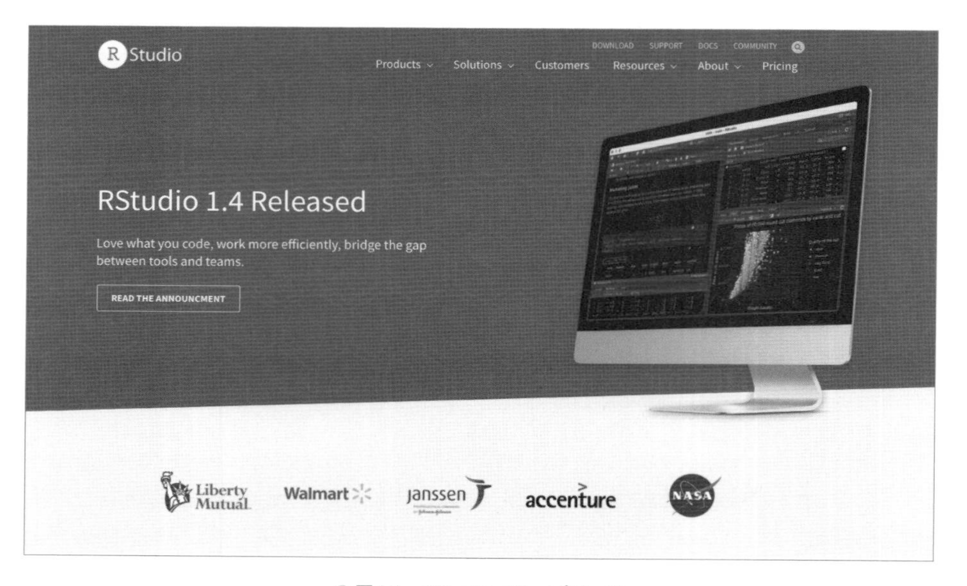

●図1.1　RStudioのトップページ

なお、RStudioを使うにはR本体がインストールされている必要がありますが、本書ではRのインストール方法についての解説は省略しています。以下のURLなどを参考にしてインストールしてください。

URL http://www.okadajp.org/RWiki/?R+のインストール

注1.1　URL https://rstudio.com/

注1.2　2021年9月以降にリリースされたRStudioは、バージョンが「2021.09.0+351」のようなリリースされた年月をベースにした形式になっています。

RStudio Desktop 1.4.1103 - Release Notes

1. Install R. RStudio requires R 3.0.1+.

2. Download RStudio Desktop. Recommended for your system:

Requires macOS 10.13+ (64-bit)

All Installers

Linux users may need to import RStudio's public code-signing key prior to installation, depending on the operating system's security policy.

RStudio requires a 64-bit operating system. If you are on a 32 bit system, you can use an older version of RStudio.

OS	Download	Size	SHA-256
Windows 10/8/7	RStudio-1.4.1103.exe	156.96 MB	c3384189
macOS 10.13+	RStudio-1.4.1103.dmg	152.77 MB	20148bd6
Ubuntu 16	rstudio-1.4.1103-amd64.deb	119.26 MB	f0857e27
Ubuntu 18/Debian 10	rstudio-1.4.1103-amd64.deb	120.30 MB	76864349
Fedora 19/Red Hat 7	rstudio-1.4.1103-x86_64.rpm	138.02 MB	8fcb2d29
Fedora 28/Red Hat 8	rstudio-1.4.1103-x86_64.rpm	138.01 MB	e2bf11e9

●図1.2　RStudioのダウンロードページ

macOS

macOSでは、「RStudio-1.4.1103.dmg」というファイルがダウンロードされます。これをダブルクリックしてインストールを行い、RStudioをアプリケーションフォルダにコピーします。

Windows

Windowsでは、「RStudio-1.4.1103.exe」というファイルがダウンロードされますので、これをダブルクリックしてインストールを行います。インストールの途中でデスクトップにショートカットを作成するかを聞かれます。もしここでショートカットを作成しなかった場合は、`C:\Program Files\RStudio\bin\rstudio.exe` ファイルをダブルクリックして起動します。

1-2 RStudioの基本操作

RStudioのインターフェース

RStudioは**図1.3**のような画面構成をメインに構成されており、それぞれの区切られた画面をペインと呼びます。なお、一番最初に起動したときは、左上のペインは表示されず、後述するスクリプトファイルを作成するときに表示されます。

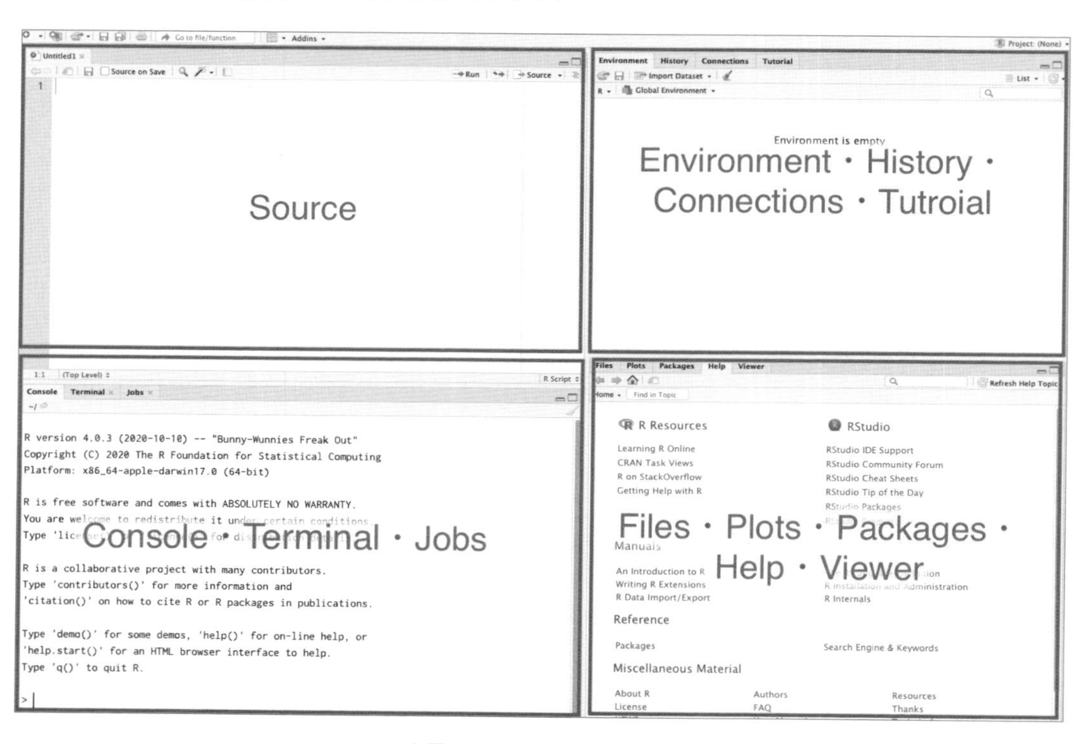

●図1.3　RStudioの起動画面

表1.1はペイン名とその概要およびペインに移動する際のショートカットを示しています。通常、キーボードショートカットはmacOSでは ⌘ 、Windowsでは Ctrl と置き換えられることが多いですが、RStudioのペイン移動に関してはどちらも control （Windowsでは Ctrl ）を使用します。

表1.1のうち、Jobsペインで利用できる機能については本節後半で説明します。

●表1.1　RStudioのペインについて

ペイン名	ショートカット	概要
Source	control + 1 (Windowsでは Ctrl)	Rのコードやコメントが書かれたソースコードを表示するペイン。読み込んだオブジェクトをプレビューするときにも使われる
Console	control + 2	Sourceペインに書かれたコードの実行や、ちょっとしたコマンドを直接入力して実行するためのペイン
Terminal	alt + shift + M	RStudio内でターミナル操作をするためのペイン
Jobs	-	Jobs機能を操作するためのペイン
Help	control + 3	関数やパッケージのヘルプを表示するペイン
History	control + 4	過去に実行したコマンドを記録しておくペイン
Files	control + 5	ワーキングディレクトリにあるファイルを表示するペイン。[More] > [Show Folder in New Window] で Finder（Windowsではファイルエクスプローラー）で現在のディレクトリを開くことができる
Plots	control + 6	図を表示するペイン。JPGやPNG形式のエクスポートもできる
Packages	control + 7	インストールされているパッケージを表示するペイン。このペインからパッケージのインストールやアップデートができる
Environment	control + 8	読み込んだデータや作成した変数、関数など、現在のワークスペース上にあるオブジェクトを表示するペイン。[Import Dataset] ボタンからは、コマンドを使わずにクリックだけでファイルを読み込むことができる
Connections	-	データベースとの接続を設定するためのペイン
Tutorial	-	learnrパッケージで作られたチュートリアルを使って、RStudioの基本操作を学習するペイン
Viewer	control + 9	HTML出力を表示するペイン。HTMLファイルへエクスポートできるほか、静止状態を画像として保存することもできる

プロジェクト機能

プロジェクト機能とは

データ分析者は複数の分析案件に関わることになります。その際、データや分析コードを案件ごとに管理できると大変便利です。これを実現するのがRStudioのプロジェクト機能です。プロジェクト機能を使うことによって、必要なファイルやGitによるバージョン管理などがプロジェクトごとに分けられるので、プロジェクトの管理が容易になります。ファイルやバージョンの管理は、分析の再現性に直結するため、とても重要です。

プロジェクトの新規作成

RStudio上では、右上の[Project:]ボタンから新しいプロジェクトを作ることができます。また、このボタン右のプルダウンをクリックすると、過去に開いたプロジェクトの履歴も表示されます。ここでは、新たにプロジェクトを作るので、[New Project]を選択します。[New Directory]（**図1.4**）→[New Project]（**図1.5**）の順にクリックすると、Create New Projectウィンドウが開きます。

ここで[Directory name:]にディレクトリ名を入力し（**図1.6**）、[Browse...]ボタンをクリックしてどこにそのディレクトリを作成するのかを選択します。最後に[Create Project]ボタンをクリックすると、プロジェクトが作成されて新しいウィンドウでRStudioが起動します。

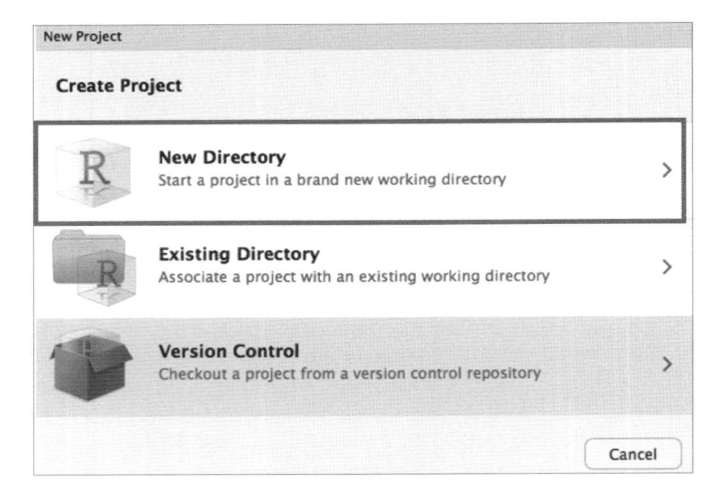

図1.4　新しいディレクトリを作成

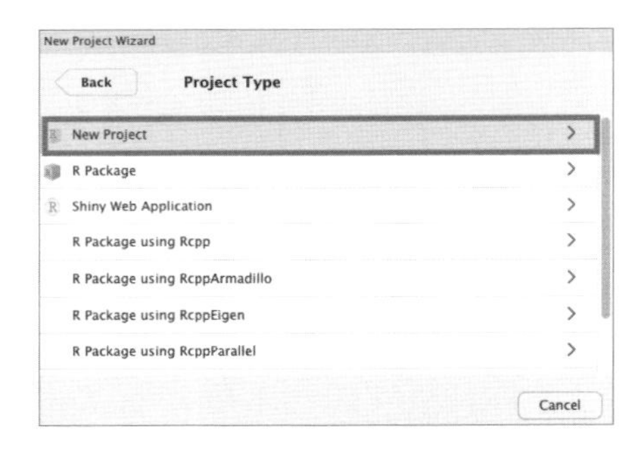

図1.5　新しいプロジェクトを作成

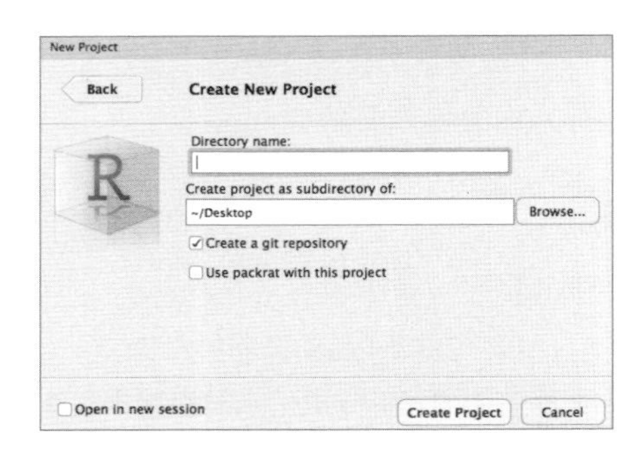

図1.6　ディレクトリ名を入力

プロジェクトが作成されると、作成したディレクトリには［プロジェクト名］.Rprojという名前のファイルが作成され、プロジェクトの設定などがこのファイルに記述されます。WindowsのエクスプローラーやmacOSのファインダーでは、.Rprojファイルをダブルクリックして分析などの作業を記録したプロジェクトを開くことができます。プロジェクトには作成したソースファイルやタブの並び順などが記録されていくため、一度閉じたあとでも再度プロジェクトファイルを開けばスムーズに作業を継続できます。

Rスクリプトの新規作成と保存

プロジェクトが作成できたら、いよいよRのスクリプトを書いていきます。Rスクリプト（R Script）は、Rのコマンドの集まりです。RStudio上でRスクリプト内のコマンド、あるいはRスクリプト全体を実行することで分析や可視化が実現できます。Rスクリプトを記述するファイルは、[File]→[New File]→[R Script]の順にクリックするか、左上のボタンから作成します（**図1.7**）

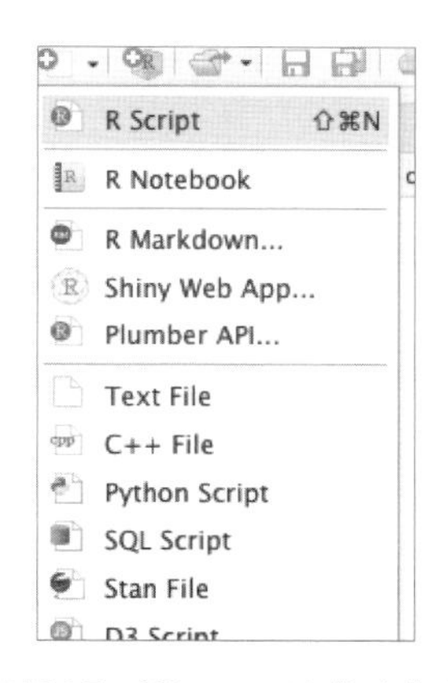

●図1.7　新しいスクリプトを作成

Rのコマンドの実行

それでは、Rのコマンドを実行してみましょう。Sourceペインで新しく作成したファイルに以下のように打ち込んでみましょう。

```
str(iris)
```

このコマンドの実行結果を得るには、macOSでは［⌘］+［enter］、Windowsでは［Ctrl］+［Enter］を押します。`str()`という関数によって、irisというデータセットの詳細が得られます。ここでは1行のみのコードでしたが、RStudio上では複数行にわたるコードであっても、それがひとかたまりのコマンドであれば範囲を指定することなく実行できます。たとえば、以下のコードでは1行目に

カーソルがあれば⌘+enter（macOS）やCtrl+Enter（Windows）で全体を実行できます。

```
# 1から10にそれぞれ1を足して出力
for (i in 1:10) {
  print(i + 1)
}
```

出力

```
[1] 2
[1] 3
[1] 4
[1] 5
[1] 6
[1] 7
[1] 8
[1] 9
[1] 10
[1] 11
```

とりわけ本書で扱うtidyverseパッケージ群を用いたコーディングでは、コードが複数行にわたってしまうことが多いためこの機能は非常に有用です。

オブジェクトの確認

データは思わぬ操作で壊れたり、変化したりします。分析や前処理を行うときは、以下のようにデータを確認しながら進めることになります。

- データが正しく読み込まれ、自分の想定している形かどうか
- データを整形している過程で正しく動作しているか

RStudio上で読み込んだデータや作成した変数などは、デフォルトで右上に配置されているEnvironmentペインに一覧で表示されます。ここで表示されたものに関しては、**図1.8**で強調されたボタン[注1.3]をクリックすることで、コンソール上で`str()`を実行したときと同じ結果が表示されます。データの型によって表示が異なりますが、`150 obs 5 variables`という出力から5つの変数と150のデータ数があることが確認できます。**図1.9**で表示されているオブジェクトはirisデータを読み込んでいます。具体的には、以下のコードでirisデータを読み込んだオブジェクト`d`を再生ボタンで展開すると、**図1.9**のように表示されます。変数名とその型が表示され、numは数値型、Factorは因子型を表します。

```
# iris データを読み込む
d <- iris
```

注1.3　正式な名前がないため、本書では「再生ボタン」と呼ぶことにします。

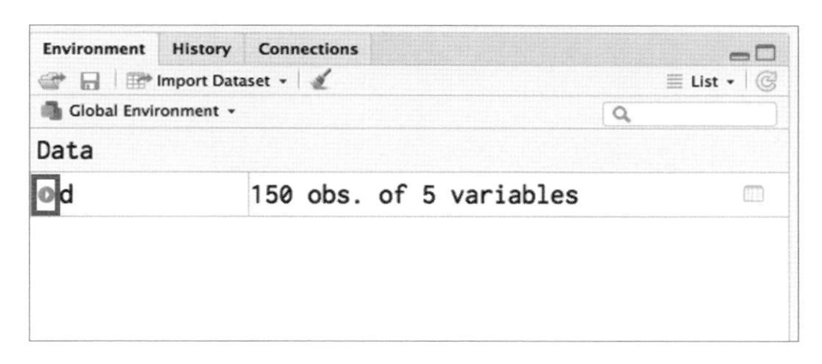

●図1.8　Environmentタブのボタン

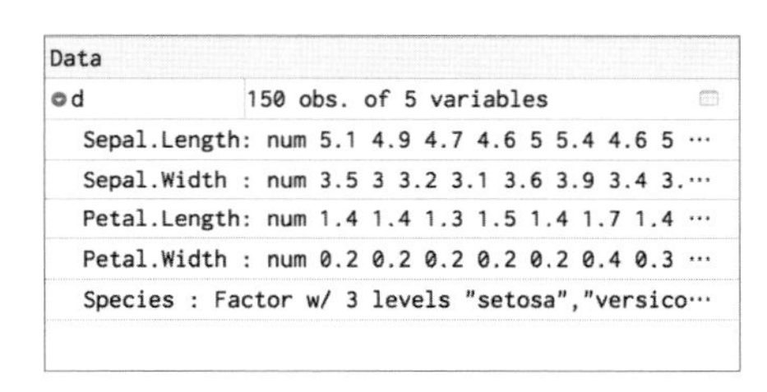

●図1.9　オブジェクトの内容が確認できる

ここではオブジェクトの簡単な確認方法について解説しました。次に挙げる一部の型のデータに関しては、デフォルトで左上に配置されているSourceペインにタブで表示でき、より詳細にデータを確認できます。

- データフレーム
- リスト
- 関数

順に見ていきます。

データフレーム

データフレーム型とは、行と列を持つ表形式のデータです。データフレーム型の場合、行の適当な場所、または右端の白いアイコンをクリックすることでデータの全体[注1.4]をSourceペインにタブとして表示することができます（**図1.10**）。このタブでは[Filter]ボタンをクリックし、さらに[All]と書かれたところをクリックするとスライダーが表示され、データを絞り込んで確認することができます（**図1.11**）。データの絞り込みは数値型の列であればデータの分布を表すヒストグラムが表示されますが、他の型（今回の例ではSpeciesの列は因子型）では違った表示がされますので、ぜひ試してみてください。

注1.4　データの行数があまりに多い（数百万行など）場合、表示に時間がかかり、最終行まで表示できないことがあります。

Filter

	Sepal.Length	Sepal.Width	Petal.Length	Petal.Width	Species
1	5.1	3.5	1.4	0.2	setosa
2	4.9	3.0	1.4	0.2	setosa
3	4.7	3.2	1.3	0.2	setosa
4	4.6	3.1	1.5	0.2	setosa
5	5.0	3.6	1.4	0.2	setosa
6	5.4	3.9	1.7	0.4	setosa
7	4.6	3.4	1.4	0.3	setosa
8	5.0	3.4	1.5	0.2	setosa
9	4.4	2.9	1.4	0.2	setosa
10	4.9	3.1	1.5	0.1	setosa
11	5.4	3.7	1.5	0.2	setosa
12	4.8	3.4	1.6	0.2	setosa
13	4.8	3.0	1.4	0.1	setosa

setosa

Showing 1 to 14 of 150 entries

●図1.10　データの全体を表示

	Sepal.Length	Sepal.Width	Petal.Length	Petal.Width	Species
	[...]	All	All	All	All
1		3.5	1.4	0.2	setosa
2		3.0	1.4	0.2	setosa
3		3.2	1.3	0.2	setosa
4		3.1	1.5	0.2	setosa
5		3.6	1.4	0.2	setosa
6		3.9	1.7	0.4	setosa
7		3.4	1.4	0.3	setosa
8	5.0	3.4	1.5	0.2	setosa

4 - 8

●図1.11　データの絞り込み表示

リスト

リストは、R上のどんな形式のもの（ベクトル、行列、データフレームなど）でも要素として持つことができるデータの形式です。リスト形式のデータもRStudio上で細かい構造を確認できます。特にリストは階層構造を持つことが多く、`str()`だけでは中身を細かく確認できないこともあるため、この機能は非常に有用です。たとえば、以下のコードで簡単なリストを作成してみましょう。

```
x <- list(m = matrix(1:10, nrow = 2), v = 1:100, df = iris)
```

これを実行すると、Environmentペインに`x`が表示されます。行のいずれかの箇所、または右端の虫眼鏡アイコンをクリックすると、Sourceペインに概要が表示され（**図1.12**）、再生ボタンで探索的にリストの要素を確認できます[注1.5]（**図1.13**）。また、**図1.13**でカーソルを要素に合わせ

注 1.5　これは、RStudio ver1.1.383 から正式に実装された機能です。古いバージョンを使っている場合は RStudio をアップデートする必要があります。

ると右端に白いアイコンが現れます。これをクリックすると、その要素へアクセスするにはどのようなコードを実行すれば良いかがConsoleペインに出力されます。たとえば、`df`という要素の`Petal.Length`という列にアクセスしたいときは、`x[["df"]][["Petal.Length"]]`と表示されます。

Untitled1* × | x ×

Show Attributes

Name	Type	Value
x	list [3]	List of length 3
m	integer [2 x 5]	1 2 3 4 5 6 7 8 9 10 ...
v	integer [100]	1 2 3 4 5 6 ...
df	list [150 x 5] (S3: data.frame)	A data.frame with 150 rows and 5 columns

図1.12　リストの概要表示

Untitled1* × | x ×

Show Attributes

Name	Type	Value
x	list [3]	List of length 3
m	integer [2 x 5]	1 2 3 4 5 6 7 8 9 10 ...
v	integer [100]	1 2 3 4 5 6 ...
df	list [150 x 5] (S3: data.frame)	A data.frame with 150 rows and 5 columns
Sepal.Length	double [150]	5.1 4.9 4.7 4.6 5.0 5.4 ...
Sepal.Width	double [150]	3.5 3.0 3.2 3.1 3.6 3.9 ...
Petal.Length	double [150]	1.4 1.4 1.3 1.5 1.4 1.7 ...
Petal.Width	double [150]	0.2 0.2 0.2 0.2 0.2 0.4 ...
Species	factor	Factor with 150 levels: "setosa", "setosa", "setosa", "setosa", "setosa", "setos , ...

factor

図1.13　リストの詳細確認

関数

データ分析をしていると、パッケージで提供された関数以外にも自分で関数を定義することがありますが、これについても他のオブジェクト同様にSourceペインから確認できます。たとえば、以下のように入力された2つの数字を足す簡単な関数を考えてみましょう。

```
tashizan <- function (a, b) {
  if ((class(a) == "numeric") == FALSE | (class(b) == "numeric") == FALSE) {
    stop("数値を入力してください") # a, b のどちらかが数値型でなければエラーを返す
  }
  a + b
}
```

上記のコードを実行すると、EnvironmentペインのFunctionsという項目に関数が登録されます。この行の右端の白いアイコンをクリックすると、Sourceペインに新しいタブとして関数の中身が表示されます。Consoleペインにtashizanと直接関数名を打っても関数の中身を見ることが

できますが、こちらの表示ではシンタックスハイライトによってより見やすくなっているのが特徴です。

補完機能

補完とは、コードを入力している途中でコマンドの候補を提案してくれる機能です。長いパッケージ名、関数名やスペリングを忘れてしまったときなどに非常に有用です。スクリプトのエディタ画面やConsoleペインで、3文字打つとパッケージ名や関数、オブジェクト名などが補完されます（**図1.14**、**図1.15**）。また、入力途中にTabキーを打つことでもコード補完機能を利用できます。補完候補の数が非常に多いことがありますが、入力を続けていくと候補が絞り込まれていきますので、目的の候補に矢印キーなどで移動したら再びTabキーを押すことで入力が確定されます。

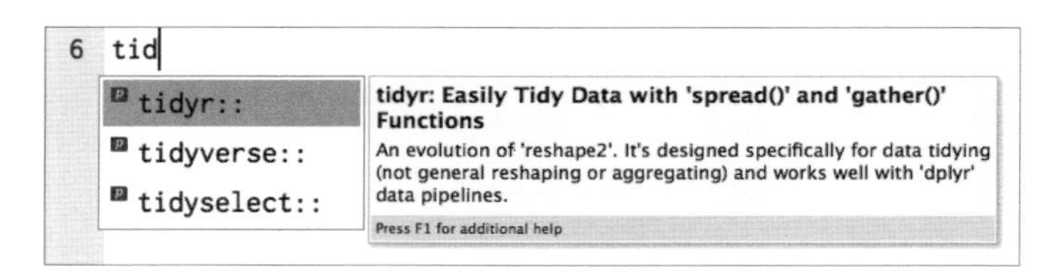

●図1.14　補完（パッケージ名）

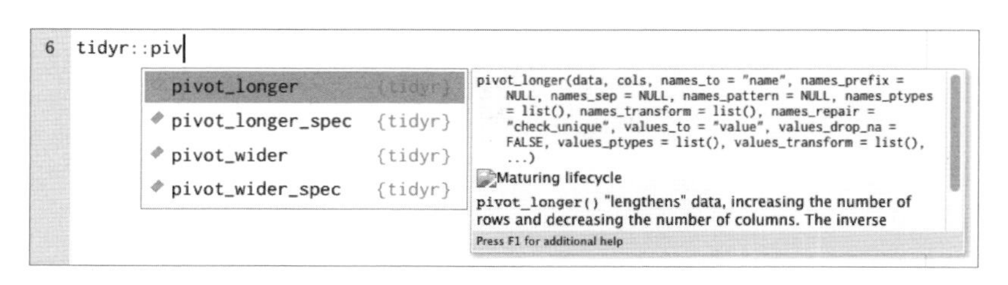

●図1.15　補完（関数名）

オブジェクト内の要素名の補完

RStudioの補完機能は、作成したオブジェクトの要素に対しても有効です。たとえば、データフレーム内の列名やリストの特定の要素にアクセスしたいとき、要素にアクセスするための$を入力すると補完がスタートします（**図1.16**）。

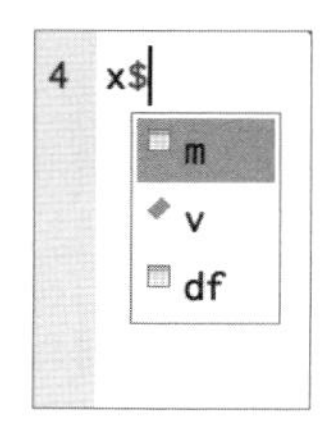

●図1.16　補完（リストの要素名）

また、リストが階層構造を持っているとき、つまりリストの要素がさらに要素を持つときでも有効です（**図1.17**）。

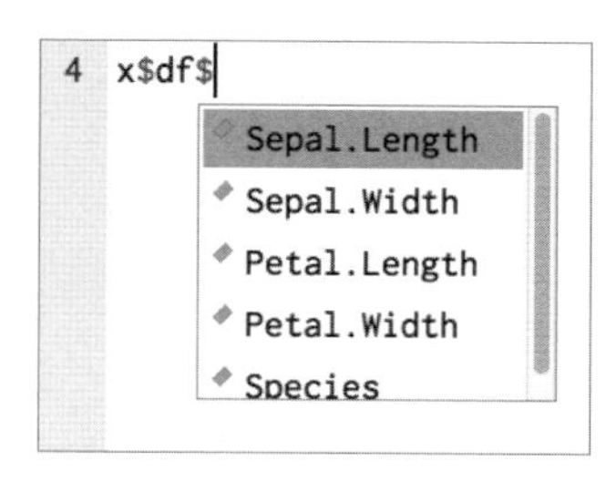

●図1.17　補完（リストの要素名2）

ファイル名の補完

ファイルの読み込みなど、関数の引数にファイル名を入力しなければならない場合、ファイル名を補完して入力を楽にすることができます。このときファイル名は""（ダブルクオーテーション）または''（シングルクオーテーション）の中に過不足なく入力される必要があります。上述の補完のように入力文字に応じた候補を選択することはできませんが、入力中に[Tab]キーを押すことでファイルを選択するウィンドウが表示されます（**図1.18**）。補完候補が表示されているときに[Tab]キーでディレクトリを決定すると、そのディレクトリ内へ進んでさらにファイル名を補完できます。

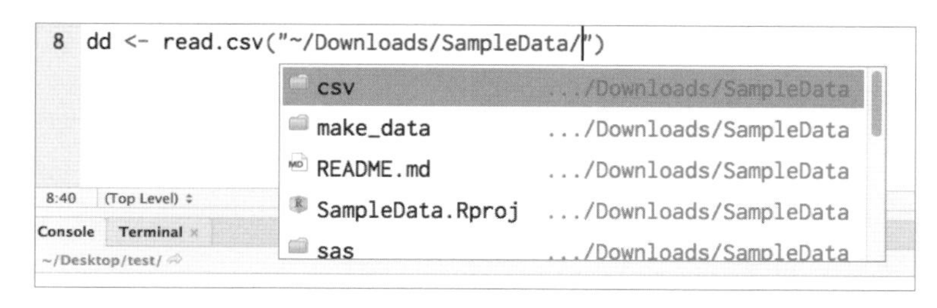

●図1.18　補完（ファイル名）

コードスニペット

スニペット機能は、特定の文字列でひとかたまりのコードを呼び出せる機能です。たとえば、`for`文では繰り返しの範囲と繰り返す処理の内容を書く必要があります。繰り返す処理は複数行にわたるコードになるので、その都度すべて書くのは生産性が高い開発とはいえません。ここで繰り返し処理を楽に記述するコードスニペット機能を利用します。`for`という文字列にはこのまとまりを楽に記述するためのコードスニペットが登録されています。Sourceペインのスクリプトタブ、またはConsoleペインで`for`と入力すると、**図1.19**のように表示されます。

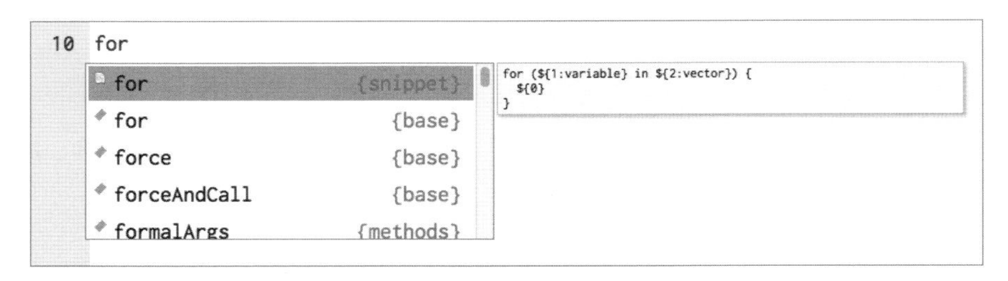

図1.19　forの補完

forに対して2つの候補が表示されています。メモ帳のようなアイコンの方で[Tab]または[Enter]キーを押すと、**図1.20**のようなひとかたまりのコードが挿入されます。

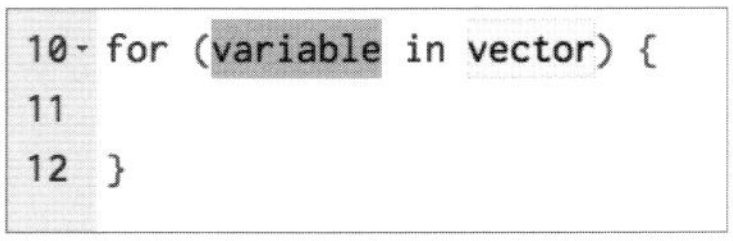

```
10 for (variable in vector) {
11
12 }
```

図1.20　forで挿入されるコード

ここで、variableと表示されている部分に繰り返しとして使われる変数（たとえばi）を入力し再び[Tab]キーを押すと、カーソルがvectorと表示されている部分に移ります。そこでここには繰り返しの範囲（たとえば1:10）を入力し、再び[Tab]キーを押すとカーソルが2行目の3文字目に移ります（2文字のインデントが自動で挿入されます）。その部分には繰り返したい内容を（たとえばprint(i)）入力します。最終的には以下のようなコードができ上がります。

```
for (i in 1:10) {
  print(i)
}
```

出力
```
[1] 1
[1] 2
[1] 3
[1] 4
[1] 5
[1] 6
[1] 7
[1] 8
[1] 9
[1] 10
```

見やすさを考慮してインデントも含めながらコードを書くのは、カーソルの移動も発生してしまうため大変です。コードスニペット機能を使うとこの作業を短時間で済ますことができます。このように定型句的な文字列を入力することで、必要なコードの断片の入力を楽に済ませる機能がコードスニペットです。また、このスニペットは自分で編集・追加、あるいは削除することができます。メニューバーから[Tools]→[Global Options...]で設定画面に行き、[Code]ダイアログを開き（**図1.21**）、一番下の[Edit Snippets]ボタンを押すと、登録されているスニペットの一覧が表示されます（**図1.22**）。この画面でカーソルの位置や順番を設定し、スニペットを編集、追加することができます。

たとえば`for()`のスニペットを編集したい場合、デフォルトでは以下のようなスニペットが登録されています。

```
snippet for
    for (${1:variable} in ${2:vector}) {
        ${0}
    }
```

この`${1:variable}`という記法では、1という番号が Tab を押した際の遷移順序を表し、`varibale`が補完したあとにガイドで表示される文字列です。この1や`variable`にあたる部分を書き換え、スニペットを編集します。

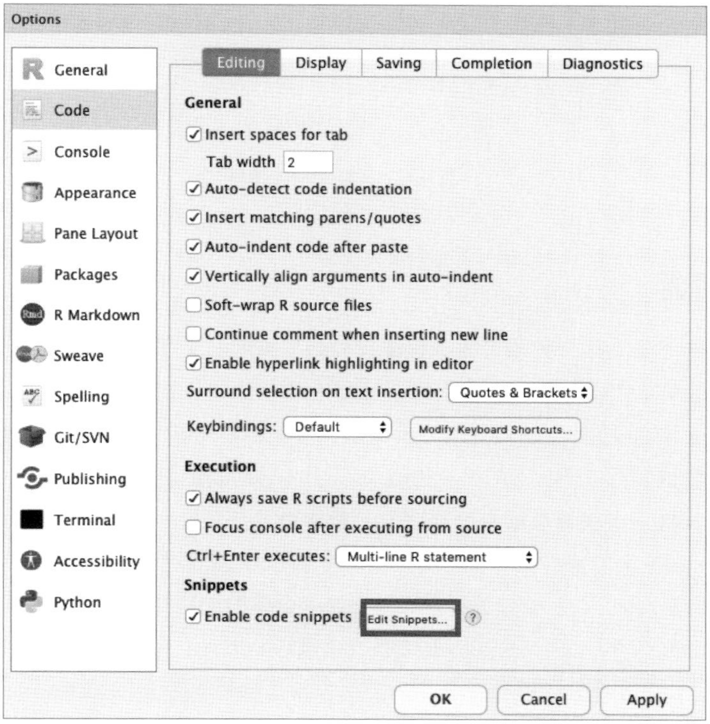

●図1.21 Edit Snippetsをクリック

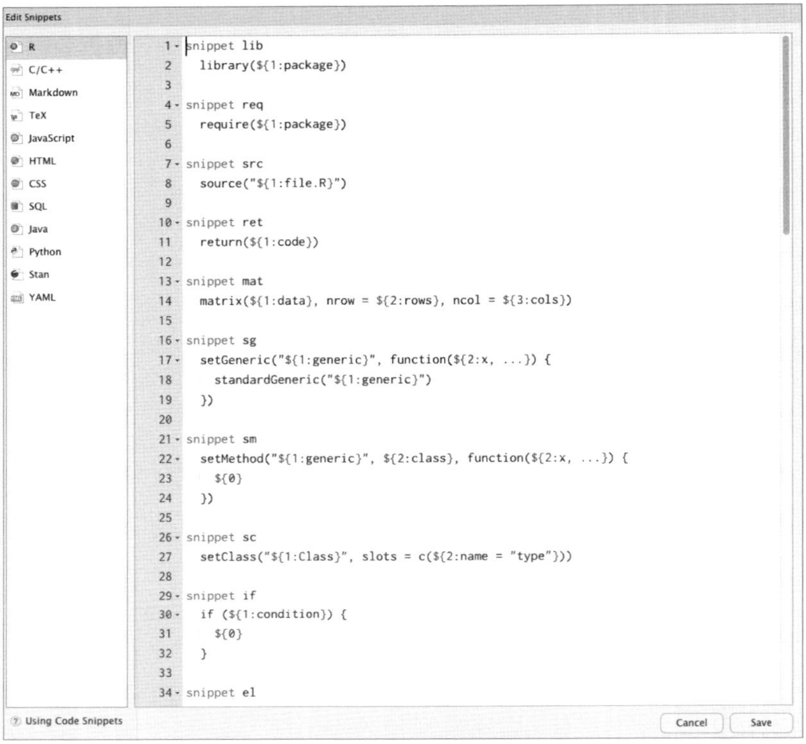

Edit Snippets

R
C/C++
Markdown
TeX
JavaScript
HTML
CSS
SQL
Java
Python
Stan
YAML

```
snippet lib
  library(${1:package})

snippet req
  require(${1:package})

snippet src
  source("${1:file.R}")

snippet ret
  return(${1:code})

snippet mat
  matrix(${1:data}, nrow = ${2:rows}, ncol = ${3:cols})

snippet sg
  setGeneric("${1:generic}", function(${2:x, ...}) {
    standardGeneric("${1:generic}")
  })

snippet sm
  setMethod("${1:generic}", ${2:class}, function(${2:x, ...}) {
    ${0}
  })

snippet sc
  setClass("${1:Class}", slots = c(${2:name = "type"}))

snippet if
  if (${1:condition}) {
    ${0}
  }

snippet el
```

Using Code Snippets　Cancel　Save

●図1.22　スニペットを編集

Jobs機能

ここでは、Jobsペイン上で使用できる機能について説明します。通常Sourceペイン上で編集されたRコマンドや、それらを保存した`.R`拡張子のスクリプトを実行したときは、Console上に結果が表示されます。しかし、ある程度分析に慣れてくると大規模なデータを処理し、さまざまな統計モデルや機械学習モデルで結果を比較するといった場面にも遭遇します。データサイズが大きいか、モデル構造が複雑な場合はコマンド全体の実行が終わるまでに時間がかかってしまい、その間はConsole上で他のデータの加工はできません。大規模なモデリングでは実行が数時間に及ぶこともあるため、これでは分析プロジェクト全体の進捗に影響が出てしまいます。

Jobs機能では、RスクリプトをConsoleではなく別のRセッションを用いたバックグラウンド実行ができます。つまり、大規模なモデリングであってもその処理中にConsoleで別の作業ができるようになります。

実際にJobs機能で簡単なスクリプトを実行してみましょう。まず、以下のコマンドを記述した

Rスクリプトを作成し、jobs_demo.Rとして保存します。

```
x <- 1 + 1
```

次に、Jobsペインから[Start Local Job]を選択します（**図1.23**）。

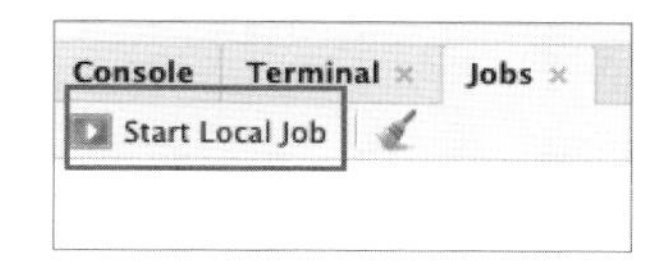

●図1.23　Jobsペイン

すると、**図1.24**のようなJob実行に関する設定画面が現れるので、各項目を設定します。ここで設定できる内容は**表1.2**のとおりです。

もう少しJobs機能のしくみについて説明します。まず、前提として、Jobはワークスペースから切り離された別の環境で実行されます。別の環境なので、ワークスペース上にある値や関数は存在しません。また、ワークスペースからJobが実行されている環境に直接アクセスすることもできません。

では、ワークスペースからJobに値を渡したり、あるいはJobの実行結果をワークスペースから参照するにはどうすればいいのでしょうか。まず、前者については、「ワークスペースをまるごとコピーしてその上でスクリプトを走らせる」というオプションが提供されています。これが「Run with copy of global environment」のチェックボックスです。Jobの中でワークスペースにある値を使いたい場合はここにチェックを入れましょう（今回の例では不要です）。後者については「実行完了後、Jobの環境に存在するオブジェクトをワークスペースにコピーする」というオプションが提供されています。これは「Copy job results」のドロップダウンから指定できます（今回は、実行結果であるオブジェクトxを取り出したいので、この設定が必要です）。

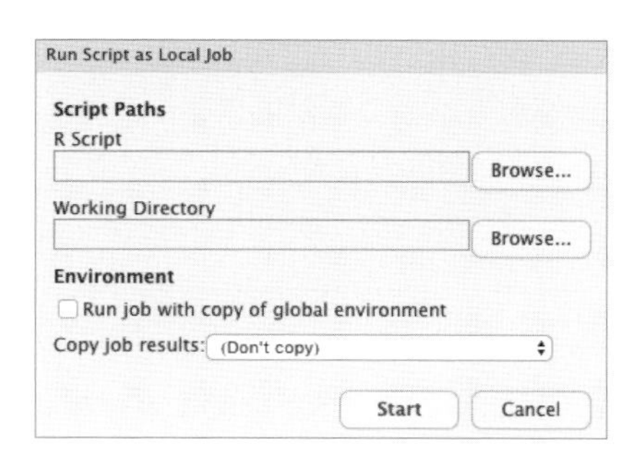

●図1.24　Jobの設定

表1.2　Job設定画面の項目

項目	設定内	設定内容
Script Paths	R Script	実行したいスクリプトのファイル
	Working Directory	スクリプトを実行するディレクトリ
Environment	Run with copy of global environment	ワークスペースのコピー上でスクリプトを実行する
Copy job results	(Don't copy)	実行結果をどこにも保存しない
	To global environment	実行結果をワークスペースに保存する
	To results object in global environment	実行結果をまとめて１つのオブジェクトとしてワークスペースに保存する

具体的に、`jobs.demo.R`をJobとして実行した場合の[Copy job results]の設定について見てみましょう。「To global environment」に設定した場合は、**図1.25**のようにオブジェクト`x`が保存されます。

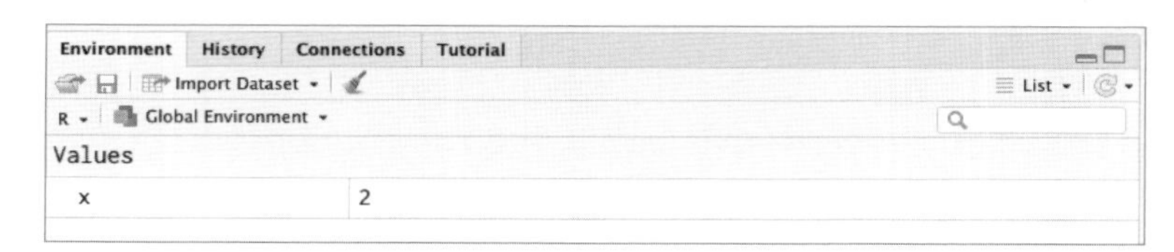

図1.25　To global environment

また、「To results object in global environment」に設定した場合は、**図1.26**のようにオブジェクト`jobs_demo_results`が保存されます。

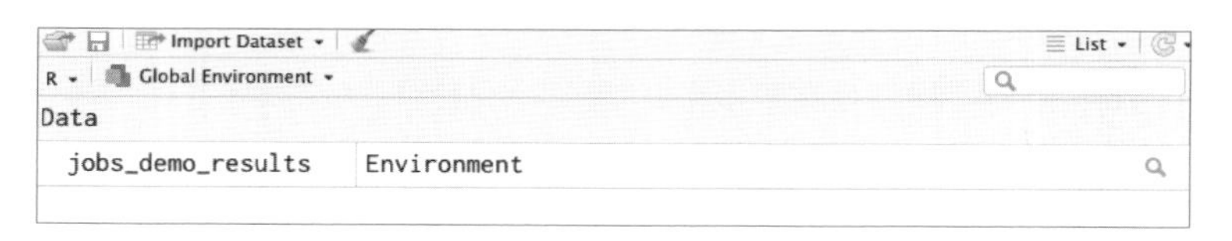

図1.26　To global environment

この場合、以下のようにして`x`を取り出すことができます。

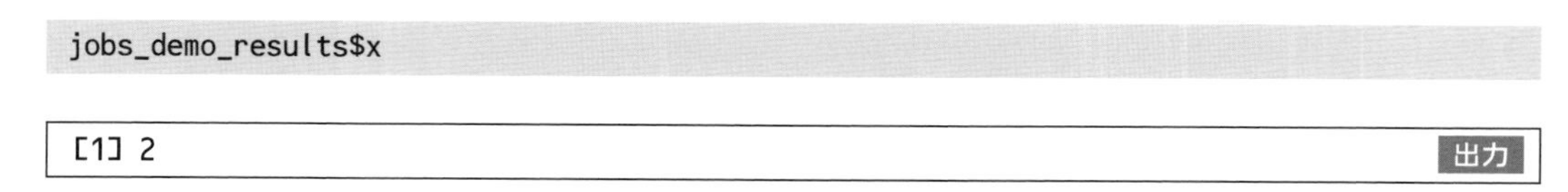

```
jobs_demo_results$x
```

```
[1] 2
```
出力

また、Jobを実行すると**図1.27**のようにJobsペインでは実行履歴を見ることができます。

Console	Terminal ×	Jobs ×	
Start Local Job			
jobs_demo.R	Succeeded 5:28 PM	0:00	
jobs_demo.R	Succeeded 5:27 PM	0:00	
jobs_demo.R	Succeeded 5:24 PM	0:00	

図1.27　To global environment

今回の`jobs_demo.R`は実行時間が非常に短かったですが、実行時間が長くかかりそうな処理はこのJobs機能を使いこなすことで時間効率よく分析を進めることができます。

1-3 RStudioを自分好みにカスタマイズ

RStudioはそのままでも十分便利なのですが、見た目やコード入力に関する設定を行うことで、より自分に合ったコーディングができます。本節では次の設定項目について解説していきます。特に、コーディングや外観に関する設定は人によって好みが大きく変わるので、これを設定しておくとより気分よく分析ができるようになるかもしれません。

- RStudio全般（General）
- コーディング（Code）
- 外観（Appearance）
- ターミナル（Terminal）
- キーボードショートカット

RStudio全般

RStudioそのものやRの挙動を設定するには、メニューバーから[Tools]→[Global Options...]→[General]を選択します（**図1.28**）。自分なりのRスタイルに合わせて設定をしてみるといいでしょう。

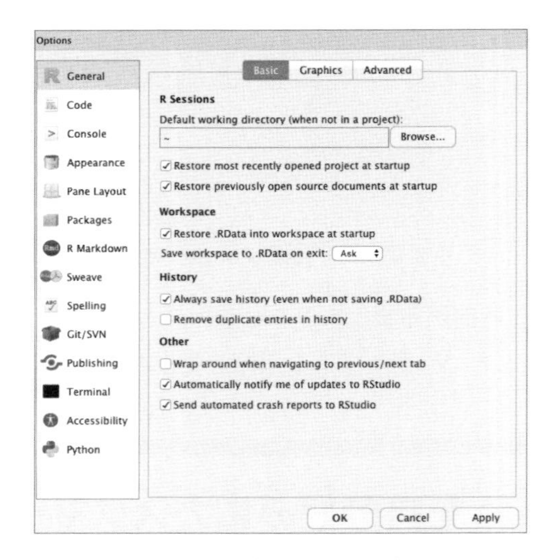

図1.28 全般に関する設定

表1.3に RStudio全般の設定項目をまとめています。

表1.3　RStudio全般に関する設定項目

項目	設定内容	デフォルト
Default working directory (when not in a project)	プロジェクトファイルから実行しないときのデフォルトの作業ディレクトリ	ユーザーホームディレクトリ(~)
Re-use idle sessions for project links	プロジェクトリンクにアイドルセッションを再利用する	On
Restore most recently opened project at startup	起動時に最近開いたプロジェクトを復元する	On
Restore previously open source documents at startup	起動時に前回開いたソースドキュメントを復元する	On
Restore .RData into workspace at startup	起動時にワークスペースに.RDataを復元する	On
Save workspace to .RData on exit	終了時にワークスペースを.RDataに保存する	Ask
Always save history (even when not saving .RData)	(.RData を保存しない場合も) 常に履歴を保存する	On
Remove duplicate entries in history	履歴の重複を削除する	Off
Show .Last.value in environment listing	Environment ペインに最後に実行した内容の値を表示する	Off
Use debug error handler only when my code contain errors	コードにエラーがある場合にのみデバッグエラーハンドラーを使用	On
Automatically expand tracebacks in error inspector	エラーがある箇所でトレースバック (何行目でエラーが起きたかエラーの詳細など) を自動的に展開する	Off
Wrap around when navigating previous/next tab	最後（初）のタブから次（前）のタブへ移動すると最初（後）のタブに戻る	Off
Automatically notify me of updates to RStudio	RStudioのアップデートを自動的に通知する	On
Send automated crash reports to RStudio	クラッシュ（エラーなどでアプリケーションが停止）の詳細を自動的にRStudioに送る	On

上記のうち、`.RData`はワークスペース（分析で作成したオブジェクトや関数、グラフなど）をまとめて保存しておけるファイルです。これを保存しておくと、ファイルなどが読み込まれた状態でプロジェクトが開くので、分析をスムーズに続けることができます。ただし、容量の大きなオブジェクトが多い場合は復元に時間がかかってしまうので、注意が必要です。

コーディング

コーディングスタイルに関する設定は[Tools]→[Global Options...→[Code]を選択します（**図1.29**）。ここでさらに5つのタブがあることからも分かるように、設定項目は非常に多くなっています。以下では、次に挙げるタブごとに設定項目を表にまとめ、特に重要と思われる箇所を適宜解説します。

- Editing：編集
- Display：表示
- Saving：保存
- Completion：補完
- Diagnostics：コード診断

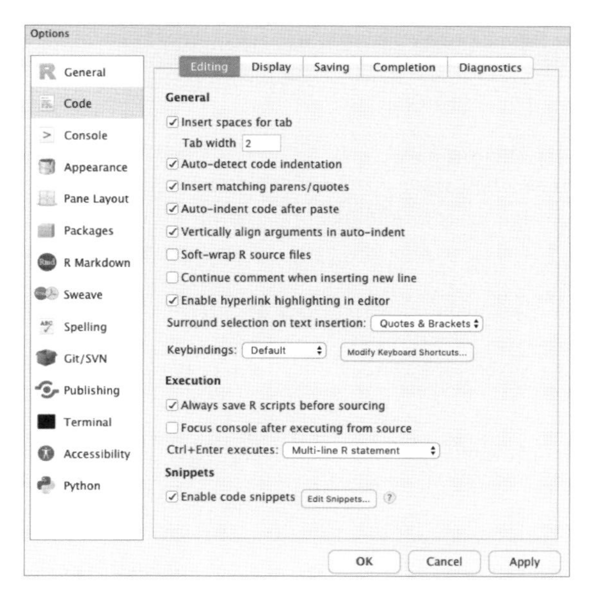

●図1.29　コーディングに関する設定

Editing：編集

Editingタブでは、コード編集に関わる項目を設定できます（**図1.30**）。

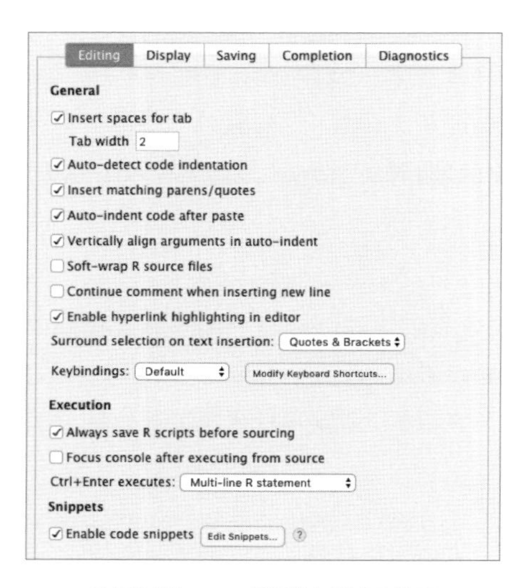

●図1.30　コード編集に関する設定

設定項目は**表1.4**のとおりです。

●表1.4　コード編集に関する設定項目

項目1	項目2	設定内容	デフォルト
General: 一般	Insert spaces for tab	タブにスペースを挿入	On
	tab width	タブ幅	2
	Insert matching parens/quotes	括弧/引用符を対にして挿入	On
	Auto-indent code after paste	貼り付け後、コードを自動的にインデント	On
	Vertically align arguments in auto-indent	自動インデントで引数を垂直に整列	On
	Soft-wrap R source files	エディタの幅を超えるRソースコードの行を次の行に折り返して表示する	Off
	Continue comment when inserting new line	新たな行を追加したとき、コメントを継続する	Off
	Surround selection on text insertion	テキスト挿入時に選択箇所を取り囲む	引用符と括弧
	KeyBindings	キーバインド	Default
Execution: 実行	Always save scripts before sourcing	ソース全体を実行する際にRスクリプトを常に保存	On
	Ctrl+Enter executes	実行ショートカットの挙動	Multi-line R statement
Snipetts: スニペット	Enable code snippets	スニペットを有効にする	On

ここで重要なのは[Insert spaces for tab]です。Rではタブはコードの見やすさを向上させるため、この項目はデフォルトのOnのままにしておくべきです。なお、タブ幅についてはRでは2が使われることが多いので、デフォルトの設定を変えることはあまりお勧めしません。キーバインドやスニペットは好みに応じて変更するといいでしょう。キーバインドではUNIX系のエディタ

であるVimやEmacsを選択できます。

Display：表示

Displayタブはエディタの見た目に関する設定をします（**図1.31**）。

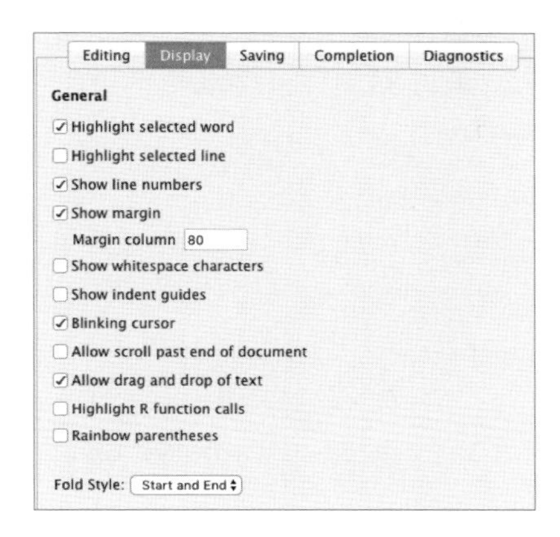

図1.31　エディタの見た目に関する設定

設定項目は**表1.5**のとおりです。

表1.5　エディタの見た目に関する設定項目

項目1	項目2	設定内容	デフォルト
General:一般	Highlight selected word	選択した単語を強調表示	On
	Highlight selected line	選択した行を強調表示	Off
	Show line numbers	行番号を表示	On
	Show margin	マージンを表示	Off
	Margin column	マージンの列数	80
	Show whitespace characters	空白文字を表示	Off
	Show indent guides	インデントガイドを表示	Off
	Blinking cursor	カーソルの点滅	On
	Allow scroll past end of document	文章の終わりまでのスクロール可能にする	Off
	Allow drag and drop of tsxt	文字をドラッグ&ドロップで移動可能にする	On
	Highlight R function calls	R関数呼び出しを強調表示	Off
	Rainbow parentheses	括弧を色分けする	Off
	Fold Style	コードの折り畳み	Start and End

エディタに関する項目でのお勧めの設定項目は、[Rainbow parentheses]をOnにしておくことです。Rスクリプトでは括弧が多用されるため、この設定をしておくと括弧が重なったときに色分けされ、括弧の対応が見やすくなります。

Saving：保存

Savingタブはスクリプトファイルの保存に関する設定をします（**図1.32**）。

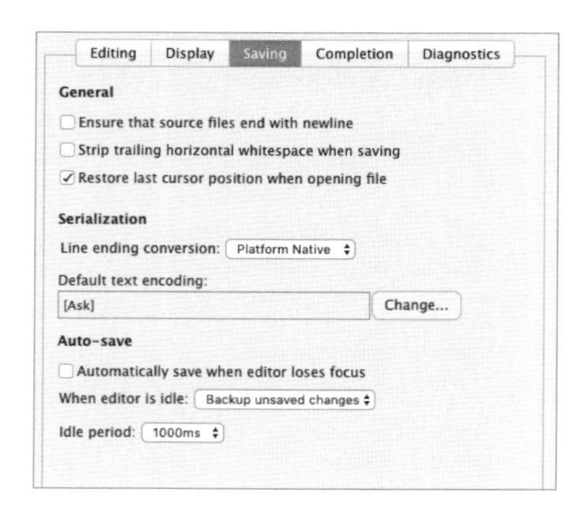

●図1.32　スクリプトファイルの保存に関する設定

設定項目は**表1.6**のとおりです。

●表1.6　スクリプトファイルの保存に関する設定項目

項目1	項目2	設定内容	デフォルト
General: 一般	Ensure that source files end with newline	ソースファイルが改行で終わるようにする	Off
	Strip trailing horizontal whitespace when saving	保存時に行頭と行末の空白文字列を取り除く	Off
	Restore last cursor position when opening file	ファイルを開いたときにカーソルの位置を復元する	On
Serialization: 永続的な設定	Line ending conversion	行末記号	Platform Native
	Default text encoding	デフォルトのテキストエンコーディング	[Ask]
Auto-save: 自動保存	Automatically save when editor loses focus	エディタから離れたときに自動保存する	Off
	When editor is idle:	編集作業が止まったときの挙動	Backup unsaved changes
	idle period :	編集作業の停止時間	1000ms

ここでは[Default text encoding]の項目が重要です。WindowsやmacOSなどシステムの文字コードが違うメンバーとファイルを共有しなければならない場合、日本語が文字化けしてしまうのを避けるために「相手に合わせる」「UTF-8で統一してしまう」など、何かしら対策を取るべきです。

Completion：補完

CompletionタブはRやRStudioが対応している言語のコード補完に関する設定をします（**図1.33**）。

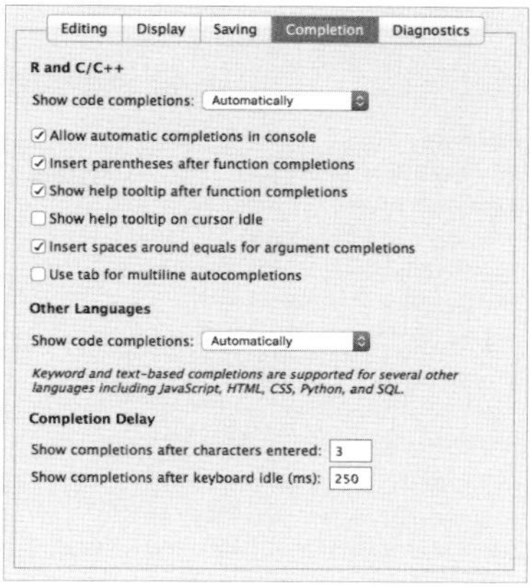

図1.33　補完に関する設定

設定項目は**表1.7**のとおりです。

表1.7　コード補完に関する設定項目

項目1	項目2	設定内容	デフォルト
R and C/C++: Rと C/C++	Show code completions	コード補完を表示	Automatically
	Allow automatic completions in console	コンソールで自動補完を許可	On
	Insert parentheses after function completions	関数の補完後に括弧を挿入	On
	Show help tooltip after function completions	関数の補完後にヘルプツールチップを表示	On
	Show help tooltip on cursor idle	カーソルアイドル時にヘルプツールチップを表示	Off
	Insert spaces around equals for argument completions	引数の補完に対して等号の前後にスペースを挿入	On
	Use tab for autocompletions	自動補完に対してタブを使う	On
	Use tab for multiline autocompletions	複数行の自動補完に対してタブを使う	Off
Other Languages: 他の言語	Show code completions	補完を表示	Automatically
Completion Delay: 補完遅延	Show completions after characters entered	補完を開始する文字数	3
	Show completions after keyboard idle(ms)	キーボードのアイドル時間	250

デフォルトのままでも特に問題ないですが、ツールチップ（関数やパッケージの要約）の表示や補完を表示する文字数は好みに応じて変更しても良いでしょう。

Diagnostics: コード診断

DiagnosticsタブはRやRStudioが対応している言語に対して文法的に間違っている場合は警

告を出すなどの設定ができます（**図1.34**）。

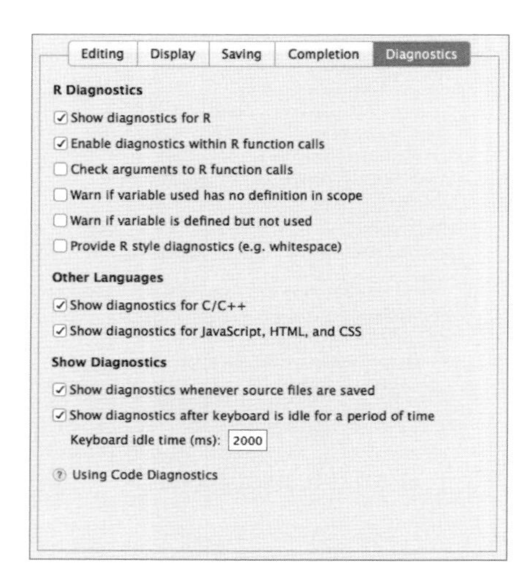

図1.34　コード診断に関する設定

設定項目は**表1.8**のとおりです。

表1.8　コード診断に関する設定項目

項目 1	項目 2	設定内容	デフォルト
R Diagnostics: R診断	Show diagnostics for R	Rのコード診断を表示	On
	Enable diagnostics within R function calls	R関数呼び出し内で診断を有効にする	On
	Check arguments to R function calls	R関数呼び出しの引数をチェック	Off
	Warn if variable used has no definition in scope	使用する変数がスコープ内に定義されてない場合に警告	Off
	Warn if variable is defined but not used	変数が定義されているが使われていない場合に警告	Off
	Provide R style diagnostics (e.g. whitespace)	Rスタイル診断（例：空白文字）	Off
Other Languages: 他の言語	Show diagnostics for C/C++	C/C++に対して診断を表示	On
	Show diagnostics for JavaScript, HTML, and CSS	JavaScriptおよびHTML、CSSに対して診断を表示	On
Show Diagnostics: 診断の表示	Show diagnostics whenever source files are saved	ソースファイルが保存されるたびに診断を表示	On
	Show diagnostics after keyboard is idle for a period of time	キーボードが一定時間アイドル状態になったあとに診断を表示	On
	Keyboard idle time (ms)	キーボードのアイドル時間	2000

ここはデフォルトのままでもいいですし、コーディングで初歩的なミスが多いと感じる場合は、多めにチェックを入れておくことを推奨します。

外観

エディタの見た目

Sourceペインのエディタについても見た目を自分好みに設定できます。メニューバーから[Tools]→[Global Options...]→[Appearance]で選択します。設定項目は**表1.9**のとおりです。

●表1.9 エディタの見た目に関する設定

項目	概要
RStudio Theme	デフォルトではModern。Modernでは、エディタのテーマが暗い見た目のときにはRStudio全体も暗い見た目になる
Zoom	拡大倍率
Editor Font	フォントの設定。外部からインストールしたフォントも設定できる
Editor Theme	エディタのテーマ

Pane Layout

ペインの配置や表示する種類を設定するにはメニューバーから[Tools]→[Global Options...]→Pane Layoutを選択します（**図1.35**）。この項目はデフォルトでも問題はないですが、「ソースの隣にコンソールが欲しい」など好みがある場合は変更するといいでしょう。

また、[Add Column]では編集画面を追加できます。RStudioではRスクリプトだけではなく、PythonやC++といったR以外のファイルを編集したり、R Markdownでドキュメントを書くという場面もあるので、ファイルの種類で列を分けて見やすくする方法もあります。

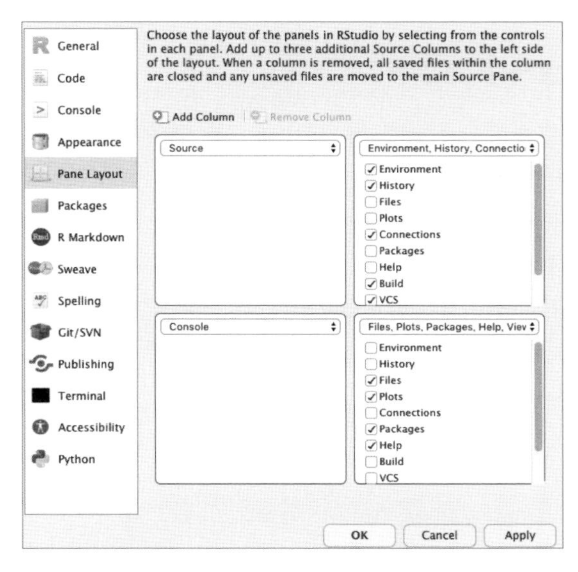

●図1.35　ペインに関する設定

Terminal

メニューバーから[Tools]→[Global Options...]→TerminalのShellという項目に移動すると、RStudioで使うターミナルについて設定できます（**図1.36**）。デフォルトではBash（macOS, Linux）、Command Prompt（Windows）になっています。

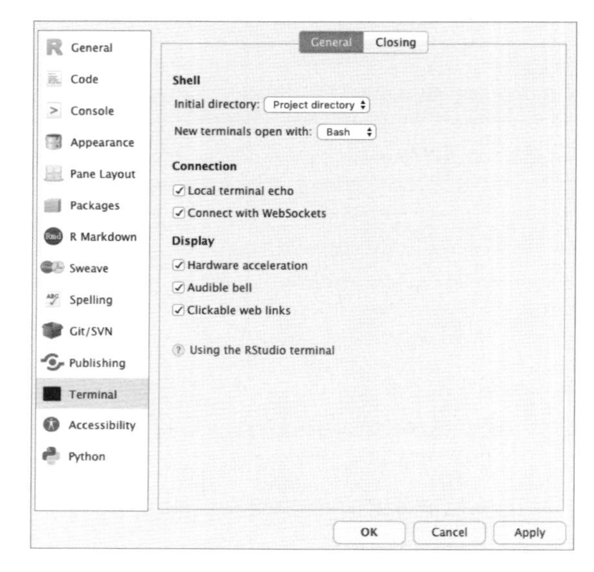

図1.36　ターミナルに関する設定

キーボードショートカット

RStudioには、たくさんのキーボードショートカットが登録されており、Rコードを実行するための ⌘ + enter もその1つです。登録されているキーボードショートカットの一部は、macOSでは option + shift + K、Windowsでは Alt + Shift + K で見ることができます。ここから[See All Shortcuts...]をクリックすると、すべてのショートカットがWeb ブラウザ上で確認できます。また、これらのキーボードショートカットを変更したい場合はメニューバーの[Tools]→[Modify Keyboard Shortcuts]から編集できます（**図1.37**）。ただし、現在のRStudioではショートカットを新たに作成できません。

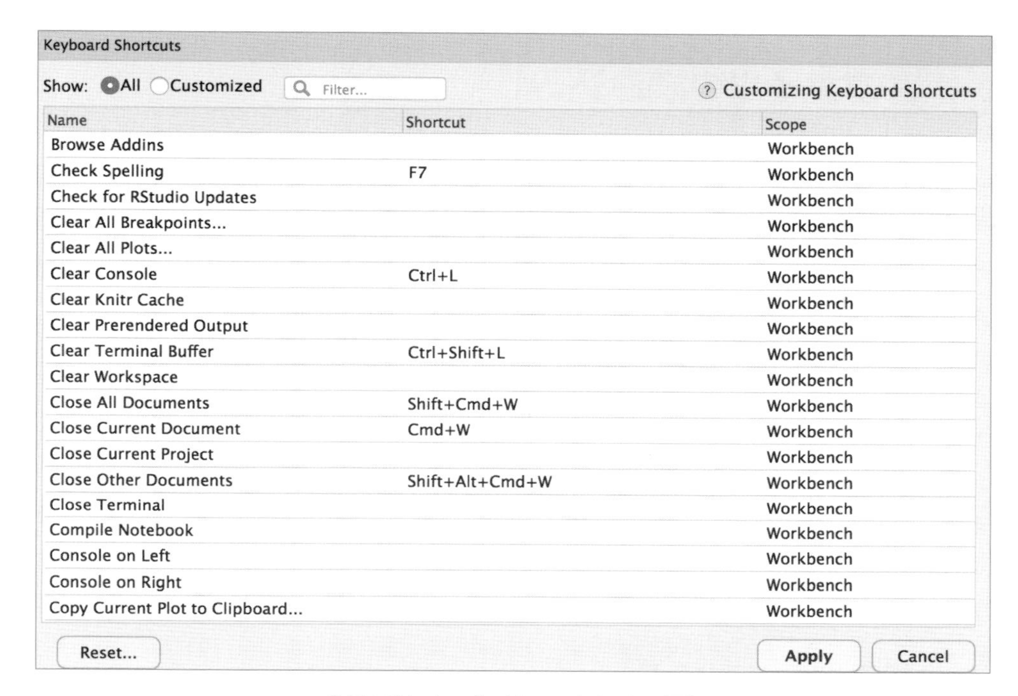

図1.37　キーボードショートカットの編集

便利なショートカット

特に便利と思われるショートカットを紹介します（**表1.10**）。Windowsの場合は⌘→Ctrlに読み替えてください。

表1.10　特に便利なショートカット

macOS	Windows	操作
⌘ + shift + N	Ctrl + Shift + N	新規Rスクリプトを作成
control + tab	Ctrl + Tab	次のタブへ移動
control + shift + tab	Ctrl + Shift + Tab	前のタブへ移動
⌘ + F	Ctrl + F	検索と置換機能の起動
shift + 矢印キー	Shift + 矢印キー	1文字ずつ選択範囲を広げていく
⌘ + D	Ctrl + D	カーソルがある行を削除する
⌘ + shift + C	Ctrl + Shift + C	カーソルがある行をコメントアウト

ここまでさまざまな設定項目を紹介してきましたが、RStudioはその他にもパッケージ作成やGit、R Markdownのための設定も用意されています。積極的に設定を見直しましょう。

1-4 ファイルの読み込み

前節まで、RStudioの機能について紹介してきました。本節では、RStudioでデータ分析を行うためには不可欠なデータの読み込みについて解説します。なお、本節ではCSVファイルなどの形でデータが存在する場合を扱います。Web上からデータを取得する方法については、「第2章 スクレイピングによるデータ収集」で詳しく解説します。

データにはCSVやTSV、Excelなどの形式のファイルがデータソースとして存在します。データ分析ではこれらを読み込む作業は非常に多いです。これらのうち、Rの標準関数で読み込むことができるファイル形式もありますが、後述するようにいくつかの問題があります。これに対し、tidyverseのパッケージには「より高速に、いい感じ[注1.6]にデータを読み込む」ためのパッケージが提案されています。また、RStudioの機能を使うことでデータの読み込みが手軽にできます。本章では、tidyverseパッケージ群に基づいたファイル読み込みについてRStudioの操作を交えながら解説します。

Rの標準関数の問題点

標準関数によるファイルの読み込みには次のような問題があると考えられます。

- データの大きさ：ファイルサイズが大きい場合、時間がかかる
- 読み込み型：読み込み後のデータ操作、分析しやすい形式でない場合が多い

データの大きさの問題

まず、ファイルサイズが大きいと読み込みに時間がかかってしまう点について解説します。例として、少し大きめのCSVファイル（約47MB）を読み込んでみましょう。あるECサイトでの購買ログデータがCSV形式で用意されているとします。データは次のURLから**図1.38**の「Download ZIP」ボタンでダウンロードします。"csv"フォルダ内の"Sales.csv"が購買ログのデータです[注1.7]。

URL https://github.com/ymattu/SampleData

注1.6　ここでの「いい感じ」とは、「便利である」とか、「あとでデータ操作や分析がやりやすい」といった意味です。

注1.7　なお、このデータは完全にランダムな値から作成しているため、実在するECサイト等とは一切関係ありません。

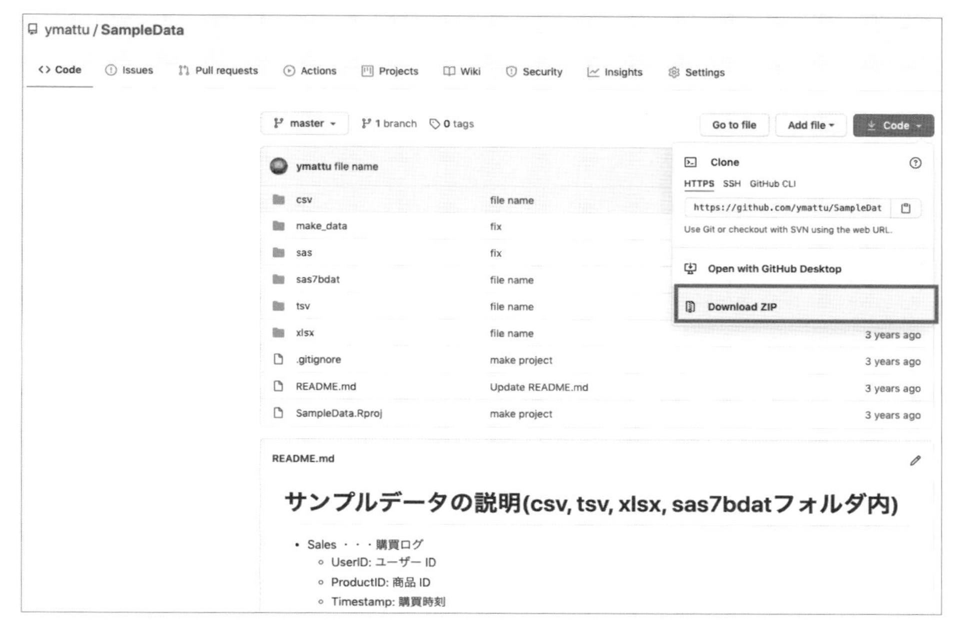

図1.38　GitHubからDownload ZIPをクリックし、データをダウンロード

CSVファイルを読み込む方法として、まずRの標準関数である`read.csv()`があります。ここではファイルの読み込み時間が論点なので、ファイル読み込みにかかる時間を計ることにします。これには読み込みたい部分のコードを`system.time()`で囲みます。

```
# CSVファイルの読み込み
system.time(
  dat <- read.csv("SampleData/csv/Sales.csv")
)
```

```
   user  system elapsed
  2.962   0.083   3.070
```
出力

いくつか数字が表示されますが、ここでは`elapsed`が実際にかかった時間です。読み込み速度はPCなどの実行環境に依存します。参考までに筆者の実行環境を以下に示します。

- OS：macOS (Big Sur)
- CPU：Core i7
- メモリ：16GB
- R 4.0.3

このように、ある程度スペックが高いマシン上であっても`read.csv()`ではファイルの大きなデータに対しては速度が遅くなってしまいます。今回は47MB程度でしたが、たとえば500MB程度のファイルですと1分を超えてしまい、これからデータの前処理や分析をしていきたいのに読み込みだけで時間をとられてしまうのはストレスです。

読み込み型の問題

次にデータ操作しやすい形式でない、という点について解説します。str()で読み込んだデータの内部を見てみましょう。

```
# データの内部を俯瞰
# RStudioのEnvironmentペインでも同様の結果を見られる
str(dat)
```

```
'data.frame':	1000000 obs. of  3 variables:                                    出力
 $ UserID   : chr  "HITsvayRCDnvIJYujN1Z" "f4yiZl2wpFNHDHzPwz4d"
"Tz5KIR8uZ3jDyd07jhIB" "Xn5NkZnuIM0eyV4PbrGn" ...
 $ ProductID: int  9793 2795 8446 2794 8480 4212 5515 7158 8115 2997 ...
 $ Timestamp: chr  "2016-01-01T00:00:47Z" "2016-01-01T00:00:59Z" "2016-01-01T00:01:20Z"
"2016-01-01T00:01:34Z" ...
```

今回のデータはユーザID、商品ID、日付時刻の単純なデータですが、Timestampの列が文字列型で読み込まれていることが分かります。Timestampは日時ですので、文字列型ではなく日時を表す型で格納されているのが適切です。日時を表すデータでは読み込み後に読み込んだ値から日付や時間、曜日などを抽出する作業が想定されますので、そういった操作に適した形式で読み込まれる方が良いといえます。このように、Rの標準関数でのファイル読み込みには次のような問題点があります。

- 容量が大きいと遅い
- 読み込む型が親切でない

そこで登場するのが、readrパッケージです。これはtidyverseのコアパッケージに含まれていますので、以下のようにtidyverseをインストールしパッケージをロードするだけで使えるようになります。

```
# インストールしていない場合、tidyverseパッケージのインストール
# install.packages("tidyverse")
library(tidyverse)
```

```
— Attaching packages ——————————————————————————————— tidyverse 1.3.0 — 出力

✓ ggplot2 3.3.3     ✓ purrr   0.3.4
✓ tibble  3.1.0     ✓ dplyr   1.0.3
```

```
✓ tidyr    1.1.2     ✓ stringr 1.4.0
✓ readr    1.4.0     ✓ forcats 0.5.0

── Conflicts ──────────────────────────────── tidyverse_conflicts() ──
x dplyr::filter() masks stats::filter()
x dplyr::lag()    masks stats::lag()
```

次では、CSVやTSVなど区切り値のあるファイルの読み込みを例にreadrパッケージの使い方を説明します。

readrパッケージ

CSV,TSVファイルの読み込み

CSVやTSVなど頻繁に使われるファイル形式については、それぞれread_csv()、read_tsv()という専用の関数が用意されています。前項でダウンロードしたCSVファイルを以下のように読み込みます。

```
# read_csv()での読み込み
dat2 <- read_csv("SampleData/csv/Sales.csv")
```

出力

```
── Column specification ──────────────────────────────────
cols( UserID = col_character(), ProductID = col_double(), Timestamp = col_datetime(for
mat = "") )
```

```
# データの内部を俯瞰
str(dat2)
```

出力

```
spec_tbl_df [1,000,000 × 3] (S3: spec_tbl_df/tbl_df/tbl/data.frame)
 $ UserID   : chr [1:1000000] "HITsvayRCDnvIJYujN1Z" "f4yiZl2wpFNHDHzPwz4d" "Tz5KIR8uZ3
jDyd07jhIB" "Xn5NkZnuIM0eyV4PbrGn" ...
 $ ProductID: num [1:1000000] 9793 2795 8446 2794 8480 ...
 $ Timestamp: POSIXct[1:1000000], format: "2016-01-01 00:00:47" "2016-01-01 00:00:59"
...
 - attr(*, "spec")=
  .. cols(
  ..   UserID = col_character(),
  ..   ProductID = col_double(),
  ..   Timestamp = col_datetime(format = "")
  .. )
```

何もオプションを付けずにファイル名を指定しただけですが、TimestampはPOSIXct型で読み込まれていることが分かります。POSIXct型は、日付や時刻の処理が扱いやすい型です。ここで、問題の1つであった実行時間を計ってみましょう。

```
system.time(dat2 <- read_csv("SampleData/csv/Sales.csv"))
```

```
── Column specification ──────────────────────────────────── 出力
cols(
  UserID = col_character(),
  ProductID = col_double(),
  Timestamp = col_datetime(format = "")
)

   user  system elapsed
  0.871   0.027   0.903
```

こちらも標準関数の`read.csv()`と比べると格段に速くなっていることが分かります。このように、readrパッケージを使うことでデータを高速に、「いい感じに」読み込むことができます。このパッケージは最初の100行から列の型を推測しているのですが、「いい感じ」といっても望んだ型でないことももちろんあります。そのようなときは、読み込む列の型を自分で指定できる`col_types`引数を使います。

```
# 方法1
dat2 <- read_csv("SampleData/csv/Sales.csv",
                 col_types = cols(col_character(),
                                  col_character(),
                                  col_datetime()))

# 方法2
dat2 <- read_csv("SampleData/csv/Sales.csv", col_types = 'ccT')
```

方法1の`col_character()`や方法2の`ccT`などは、列の型を読み込むときに指定する関数とその略記です。**表1.11**に`col_types`引数で指定できる関数と略記を示します。

●表1.11　col_types引数で使える関数と略記

略字	元関数	意味
c	col_character()	文字列
i	col_integer()	整数
d	col_double()	実数
l	col_logical()	TRUE or FALSE
D	col_date(format='')	日付
t	col_time(format='')	時間
T	col_datetime(format='')	日付時間
n	col_number()	数字以外の文字が含まれていても無視して数字として返す
f	col_factor(levels, ordered)	因子型
?	col_guess()	推測する
_	col_skip()	列を読まない

たとえば col_types = 'ccT' という指定をすれば、1列目、2列目は文字列型で、3列目は日付時間を表す型で読み込むことになります。また、略称ではなく col_character() のように関数で指定したい場合は col_types = cols(...) の他に col_types = list(...) とも書けます。

エンコーディングの指定

CSVファイルなどで、特に日本語が含まれているファイルでしばしば問題になるのはエンコーディングの問題です。readrパッケージではファイル形式がUTF-8であるものとして読み込みます。そのため、エンコーディングがShift_JIS（CP932）のファイル[注1.8]（"Products_cp932.csv"）を読み込むと文字化けを起こします。以下はUTF-8でエンコーディングされたファイルを読み込み、先頭6行を出力しています。

```
# UTF-8でエンコーディングされたファイル
product <- read_csv("SampleData/csv/Products.csv")
```

```
── Column specification ──────────────────────────────── 出力
cols(
  ProductID = col_double(),
  ProductName = col_character(),
  Price = col_double(),
  Category = col_character(),
  CreatedDate = col_date(format = "")
)
```

```
# 先頭6行を出力
head(product)
```

```
# A tibble: 6 x 5                                                出力
  ProductID ProductName Price Category               CreatedDate
      <dbl> <chr>       <dbl> <chr>                  <date>
1         1 YKDJw        1122 ヘルス＆ビューティー   2005-08-30
2         2 ftKQ7        1877 ヘルス＆ビューティー   2006-07-01
3         3 l8lqm        3754 家具・インテリア・家電 2005-05-26
4         4 8ntvc        8242 花・グリーン           2005-09-06
5         5 HhDBS        4461 食品                   2010-12-28
6         6 PKIs3        4963 雑貨・日用品           2005-02-09
```

以下はCP932でエンコーディングされたファイルを読み込んでいます。

```
# CP932でエンコーディングされたファイル
product_cp932 <- read_csv("SampleData/csv/Products_cp932.csv")
```

注1.8　たとえば、Windowsの日本語版ではOSのエンコーディングがShift_JIS（CP932）であるため、Microsoft Office ExcelでCSVファイルを出力するとShift_JISのファイルになります。

```
── Column specification ──────────────────────────────── 出力
cols(
  ProductID = col_double(),
  ProductName = col_character(),
  Price = col_double(),
  Category = col_character(),
  CreatedDate = col_date(format = "")
)
```

```
# 先頭6行を出力
head(product_cp932)
```

```
# A tibble: 6 x 5                                                    出力
  ProductID ProductName Price Category                                CreatedDate
      <dbl> <chr>       <dbl> <chr>                                   <date>
1         1 YKDJw        1122 "\x83w\x83\x8b\x83X\x81\x95\x83r\x83\… 2005-08-30
2         2 ftKQ7        1877 "\x83w\x83\x8b\x83X\x81\x95\x83r\x83\… 2006-07-01
3         3 l8lqm        3754 "\x89\xc6\x8b\xef\x81E\x83C\x83\x93\x… 2005-05-26
4         4 8ntvc        8242 "\x89\xd4\x81E\x830\x83\x8a\x81[\x83\… 2005-09-06
5         5 HhDBS        4461 "\x90H\x95i"                            2010-12-28
6         6 PKIs3        4963 "\x8eG\x89\xdd\x81E\x93\xfa\x97p\x95i" 2005-02-09
```

日本語部分が文字化けをしています。これを回避するためにreadrパッケージの関数にはエンコーディングを指定するオプションがあります。まず、そもそもどの文字コードで作成されたファイルなのか分からないときはguess_encoding()を利用します。以下のように、引数にファイルを指定することでそのファイルの文字コードを調べることができます。

```
# ファイルのエンコーディングを調べる
guess_encoding("SampleData/csv/Products.csv")
```

```
# A tibble: 2 x 2                                                    出力
  encoding  confidence
  <chr>          <dbl>
1 UTF-8           1
2 Shift_JIS       0.78
```

```
guess_encoding("SampleData/csv/Products_cp932.csv")
```

```
# A tibble: 2 x 2                                                    出力
  encoding     confidence
  <chr>             <dbl>
1 Shift_JIS          1
2 windows-1252       0.31
```

このように、"Products.csv" はUTF-8でエンコーディングされており、"Products_cp932.csv" はShift_JIS（CP932）でエンコーディングされていることが確認できました。read_csv()でエンコーディングを指定するには、locale引数を用いて以下のように書きます。

```
# エンコーディングを指定して読み込み
product_enc <- read_csv("SampleData/csv/Products_cp932.csv",
                        locale = locale(encoding = "CP932"))
```

```
── Column specification ──────────────────────────────────── 出力
cols(
  ProductID = col_double(),
  ProductName = col_character(),
  Price = col_double(),
  Category = col_character(),
  CreatedDate = col_date(format = "")
)
```

```
# 先頭6行を出力
head(product_enc)
```

```
# A tibble: 6 x 5                                              出力
  ProductID ProductName Price Category              CreatedDate
      <dbl> <chr>       <dbl> <chr>                 <date>
1         1 YKDJw        1122 ヘルス＆ビューティー  2005-08-30
2         2 ftKQ7        1877 ヘルス＆ビューティー  2006-07-01
3         3 l8lqm        3754 家具・インテリア・家電 2005-05-26
4         4 8ntvc        8242 花・グリーン          2005-09-06
5         5 HhDBS        4461 食品                  2010-12-28
6         6 PKIs3        4963 雑貨・日用品          2005-02-09
```

このように、文字化けせずにエンコードの違うファイルを読み込むことができました。

その他の読み込みオプション readrパッケージはデフォルトの状態でも「いい感じに」データを読み込んでくれますが、他にも読み込む際のオプションがあります。引数に指定できる設定値を**表1.12**に示します。

●表1.12　readrパッケージで使える主な引数

引数	デフォルトの値	意味
col_names	TRUE	列名
na	c("","NA")	欠損値を表す文字列
comment	""	コメント開始文字
skip	0	先頭の無視する行数
n_max	Inf	読み込む最大データ行数
trim_ws	TRUE	前後の空白文字を無視する

列名の指定（col_names）ではデフォルト（TRUE）は1行目を列名とします。FALSEの場合はデータフレームの列名としてX1, X2, ……という形でX+番号が割り当てられます。文字列のベクトルを与えればそれが列名となります。

ファイルの書き出し

readrパッケージではファイルの書き出し関数も提供されています。たとえば、CSVファイルに対しては以下のように write_csv()を使います。例として、irisデータセットの中身をCSVファイルに書き出してみましょう。

```
# ファイルの書き出し
# 第1引数にオブジェクト名、第2引数にファイル名
write_csv(iris, "iris_tidy.csv")
```

この関数はRの標準関数である write.csv()に比べて高速で、デフォルトでrow.names = FALSEが指定されており、CSVに余計なものが入らないという利点があります。標準関数（write.csv()）の場合、以下のようなコードになります。

```
# 標準関数での書き出し
write.csv(iris, file = "iris.csv")
```

write.csv()の場合は何も指定しないと**図1.39**のようにCSVファイルに行名が入ってしまい、次の分析に使うときに不便です。row.names = FALSEを指定すれば入らなくなりますが、このような細かいオプションは忘れてしまいがちです。write_csv()であれば、このようなことを気にすることなく、オブジェクト名とファイル名を指定するだけで書き出すことができます（**図1.40**）。

	A	B	C	D	E	F
1		Sepal.Length	Sepal.Width	Petal.Length	Petal.Width	Species
2	1	5.1	3.5	1.4	0.2	setosa
3	2	4.9	3	1.4	0.2	setosa
4	3	4.7	3.2	1.3	0.2	setosa
5	4	4.6	3.1	1.5	0.2	setosa
6	5	5	3.6	1.4	0.2	setosa
7	6	5.4	3.9	1.7	0.4	setosa
8	7	4.6	3.4	1.4	0.3	setosa
9	8	5	3.4	1.5	0.2	setosa
10	9	4.4	2.9	1.4	0.2	setosa
11	10	4.9	3.1	1.5	0.1	setosa
12	11	5.4	3.7	1.5	0.2	setosa
13	12	4.8	3.4	1.6	0.2	setosa
14	13	4.8	3	1.4	0.1	setosa
15	14	4.3	3	1.1	0.1	setosa
16	15	5.8	4	1.2	0.2	setosa

●図1.39　irisの`write.csv`での書き出し

	A	B	C	D	E
1	Sepal.Length	Sepal.Width	Petal.Length	Petal.Width	Species
2	5.1	3.5	1.4	0.2	setosa
3	4.9	3	1.4	0.2	setosa
4	4.7	3.2	1.3	0.2	setosa
5	4.6	3.1	1.5	0.2	setosa
6	5	3.6	1.4	0.2	setosa
7	5.4	3.9	1.7	0.4	setosa
8	4.6	3.4	1.4	0.3	setosa
9	5	3.4	1.5	0.2	setosa
10	4.4	2.9	1.4	0.2	setosa
11	4.9	3.1	1.5	0.1	setosa
12	5.4	3.7	1.5	0.2	setosa
13	4.8	3.4	1.6	0.2	setosa
14	4.8	3	1.4	0.1	setosa
15	4.3	3	1.1	0.1	setosa
16	5.8	4	1.2	0.2	setosa

●図1.40　irisの`write_csv`での書き出し

Excelファイルの読み込み

データ分析ではさまざまな人とのやりとりが発生するため、Excel形式のファイルでデータを受け取る機会もあるでしょう。このとき、一度Excelソフトで開き、CSVに保存し直して読み込む、という作業は非常に面倒です。Excel形式のファイルを直接読み込むことができた方が早く、再現性も高くなります。Rの標準関数ではxlsxやxlsの拡張子ファイルを読み込むことができないので、パッケージを利用します。Excelを読み込むパッケージはいくつかありますが、tidyverseパッケージ群で提供される**readxl**パッケージが最も高速に「いい感じに」読み込むことができます。readxlパッケージはtidyverseパッケージに含まれているので`install.packages("tidyverse")`を実行したときに一緒にインストールされますが、パッケージを使用するときは次のように宣言する必要があります。

```
library(readxl)
```

readxlパッケージでの主要な関数は、指定したファイルのシート名を出力する`excel_sheets()`とファイルを読み込む`read_excel()`です。`read_excel()`では、読み込みたいファイル名とシートを以下のように指定します。

```
dat_xl <- read_excel("SampleData/xlsx/Sales.xlsx", sheet = 1)
```

このとき、`sheet`引数にはシート名を`sheet = "hoge"`のように文字列で与えても同じ結果になります。なお、readxlパッケージには Excel形式のファイルを出力する関数はありませんので、出力したい場合は**writexl**[注1.9]など別のパッケージが必要です。

SAS,SPSS,STATAファイルの読み込み

これまでに述べたファイル形式と比べると稀ですが、データをSASやSPSS、STATA形式のファイルで受け取ることがあります。SASは主に医薬系、SPSSは主に心理系、STATAは主に経済系で今でも使われることが多い形式です。このようなデータは専用のソフトウェアでしか開けないため、手元でCSV形式などに変換することは困難です。しかし、**haven**パッケージを使うことでこれらのファイルをRで読み込むことができます。このパッケージもまた、tidyverseパッケージと一緒にインストールされますが、パッケージを使用する際は次のように宣言する必要があります。

```
library(haven)
```

havenパッケージでは次のようなファイル読み込み関数が提供されています。

- `read_sas()`：SAS
- `read_sav()`：SPSS
- `read_dta()`：STATA

注1.9　URL https://github.com/ropensci/writexl

これらの関数もまた`read_csv()`や`read_excel()`と同じように型をうまく読み込めます。

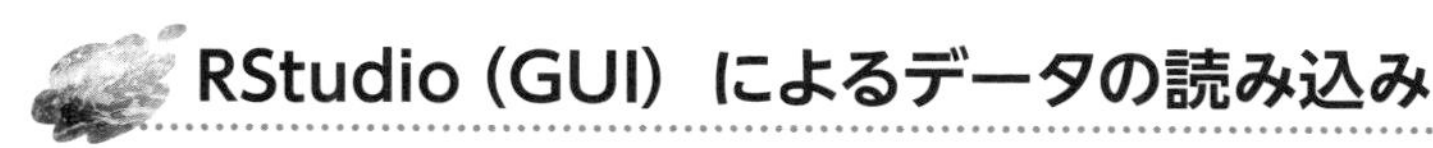

RStudio (GUI) によるデータの読み込み

以上、tidyverseのパッケージ群を利用したファイル読み込みについて解説しましたが、実はこれらの作業はRStudioでボタンをクリックするだけで実行できます。以下では、CSVを例にファイルをGUIから読み込む方法を紹介します。

ファイルの選択

RStudio上で**図1.41**で強調した[Import Dataset]というボタンをクリックします。[From text (readr)...]など、読み込みたいファイルの形式をクリックすると**図1.42**のようにどのファイルを読み込むかを選ぶ画面に遷移します。ここでは[Browse]ボタンを押して読み込みたいファイルを選択します。

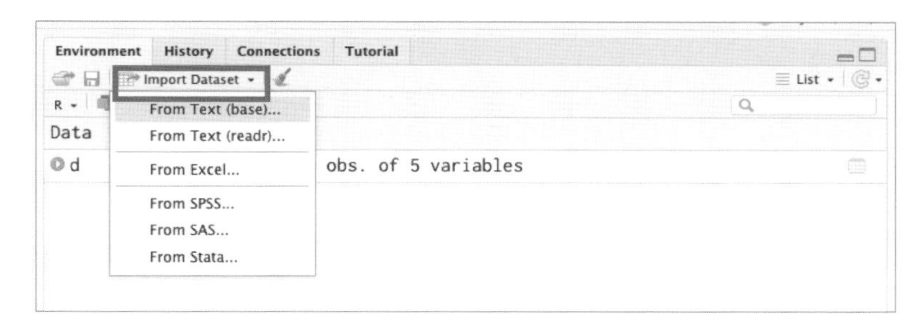

●図1.41　Import Datasetをクリック

Import Option

図1.42の左下で読み込み時の設定をします。Skipは読み飛ばす行数、First Row as Namesはファイルの最初の行を列名として使用するか、Open Data Viewerはデータを読み込んだ直後にSourceペインのタブでデータの中身を確認するかを設定します。これらを設定するとData Preview:でファイルがどのように読み込まれるかプレビューできます。設定できたら[Import]ボタンをクリックして読み込みます。このようにRStudioの機能を使うことでより簡単に、その後の処理をしやすい形式でファイルを読みこむことができます。

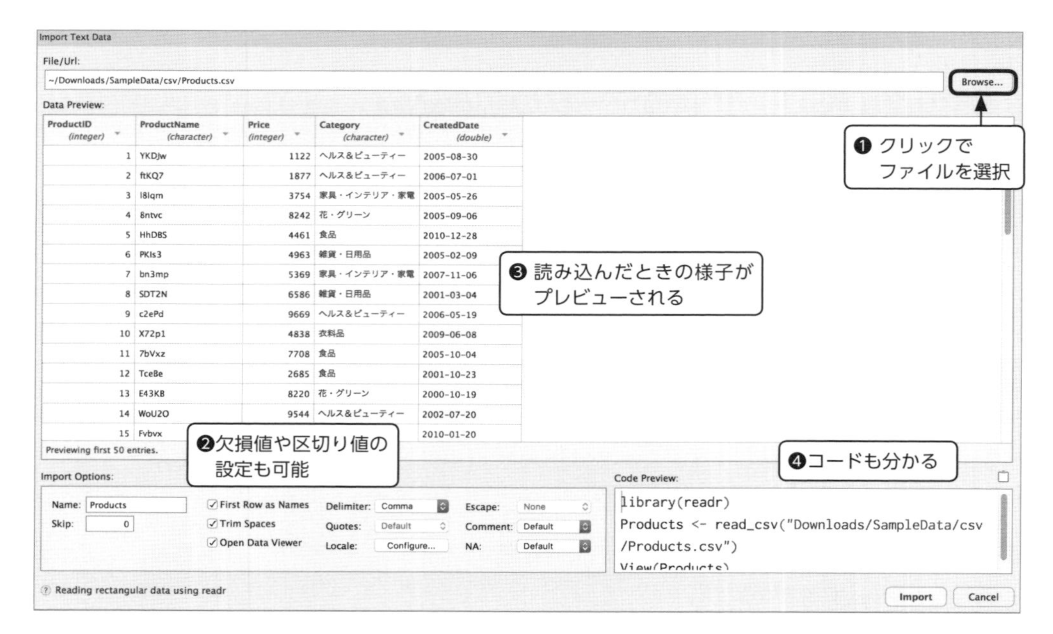

● 図1.42　読み込みのプレビュー

Code Preview

さらに、**図1.42**右下のCode Preview:では、Import Optionで行った読み込みの設定を再現する際のコードを確認できます。再現性を考えると、readrパッケージによって読み込むコードをここで学習して、プログラミングすることをお勧めします。

ファイル読み込みのまとめ

本節では、tidyverseパッケージ群を利用したさまざまな形式のファイル読み込みと、それをRStudioで簡単に実行する方法を解説しました。tidyverseを利用した読み込みの利点としては高速であること、列の型を「いい感じに」変換してくれることがあるのは上述したとおりですが、3章や4章で紹介するdplyrやggplot2といったtidyverseパッケージ群と同じコンセプトの下で設計されているため、これらのパッケージと非常に相性が良いことも理由の1つといえます。ぜひ、本節で紹介したファイル読み込みをマスターして、あとに続く前処理や分析の苦労を減らしましょう。

1-5 RやRStudioで困ったときは

Rでは統計解析手法、データ操作、可視化などがさまざまなパッケージや関数によってサポートされています。その多さゆえに、新しい手法や新しいパッケージを試す際に使い方が分からないことがよくあります。そのようなときは、以下に挙げる情報にあたってみると、解決へのヒントがあるかもしれません。

ヘルプを使う

Rのパッケージや関数には、その簡単な使い方や例を記述したヘルプがあります。これらはConsoleペインで**?関数名**や**help(関数名)**と入力することで参照できます。たとえば、Rに標準でサポートされている**plot()**のヘルプを参照するには以下のいずれかのコードを実行します。

```
?plot
help(plot)
```

すると、デフォルトでは右下に配置されているHelpペインに関数のヘルプが表示されます。ここには関数の簡単な説明、必要な引数、例などが記載されています（**図1.43**）。

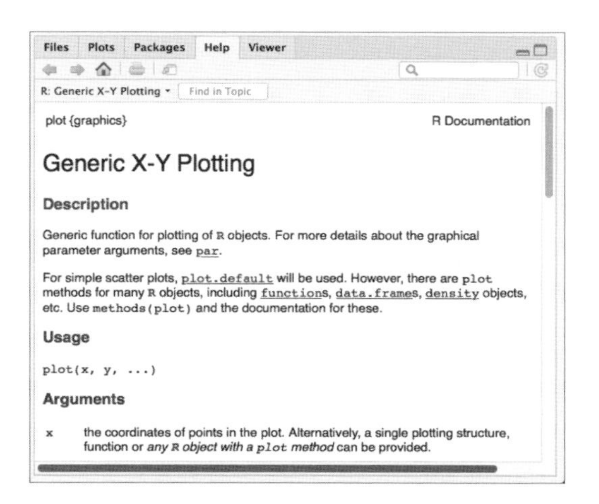

図1.43　関数のヘルプ

さらに、ヘルプに記載されている例は選択、実行できます。実行したい箇所をマウスで選択し、実行ショートカットを押すとそのコードがConsoleペインに送られ、実行結果が表示されます。この場合、図表の描画コードを実行していますのでPlotsペインにグラフが表示されます（**図1.44**、**図1.45**）。

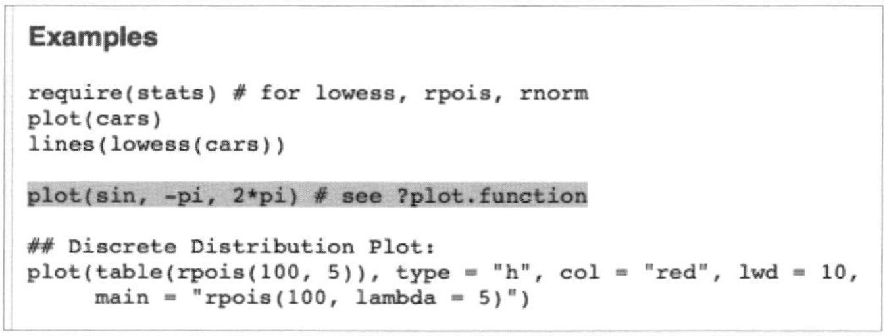

Examples

```
require(stats) # for lowess, rpois, rnorm
plot(cars)
lines(lowess(cars))

plot(sin, -pi, 2*pi) # see ?plot.function

## Discrete Distribution Plot:
plot(table(rpois(100, 5)), type = "h", col = "red", lwd = 10,
     main = "rpois(100, lambda = 5)")
```

図1.44　実行箇所をマウスで選択した状態

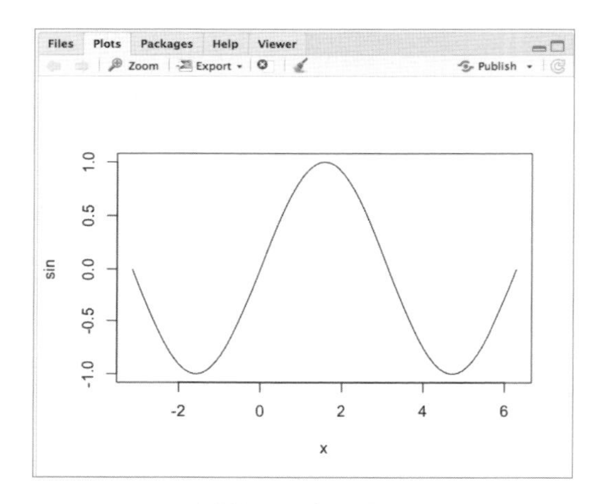

図1.45　Plotsペイン

このように、ヘルプ機能を使って未知の関数の挙動を知ることができます。また、パッケージそのものに関しては、Packagesペインから知りたいパッケージ名をクリックすると、パッケージの概要とパッケージに含まれる関数が一覧で表示されます。ここから関数をクリックすることでも関数のヘルプに飛びます。

Vignetteを見る

パッケージの中には、そのパッケージがサポートしている手法とともにパッケージの使い方をヘルプよりも詳細に解説したVignette（ビニット）と呼ばれるドキュメントがあります。これを参照するには`vignette()`関数を使います。たとえば、データ操作によく使われるdplyrパッケージのVignetteを見るには以下のコードを実行します。

```
vignette("dplyr")
```

Vignetteはヘルプと同様にHelpペインに表示されます。ここで表示されているコードもまた、選択して実行できます。

チートシートを使う

Rパッケージの中には、RStudioの開発元であるRStudio社が深く関わっているものがいくつかあります。代表的なものには、本書で重点的に扱うtidyverseパッケージやそこに含まれるパッケージがあります。これらのパッケージの一部はよく使われるため、RStudio社がチートシート（コマンド早見表）を用意しています。これらはメニューバーの[Help]→[Cheatsheets]から閲覧でき（**図1.46**）、希望するチートシートを選択するとPDFとしてダウンロードされます。以下ではその一部を紹介します。ただし、これらは英語で書かれているうえに代表的なコマンドしか解説されていないため、あくまで「早見表」として使うのがいいでしょう。以下に代表的なチートシートを箇条書きで示します。

- RStudio IDE Cheat Sheet
  RStudio IDEのチートシートです。本章で解説した機能以外にも細かいRStudioの機能が豊富に解説されています。
- Data Transformation with dplyr
  dplyrのチートシートです。本書の3章で解説するdplyrパッケージでのデータ操作について、図を交えながら詳細に解説されています。
- Data Visualization with ggplot2
  ggplot2のチートシートです。本書の4章で解説するggplot2パッケージでのデータの可視化について、代表的なコマンドが紹介されています。
- R Markdown CheatSheet
  R Markdownのチートシートです。本書の5章で解説するrmarkdownパッケージでのドキュメント作成について、代表的な使い方が解説されています。

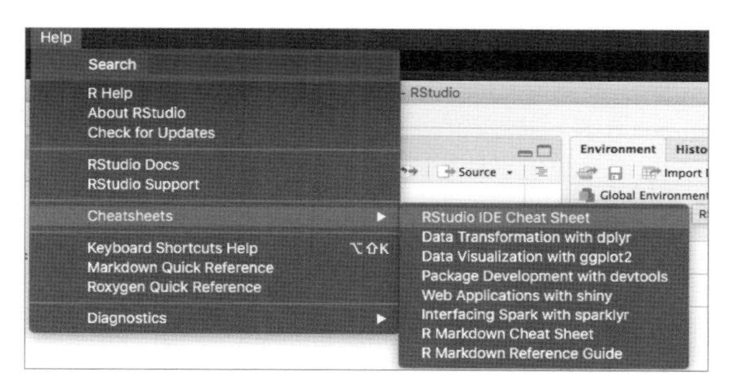

図1.46　チートシートを選択

コマンドパレット

本章ではRStudioのさまざまな機能やカスタマイズを解説しましたが、慣れないうちはどの操作がどのメニューでできるのか迷ってしまいがちです。また、ショートカットキーもすぐには覚えられません。そんなときには、コマンド[注1.10]一覧から目的のものを選んで実行できるコマンドパレットを使うのが便利です。macOSでは ⌘ + shift + P、Windowsでは Ctrl + Shift + P でコマンドパレットを呼び出せます。キーワードを入力すると、それにマッチするコマンドのみに候補が絞り込まれます。たとえば、**図1.47**は「highlight」と入力した際の結果です。表1.5で紹介した設定項目などが表示されていることが分かります。このように、コマンドパレットからも設定変更などの操作ができるので、メニューの位置が分からない場合は利用してみてください。

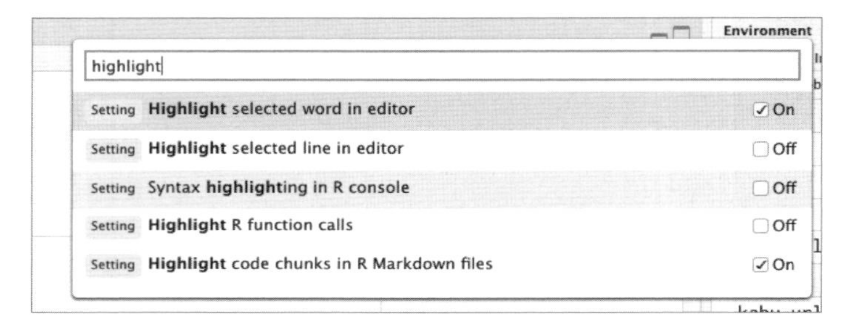

●図1.47　コマンドパレットによる設定の変更

1-6 まとめ

本章では、Rプログラミングの統合開発環境であるRStudioの基本設定について解説しました。RStudio以外にも普通のテキストエディタ上でRを動かしたり、素のRを使ったりするなど、Rを実行する方法はいくつかあります。しかし、インタラクティブな操作、とりわけ探索的なデータ解析の場面で使われることが多いRを使う上でRStudioは非常に便利な道具ででしょう。データ分析プロジェクトは複数人のチームで進めることが多いです。そのようなときに大切なのは、「自分のコードが他人が動かしたときに正しく動作する」再現性です。RStudioは再現性を考える上でもコードの共有などがしやすいように作られています。この再現性については本書の5章や、高橋康介著『再現可能性のすゝめ— RStudioによるデータ解析とレポート作成—』(共立出版、2018) などを参照するといいでしょう。RStudioを使いこなして、分析の再現性を高めましょう。

注1.10　この「コマンド」は、Rの関数を実行することではなく、RStudioのさまざまな操作のことを指します。

第2章 スクレイピングによるデータ収集

本章ではスクレイピングによってWeb上のデータをダウンロード、または直接取得し、Rで加工できる状態にすることを目指します。まずは基本的なWeb上の表などからデータを取得する方法について説明し、応用としてブラウザを自動操作し必要な情報を取得する方法やAPIについても紹介します。

本章の内容

2-1 なぜスクレイピングが必要か

スクレイピングとは

近年、私たちはインターネット上の無数の情報に簡単にアクセスできるようになりました。ニュースサイトから毎日のニュースや天気を知ることができますし、企業や個人のホームページで知りたい情報を探すこともできます。最近では政府の主導により各都道府県の統計情報がWeb上で公開されるようになり、官公庁が公開するオープンデータも増えてきました。

そこで、このようなWeb上のデータをデータ分析に利用しようとする動きが一般的になってきています。このときWeb上の情報をプログラミングコードで取得することをスクレイピング（Scraping）と呼びます。

手作業によるデータ取得の限界

政府統計や都道府県のデータの場合、ブラウザからアクセスしてファイルをダウンロードできます。たとえば、e-Statというページでは多数の政府統計が公開されており、国民経済計算の四半期速報を入手できます[注2.1]。しかし、e-Statに限らず公開されているデータには、年や地域ごとにページやファイルが分割されていることがよくあります。もし単一のファイルのみを取得する場合はファイルをダウンロードして終わりですが、複数年のデータの場合は年ごとに目的のページを訪れてクリックを繰り返すことになる可能性があります。あるいは各都道府県のデータで、複数地域、複数年のデータが欲しいとなると、47×複数回同じ作業を繰り返すことになります。

また、株探というサイトでは日経平均や各種銘柄の株価などの値動きが公開されています。日経平均株価を公開しているページ[注2.2]では表形式で数値が示されています（**図2.1**）。このようなデータが欲しい場合、手作業であれば取得したいデータ範囲をマウスで選択し、Excelシートに貼り付けCSV形式で保存します。しかし、このページは1ページ目、2ページ目、3ページ目も「マウスで範囲選択→Excelシートに貼り付け」という作業を繰り返すことになり、非常に面倒です。

注2.1　URL https://www.e-stat.go.jp/stat-search?page=1&layout=normal&toukei=00100409&survey=%E5%9B%BD%E6%B0%91%E7%B5%8C%E6%B8%88%E8%A8%88%E7%AE%97

注2.2　URL https://kabutan.jp/stock/kabuka?code=0000

日付	始値	高値	安値	終値	前日比	前日比%	売買高(株)
21/02/10	29,412.55	29,562.93	29,368.18	29,562.93	+57.00	+0.2	1,324,350,000
21/02/09	29,435.61	29,585.75	29,350.48	29,505.93	+117.43	+0.4	1,469,180,000
21/02/08	28,831.58	29,400.56	28,817.60	29,388.50	+609.31	+2.1	1,585,950,000
21/02/05	28,631.46	28,785.71	28,548.27	28,779.19	+437.24	+1.5	1,537,270,000
21/02/04	28,557.46	28,600.22	28,325.89	28,341.95	-304.55	-1.1	1,344,430,000
21/02/03	28,482.71	28,669.95	28,402.30	28,646.50	+284.33	+1.0	1,374,380,000
21/02/02	28,207.48	28,379.31	28,089.12	28,362.17	+271.12	+1.0	1,168,980,000
21/02/01	27,649.07	28,107.10	27,649.07	28,091.05	+427.66	+1.5	1,145,530,000
21/01/29	28,320.72	28,320.72	27,629.80	27,663.39	-534.03	-1.9	1,576,350,000
21/01/28	28,169.27	28,360.48	27,975.85	28,197.42	-437.79	-1.5	2,137,650,000
21/01/27	28,665.34	28,754.99	28,542.00	28,635.21	+89.03	+0.3	1,159,580,000
21/01/26	28,696.30	28,740.71	28,527.81	28,546.18	-276.11	-1.0	1,070,610,000
21/01/25	28,698.89	28,822.29	28,566.85	28,822.29	+190.84	+0.7	1,016,450,000
21/01/22	28,580.20	28,698.18	28,527.16	28,631.45	-125.41	-0.4	1,217,520,000
21/01/21	28,710.41	28,846.15	28,677.61	28,756.86	+233.60	+0.8	1,144,470,000
21/01/20	28,798.74	28,801.19	28,402.11	28,523.26	-110.20	-0.4	1,150,000,000
21/01/19	28,405.49	28,720.91	28,373.34	28,633.46	+391.25	+1.4	1,006,770,000
21/01/18	28,238.68	28,349.97	28,111.54	28,242.21	-276.97	-1.0	908,540,000
21/01/15	28,777.47	28,820.50	28,477.03	28,519.18	-179.08	-0.6	1,249,260,000
21/01/14	28,442.73	28,979.53	28,411.58	28,698.26	+241.67	+0.8	1,413,740,000
21/01/13	28,140.10	28,503.43	28,133.59	28,456.59	+292.25	+1.0	1,239,560,000
21/01/12	28,004.37	28,287.37	27,899.45	28,164.34	+25.31	+0.1	1,335,470,000
21/01/08	27,720.14	28,139.03	27,667.75	28,139.03	+648.90	+2.4	1,389,160,000
21/01/07	27,340.46	27,624.73	27,340.46	27,490.13	+434.19	+1.6	1,513,720,000
21/01/06	27,102.85	27,196.40	27,002.18	27,055.94	-102.69	-0.4	1,179,580,000
21/01/05	27,151.38	27,279.78	27,073.46	27,158.63	-99.75	-0.4	989,530,000
21/01/04	27,575.57	27,602.11	27,042.32	27,258.38	-185.79	-0.7	956,480,000
20/12/30	27,559.10	27,572.57	27,338.56	27,444.17	-123.98	-0.4	878,190,000
20/12/29	26,936.38	27,602.52	26,921.14	27,568.15	+714.12	+2.7	1,020,870,000

1 2 3 4 5 6 7 8 9 次へ> »

図2.1　日経平均株価の表

このような繰り返しによるWeb上のデータ取得は、人間が手作業で行うよりもコンピュータによるプログラミングで実現できると便利なうえ、再現性が高くなります。本章では、Rによるスクレイピングについて解説します。

2-2 スクレイピングに必要なWeb知識

Webサイトはさまざまな通信技術やプログラミング言語によって成り立っています。スクレイピングではWeb上のテキストデータや表形式のデータを取得するため、Webサイトを構成する要素のいくつかについて簡単に押さえておく必要があります。本節では、HTMLとCSSの基本的な知識について解説します。

HTML

ブラウザでWebサイトにアクセスしたときに表示されるのは、HTMLドキュメントです。ここではHTMLの基本についておさらいをするので、これに習熟している方は次節まで読み飛ばして構いません。HTML（Hyper Text Markup Language）は、一言でいえば「そのページに何を表示させるか」を記述するための言語です。これで書かれたファイルはHTMLドキュメントと呼ばれ、Webページの骨格となります。まずはWebページのサンプルを見てみましょう（**図2.2**）。

●図2.2　Webページのサンプル[注2.3]

図2.2のWebページを定義するHTMLドキュメントは以下です。

```
<html>
  <head>
      <title>タイトル</title>
  </head>
  <body>
      <h1>見出し1</h1>
      <li><a href="https://gihyo.jp/book">ページ1</a></li>
      <li><a href="https://kabutan.jp/stock/kabuka?code=0000">ページ2</a></li>
  </body>
</html>
```

タグ

HTMLドキュメントは基本的に`<html>`という開始タグと、`</html>`という終了タグで囲みます。この`<>`と`</>`で囲まれたセットでhtml要素と呼ばれ、通常は上述のHTMLドキュメントのように要素同士を入れ子にします。

上記では、`html`タグの中に`head`タグ、`body`タグが入れ子になっています。`head`要素の中にはページタイトルや文字コード、ブラウザやプラットフォーム（PCかスマートフォンか）によってどう表示を変えるかなどといったいわゆるメタ情報が記述されます。上記のページでは`title`要素（ページタイトル）のみを記述しています。`body`要素にはページに表示するメインの内容を記述し、上記では`h1`要素（見出し）と`li`要素（箇条書き）の中に`a`要素（リンクを貼る）がさらに入れ子になっています。HTMLで記述できるタグはこの他にもたくさんありますが、ここでは最小限の紹介にとどめます。

属性と値

さて、Webスクレイピングをする上ではタグの属性についても知っておく必要があります。上

注2.3　URL https://ymattu.github.io/samplepage/sample1.html で実際のページを確認できます。

記ページで外部リンクを記述した箇所を例に見てみましょう。li要素は箇条書きのためだけのものなので、ここでは無視してかまいません。必要な情報がページのリンクの場合、a要素のみに注目することにします。

```
<a href="https://gihyo.jp/book">ページ1</a>
```

上記コードでは、hrefが属性名で、https://gihyo.jp/bookが値です。このように開始タグ内で「属性＝値」と表すことができます。また、a要素の値はここでは「ページ1」という文字列です。

スクレイピングによるHTML構造の抽出

スクレイピングを行う場合は、特定のURLのHTML構造を抽出し、以下の2つのうちどちらかを行うことになります。

- 特定の要素にアクセスし、その中身を取り出す
- 特定の属性にアクセスし、その値を取り出す

このあと解説するCSSセレクタやXMLパスのような構文を利用したスクレイピングによってもドキュメントの要素や値を取得できます。

CSS

CSS（Cascading Style Sheets）は、Webページの骨格であるHTMLドキュメントに対して肉付けをしていくための言語です。具体的には、HTMLドキュメント内の特定の部分に対して文字の色や大きさ、行間、余白などの情報を与えて、その部分の見た目を変更します。

CSSはHTMLドキュメント内のhead要素内に直接書いたり、変更を適用したい箇所に直接記述したりすることもできますが、実在するWebページの多くはCSSファイルを用意し、HTMLファイルとは分けて管理し、そのファイルパスをHTMLのhead要素内に書きます。とりわけデータ分析でデータを取得するようなページでは、外部ファイルとして用意されていることがほとんどなので、本書でもその方針をとります。

では、実際にCSSが適用されているWebページを見てみましょう（図2.3）[注2.4]。

注2.4 URL https://ymattu.github.io/samplepage/sample2.html で実際のページを確認できます。

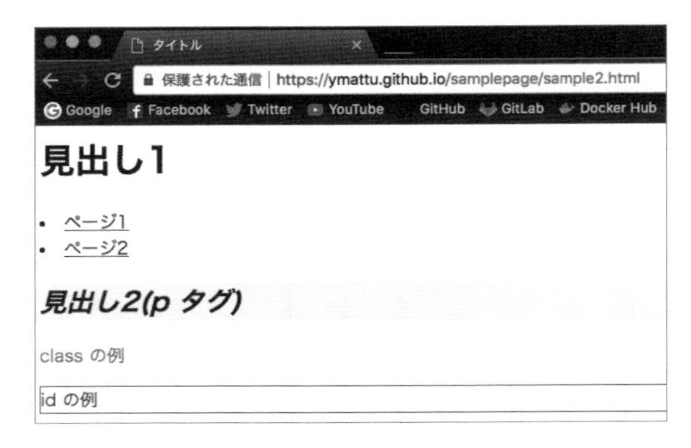

●図2.3　Webページのサンプル

なお、**図2.3**を定義するHTMLは以下です。

```
<html>
  <head>
      <title>タイトル</title>
      <link rel="stylesheet" href="example.css">
  </head>
  <body>
      <h1>見出し1</h1>
      <li><a href="https://gihyo.jp/book">ページ1</a></li>
      <li><a href="https://kabutan.jp/stock/kabuka?code=0000">ページ2</a></li>

      <h2>見出し2(p タグ)</h2>
      <p class="ex1">class の例</p>
      <p id="ex2">id の例</p>
  </body>
</html>
```

CSSは以下です。

```
h2 {
    font-style: italic;
    background: yellow;
}

p.ex1 {
    color: red;
}

p#ex2 {
    border: 1px solid;
    color: blue;
}
```

図2.3で分かるように「見出し2」以降には独自のスタイルが設定されています。HTMLドキュメントでこれが該当する箇所は`h2`要素とそれに続く2つの`p`要素です。`p`要素にはそれぞれ`id`と`class`が設定されています。この3つの要素の外観を上述のCSSのコードで変えています。このときのCSS内で記述された`h2`および`p.ex1`と`p#ex2`はCSSセレクタと呼ばれ、HTML内の要素を判別してスタイルを適用する対象を決めます。また、今回の`p`要素やHTML内でかたまりを定義する`div`要素は、HTMLドキュメント内で頻繁に用いられるため、`id`や`class`属性で指定することがあります。

CSSセレクタによるHTML構造の抽出

CSSセレクタを使うことによってHTML内で特定の要素にアクセスできます。実際に利用する機会はないかもしれませんが、たとえば上記では、「`<body>`タグ内の文字が赤色の場所」に`body > p.ex1`というCSSセレクタを使ってアクセスできます。ここで使われた`>`はスクレイピングで使うCSSセレクタの記法で、入れ子構造を示すことができます。CSSセレクタの記法に関する詳細は次のURLで参照できます。

「Selectors Level 3」 URL https://www.w3.org/TR/css3-selectors/

XMLとXPath

XPath（XML Path Language）という構文を使うことでCSSセレクタと同じことができます。XMLはHTMLのようにタグで構造を記述する言語ですが、タグを自分で定義できる点でHTMLと異なります。XMLは構造的に記録したデータをやりとりするために開発されたものなので、HTMLのように見出しや段落を作り、表を表示するものではありません。たとえば、以下のXMLサンプルはブラウザで開いても書かれた内容がそのまま表示されるだけです[注2.5]。

```
<?xml version="1.0" encoding="UTF-8" ?>
<foods>
  <food>
    <name>メロン</name>
    <color>緑</color>
  </food>

  <food>
    <name>リンゴ</name>
    <color>紫</color>
  </food>
</foods>
```

さて、XMLにはHTMLのようなタグの入れ子構造がありますが、この特定の箇所にアクセス

注2.5　URL https://ymattu.github.io/samplepage/sample.xml で実際のページを確認できます。

するための簡単な構文がXPathです。CSSセレクタでは入れ子の階層を降りていくのに>を使いましたが、XPathでは/を使います。ただし、構文はやや複雑です。詳細を知りたい方は次のURLを参照してください。

「xpath cover page - W3C」 URL https://www.w3.org/TR/xpath/

重要なことは、XPathはHTMLの要素にもアクセスできることです。スクレイピングを行う際はCSSセレクタかXPathを使ってHTMLの要素にアクセスすることになります。

2-3 Rによるスクレイピング入門

前置きがやや長くなってしまいましたが、Webサイトがどのような構造になっているかをおよそ理解したところで、さっそくRからスクレイピングを行ってみましょう。

スクレイピングの大まかな流れは、「URLを読み込み、HTML中の要素または属性にアクセスして値を取得する」です。ただし、「要素または属性にアクセス」と書きましたが正確には後述する「DOMのノード」にアクセスすることになります。

rvestパッケージ

Rでスクレイピングを実行するための代表的なツールは、rvestパッケージです。このパッケージはtidyverseパッケージに含まれていますので、以下のコマンドでtidyverseパッケージをインストールする際に一緒にインストールされます。

```
# rvestはtidyverseパッケージと一緒にインストールされる
install.packages("tidyverse")
```

`library(tidyverse)`で読み込まれるパッケージには含まれていないため、rvestパッケージを別途読み込んでください。

```
# rvest パッケージの読み込み
library(rvest)
```

このときに、依存パッケージであるxml2パッケージも一緒にロードされます。

Webページタイトルの抽出

準備ができたところで、Webサイトのタイトルを取得してみましょう。

URLの読み込み

まずはスクレイピングしたい対象のURLを read_html()関数注2.6で読み込みます。今回は、例として先ほど紹介した日経平均株価のページを読み込んでみます。

```
# URLは変数にしておく
kabu_url <- "https://kabutan.jp/stock/kabuka?code=0000"

# スクレイピングしたいURLを読み込む
url_res <- read_html(kabu_url)
```

基本的にはread_html()の中に読み込みたいURLを文字列で指定するだけです。ここではURLをkabu_urlというオブジェクトで保存し、読み込んだ結果を url_resとしました。この結果を参照するにはコンソールにオブジェクト名を入力します。

```
url_res
```

出力

```
{html_document}
<html lang="ja">
[1] <head>\n<meta http-equiv="Content-Type" content="text/html; charset=UTF-8 ...
[2] <body>\n<!-- Google Tag Manager -->\r\n<noscript><iframe src="//www.googl ...
```

ここで見慣れない結果が出てきました。先ほど「URLを読み込む」と書きましたが、実際は read_html() はサイトを見たまま読み取っているのではなく、**DOM**（**Document Object Model**）という形に変換して保存しています。

DOM

DOMとは、HTMLの要素を樹木のような階層構造に変換したものです。HTMLの要素やクラスにあたる部分（headやbody、その下の階層のtitleなど）はDOMではノードと呼ばれます。スクレイピングではURLを読み込み、このノードをCSSセレクタまたはXPathで指定することによって欲しい箇所を取得します。

このDOMはブラウザ上でもチェックできます。ここではGoogle Chromeを例に見てみます。Webページ上で右クリックし、「ページのソースを表示」をクリックすればHTML構造を確認できます。しかし、ほとんどのWebページは複数の階層構造を持っており、ソースから取得したい箇所を読み解くのは大変ですし、最初からCSSセレクタやXPathの正しい記法を覚えるのも難しいでしょう。ですので、スクレイピングでは一般的にデベロッパーツールと呼ばれるChromeの開発ツール注2.7を利用します。先ほどの URLをChromeで開き、option + ⌘ + I（Windows

注2.6　なお、read_html() 関数は、rvest ではなく xml2 パッケージが提供する関数です。

注2.7　ここでは Chrome を例にしていますが、他のブラウザでも同等の機能を提供する開発ツールがそれぞれ提供されています。

では F12 ）を押すとデベロッパーツールが開きます（**図2.4**右上の強調部分）。このElementsタブでノードの中身を確認できます。

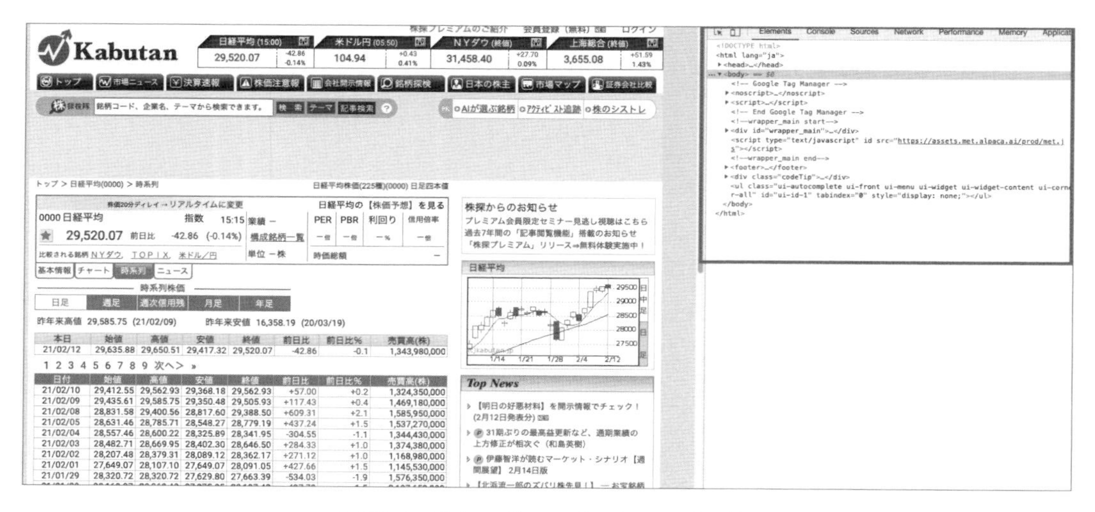

● 図2.4　デベロッパーツールによるノードの確認

HTMLの要素を取得

それでは読み込んだURLからタイトル（`title`要素）を抽出してみましょう。`title`要素は非常に単純で、これまでの例から`head`要素の下の階層であると分かっているので、`head > title`のようにCSSセレクタで指定できます。URLの読み込み結果から特定の要素を取り出すには、`html_element()`[注2.8]を使います。

```
# URL の読み込み結果から、title要素を抽出
url_title <- html_element(url_res, css = "head > title")
# または
# url_title <- html_element(url_res, xpath = "/html/head/title")
url_title
```

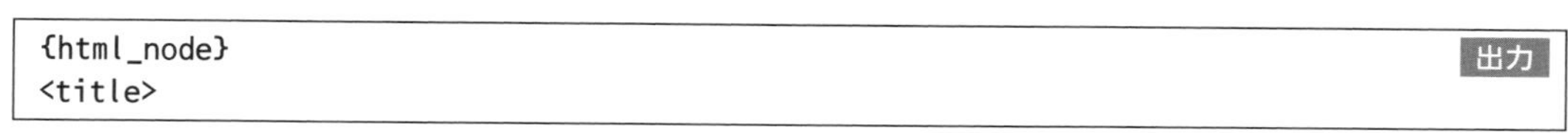

```
{html_node}
<title>
```

出力

この時点で、`title`要素を抽出できたことが確認できます。なお、上記のコードではCSSセレクタを用いていますが、階層の深いノードにアクセスしたいときは、XPathによる指定をお勧めします。この抽出した `url_title` を我々が読める形に変換するには`html_text()`を使います。

注2.8　rvest ver 1.0 より前では `html_node()` が使われていましたが、ver1.0 から非推奨になりました。
参考：URL https://rvest.tidyverse.org/reference/rename.html

```
# 抽出した要素を文字列に変換
title <- html_text(url_title)
title
```

```
[1] "日経平均株価(225種)の日々株価 (日足) |時系列データ|株探 (かぶたん) "
```
出力

おめでとうございます！ URLからタイトルを抽出することに成功しました。さて、このように順にコードを記述しても良いのですが、以下のようにもっと簡略に書く方法があります。

```
title2 <- read_html(kabu_url) %>%
  html_element(css = "head > title") %>%
  html_text()
```

行末に%>%という文字列が確認できます。次はこの%>%について説明します。

パイプ演算子

%>%は演算子の1つです。「パイプ演算子」と読み、「これまでの処理を次の関数の第1引数として渡す」という働きがあります。例として非常にシンプルなコードで演算子の働きを確認してみましょう。

```
1:10 %>%
  sum()
```

```
[1] 55
```
出力

これは、以下のコードとまったく同じ意味になります。

```
sum(1:10)
```

```
[1] 55
```
出力

つまり、1, 2, ..., 9, 10という数列を次のsum()の第1引数に渡しています。このような短いコードですと「あまり意味がない、むしろ打ち込む文字数が増えているじゃないか」と感じるかもしれませんが、多くの処理を書く場合は便利に感じることが多いはずです。なお、%>%演算子はRStudio上で⌘（WindowsではCtrl）＋shift＋Mで挿入できます。上述のタイトル抽出の例では次のような処理を1つの流れで書いていることになります。

- read_html(kabu_url)の結果を次のhtml_elemnts(css = "title")の第1引数にする
- その結果をさらに次のhtml_text()の第1引数に設定する
- 最終的にurl_title2というオブジェクトに格納する

つまり、以下の2つのコードはまったく同じ処理をします（titleとtitle2はまったく同じものが格納される）が、%>%演算子を使った方が中間変数を介さないので可読性が高く無駄の少ないコードといえます。

```
# パイプ演算子を使わない場合
url_res <- read_html(kabu_url)
url_title <- html_element(url_res, css = "title")
title <- html_text(url_title)

# パイプ演算子を使う場合
title2 <- read_html(kabu_url) %>%
  html_element(css = "title") %>%
  html_text()
```

%>%演算子が利用できるパッケージ

たくさんの便利な演算子を提供しているmagrittrパッケージに、もともと含まれているのが%>%演算子です。magrittrパッケージはtidyverseパッケージに含まれているので一緒にインストールされます（読み込みは別途必要です）。しかし、%>%演算子は使用頻度が高いためtidyverseパッケージに含まれるdplyrパッケージやreadrパッケージなどを読み込んだ段階で利用できるようになります。先に紹介したrvestパッケージもこれを読み込むだけで%>%演算子が使えるようになります。%>%演算子はtidyverseのフレームワークにおいて重要なツールですので、ぜひ使いこなせるようになりましょう。

スクレイピング実践

表形式のデータを取得

それでは次に、Webページから表を取得してみましょう。表形式のデータはRでよく使われるデータフレームと似た構造をしており、Web上の表が取得できればすぐに分析に移ることができます。基本的な取得手順はこれまでと同じで、html_element()の引数にノードの箇所を指定します。このときに表形式のデータの位置をHTMLから直接推測するのは困難なのでデベロッパーツールで抽出したい箇所を選択し、CSSセレクタまたはXPathをコピーしてノードを指定します。デベロッパーツールではDOMにマウスを当てると**図2.5**のように該当箇所がブラウザ上でハイライトされるので、抽出したい箇所を探す手がかりになります。

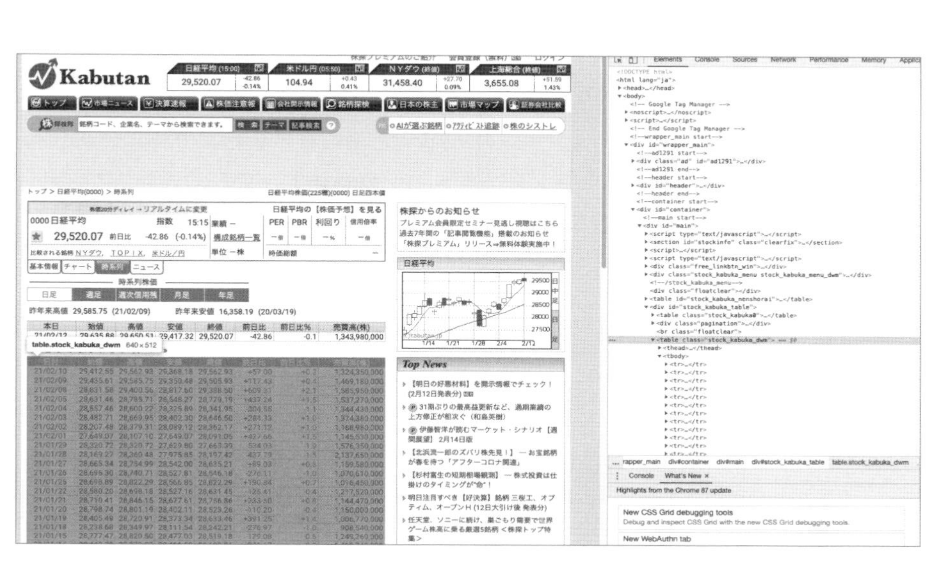

図2.5　テーブル部分を選択

該当箇所を見つけたら右クリックでメニューを表示し、CSSセレクタをコピーしたい場合は“Copy selector”を、XPathをコピーをしたい場合は“Copy XPath”をクリックします（**図2.6**）。ここでは、XPathをコピーします。

図2.6　XPath をコピー

コピーできたら以下のコード1行目のread_html()に続いて2行目のようにhtml_element()でノードを指定します。このとき、XPathにクオーテーションが含まれていますので、xpath引数のクオーテーションとXPath中のクオーテーションをダブルとシングルで分けて区別する必要があることに注意してください（どちらがシングルクオーテーションでもダブルクオーテーションでも構いません）。最後に、今回は表を取得したいので3行目のようにhtml_table()関数でデータフレーム形式に変換します。

```
kabuka <- read_html(kabu_url) %>%
  # コピーした XPath を指定
  html_element(xpath = "//*[@id='stock_kabuka_table']/table[2]") %>%
  html_table()
# 先頭 10 行を表示
head(kabuka, 10)
```

```
出力
# A tibble: 10 x 8
   日付     始値     高値     安値     終値     前日比   `前日比%` `売買高(株)`
   <chr>    <chr>    <chr>    <chr>    <chr>    <chr>        <dbl> <chr>
 1 21/03/03 29,482.… 29,604.… 29,336.… 29,559.… +150.93        0.5 1,206,500,0…
 2 21/03/02 29,939.… 29,996.… 29,314.… 29,408.… -255.33       -0.9 1,292,670,0…
 3 21/03/01 29,419.… 29,686.… 29,396.… 29,663.… +697.49        2.4 1,250,010,0…
 4 21/02/26 29,753.… 29,760.… 28,966.… 28,966.… -1,202.…      -4   1,688,760,0…
 5 21/02/25 30,077.… 30,213.… 30,044.… 30,168.… +496.57        1.7 1,460,950,0…
 6 21/02/24 30,020.… 30,089.… 29,671.… 29,671.… -484.33       -1.6 1,570,410,0…
 7 21/02/22 30,281.… 30,458.… 30,089.… 30,156.… +138.11        0.5 1,250,430,0…
 8 21/02/19 29,970.… 30,169.… 29,847.… 30,017.… -218.17       -0.7 1,223,740,0…
 9 21/02/18 30,311.… 30,560.… 30,140.… 30,236.… -56.10        -0.2 1,579,910,0…
10 21/02/17 30,366.… 30,398.… 30,191.… 30,292.… -175.56       -0.6 1,371,520,0…
```

これで、Webページ上にある表をRのデータフレームとして読み込むことができました。なお、今回コピーした //*[@id='stock_kabuka_table']/table[2] というXPathですが、これは「"stock_kabuka_table"という名前のidを持つテーブルの2番目」という意味になります。

複数のページから取得

さて、ここまでで読み込んだURLには29日分のデータしかなく、株価は2ページ目、3ページ目と過去に遡って記録されていたことを思い出してください。ここでは、5ページ目までを一気に取得し1つのデータフレームにすることを考えます。それぞれのページのデータは同じ形式なので、同じ処理を他のページに適用することを考えると、データを1つのデータフレームにまとめておくと扱いやすそうです。各ページのURLは**表2.1**のようになっています。

●表2.1　各ページのURL

ページ	URL
1	https://kabutan.jp/stock/kabuka?code=0000
2	https://kabutan.jp/stock/kabuka?code=0000&ashi=day&page=2
3	https://kabutan.jp/stock/kabuka?code=0000&ashi=day&page=3

試しに https://kabutan.jp/stock/kabuka?code=0000&ashi=day&page=1 を開くと、1ページ目と同じページが表示されます。ということは、ページ番号1～5に対してスクレイピングを繰り返せば、5ページ分を取得できそうです。このような繰り返し処理は以下のようにfor文を使えば実行できます。

```
# for文の中で要素を付け加えておくオブジェクトは
# for文の外にあらかじめ空のオブジェクトの用意が必要となる
urls <- NULL
kabukas <- list()

# ページ番号抜きのURLを用意する
base_url <- "https://kabutan.jp/stock/kabuka?code=0000&ashi=day&page="

# 1~5に対して同じ処理を繰り返す
for (i in 1:5) {
  # ページ番号付きのURLを作成
  pgnum <- as.character(i)
  urls[i] <- paste0(base_url, pgnum)

  # それぞれのURLにスクレイピングを実行
  kabukas[[i]] <- read_html(urls[i]) %>%
    html_element(xpath = "//*[@id='stock_kabuka_table']/table[2]") %>%
    html_table() %>%
    # 前日比の列はいったん文字列に変換
    dplyr::mutate(前日比 = as.character(前日比))

  # 1ページ取得したら1秒停止
  Sys.sleep(1)
}

# データフレームのリストを縦につなげて1つのデータフレームに
dat <- dplyr::bind_rows(kabukas)
```

ここで取得するデータは各ページで一緒なので、ページ番号を変えてスクレイピングします。まず、あらかじめページ番号を抜いた基準URL（base_url）を用意します。for()文の中で、paste0()を用いて基準URLとページ番号を貼り付けることで1ページ目から5ページ目のURLを作成し、それぞれのURLに対してスクレイピングを実行しています。さらに、dplyr::mutate()

という関数を使ってスクレイピングで得たデータフレームに対し、**前日比**の列を文字列型にする処理を適用しています[注2.9]。これはdplyrパッケージに含まれる関数ですが、ここではこのパッケージを読み込んでいないため、`dplyr::`のように記述して関数を呼び出しています。この`mutate()`については、3章で詳しく解説しますが、「列の追加や上書きを行う関数」です。

また、今回のようにスクレイピングで繰り返し処理を行う場合は、対象となるサーバへの負荷を小さくするために`Sys.sleep()`を用いて繰り返しの間に休止時間を設けてください。最後の`bind_rows()`は、データフレームのリストを縦につなげて1つのデータフレームにする関数です。これもdplyrパッケージに含まれていますが、今回はこのパッケージを読み込んでいないため`dplyr::`と記述して関数を呼び出しています。上述のコードを実行すると**図2.7**のように、株価のデータを取得できます。

Filter

	日付	始値	高値	安値	終値	前日比	前日比%	売買高(株)
1	21/02/10	29,412.55	29,562.93	29,368.18	29,562.93	57	0.2	1,324,350,000
2	21/02/09	29,435.61	29,585.75	29,350.48	29,505.93	117.43	0.4	1,469,180,000
3	21/02/08	28,831.58	29,400.56	28,817.60	29,388.50	609.31	2.1	1,585,950,000
4	21/02/05	28,631.46	28,785.71	28,548.27	28,779.19	437.24	1.5	1,537,270,000
5	21/02/04	28,557.46	28,600.22	28,325.89	28,341.95	-304.55	-1.1	1,344,430,000
6	21/02/03	28,482.71	28,669.95	28,402.30	28,646.50	284.33	1.0	1,374,380,000
7	21/02/02	28,207.48	28,379.31	28,089.12	28,362.17	271.12	1.0	1,168,980,000
8	21/02/01	27,649.07	28,107.10	27,649.07	28,091.05	427.66	1.5	1,145,530,000
9	21/01/29	28,320.72	28,320.72	27,629.80	27,663.39	-534.03	-1.9	1,576,350,000
10	21/01/28	28,169.27	28,360.48	27,975.85	28,197.42	-437.79	-1.5	2,137,650,000
11	21/01/27	28,665.34	28,754.99	28,542.00	28,635.21	89.03	0.3	1,159,580,000
12	21/01/26	28,696.30	28,740.71	28,527.81	28,546.18	-276.11	-1.0	1,070,610,000
13	21/01/25	28,698.89	28,822.29	28,566.85	28,822.29	190.84	0.7	1,016,450,000
14	21/01/22	28,580.20	28,698.18	28,527.16	28,631.45	-125.41	-0.4	1,217,520,000
15	21/01/21	28,710.41	28,846.15	28,677.61	28,756.86	233.6	0.8	1,144,470,000
16	21/01/20	28,798.74	28,801.19	28,402.11	28,523.26	-110.2	-0.4	1,150,000,000
17	21/01/19	28,405.49	28,720.91	28,373.34	28,633.46	391.25	1.4	1,006,770,000
18	21/01/18	28,238.68	28,349.97	28,111.54	28,242.21	-276.97	-1.0	908,540,000
19	21/01/15	28,777.47	28,820.50	28,477.03	28,519.18	-179.08	-0.6	1,249,260,000
20	21/01/14	28.442.73	28.979.53	28.411.58	28.698.26	241.67	0.8	1.413.740.000

図2.7　株価データ取得結果

データを取得したら`str()`（またはRStudioのEnvironmentペイン）で行数や列数を確認しておくことをお勧めします。

```
str(dat)
```

ここでは日付や前日比などが文字列として読み込まれてしまっているので、分析をする際はこれらを処理しやすい形に変更する前処理が必要ですが、データ取得の趣旨とは外れるので本章では割愛します。日付や時間データの処理は付録Bにて解説します。

注2.9　ここでは、最後にデータフレームを`dplyr::bind_rows()`によって縦に結合させています。しかし、この関数でつなげる（今回は5つの）データフレームはそれぞれの列の型が同じである必要があります。今回では**前日比**という列が数値が読まれたものと文字列型で読まれたものが混在する可能性がある（1,070.25など、数字区切りのカンマを正しく数値に変換できていないため起こる現象）ため、このような処理を行っています。

2-4 API

本節では、Twitter REST APIをRから操作できる**rtweet**パッケージを使って特定のキーワードを含むツイートを取得する方法を紹介します。ツイートを収集することで、特定のものに対する口コミ分析などに利用できます。

APIとは

API（Application Programming Interface）を一言で説明すると「あるソフトウェアやサービスの機能（の一部）を外部から使用できるようにしたもの」です。たとえばTwitterではAPIが公開されています。APIを使うことによって、Twitterの「ツイートをする」「リプライをする」「タイムラインを見る」といった機能をTwitterの公式サイトや公式アプリなしで利用できます。

公開されているAPIは、さまざまな言語から呼び出すことができます。さらに、スマートフォンアプリを作成する他、データ分析に使用するためのデータを取得するといったことにも活用できます。ただし、APIは公式の機能を外部から利用できるようにしたものですので、無制限に使えるわけではありません。機能が制限されていたり、単位時間での使用量が決まっていたりすることがほとんどです。追加機能の使用や大量データを取得するには、多くの場合課金が必要になるので、利用前にAPIのドキュメントに目を通しておくことが重要です。

rtweetパッケージによるTwitterデータの収集

準備

Twitter社が公開している代表的なAPIにREST APIとSTREAMING APIがあります。REST APIではホームタイムライン（自分のタイムライン）、ユーザタイムライン（特定ユーザのツイート）、ダイレクトメッセージ、フォロー関係、リストなどが取得でき、このAPIを使って検索もできます。STREAMING APIではTwitter上で流れてくるデータの1%を受信し続けることができます。ここでは検索を行いたいのでREST APIを使用することにします。Twitter REST APIを利用するためには、Twitterアカウントが必要なので、事前に作成のうえブラウザ上でログインした状態にしておきます。

ツイートの収集

それでは、**rtweet**パッケージでTwitter上のデータを取得してみましょう。ある特定のワードを含むツイートを検索するには、`search_tweets()`関数を使い、`n`引数に検索数、`include_rts`にリツイートを含むかどうかを指定します。

```
# rtweetパッケージがインストールされていない場合はインストール
# install.packages("rtweet")
# rtweetパッケージをロード
library(rtweet)

# 「技術評論社」を含むツイートを100件検索
rt <- search_tweets(
  "技術評論社", n = 100, include_rts = FALSE
)
```

初めて **rtweet** パッケージの関数を利用するときは、**図2.8**のようにブラウザ上で連携アプリケーションの許可をする必要があります。

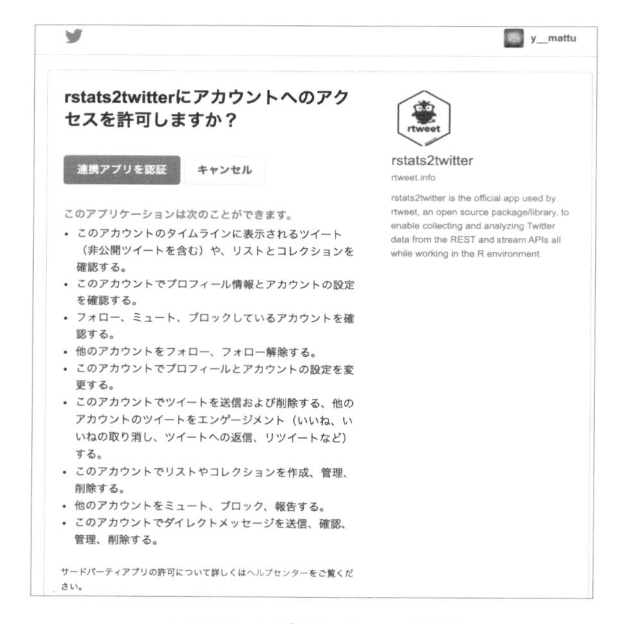

● 図 2.8　アプリケーションの認証

たったこれだけで、キーワードによる検索ができました（**図2.9**）。また、**図2.10**のように`str()`関数で収集したツイートのオブジェクトの構造を見ると多くの情報があるため、分析の際は前処理が不可欠です。しかし、今回の例では日時（`created_at`）がPOSIXct型になっており、ある程度扱いやすい形式であることが分かります[注2.10]。

注 2.10　日時データの扱いについては本書の「付録 B lubridate による日付・時刻データの処理」を参照してください。

	user_id	status_id	created_at	screen_name	text	source	display_text_width
1	205518706	1360849436264435712	2021-02-14 07:12:43	coro46	技術評論社様より献本頂きました! 『イラレのスゴ技 動画...	Twitter Web App	162
2	14713960	1360843780035780613	2021-02-14 06:50:15	hnakamur2	Webサイトを運営している皆様、ぜひこの本を読んで、C...	Twitter Web App	161
3	14713960	1360566433806045184	2021-02-13 12:28:10	hnakamur2	"Web配信の技術 —HTTPキャッシュ・リバースプロキシ・...	Twitter Web App	171
4	14713960	1360605264097857536	2021-02-13 15:02:28	hnakamur2	"Web配信の技術 —HTTPキャッシュ・リバースプロキシ・...	Twitter Web App	167
5	14713960	1360458732841230339	2021-02-13 05:20:12	hnakamur2	"Web配信の技術 —HTTPキャッシュ・リバースプロキシ・...	Twitter Web App	107
6	52600493	1360835872342478848	2021-02-14 06:18:49	shosen_bt_pc	【書泉ブックタワーコンピュータ資格書ベスト】2/7-2/1...	TweetDeck	142
7	52600493	1360835139857653763	2021-02-14 06:15:55	shosen_bt_pc	【書泉ブックタワーコンピュータ書ベスト】2/7-2/13付 ...	TweetDeck	123
8	52600493	1360181537044455429	2021-02-12 10:58:44	shosen_bt_pc	2/12先行販売『Google Cloudではじめる実践データエン...	TweetDeck	134
9	1115961942529544192	1360524895055060994	2021-02-13 09:43:06	rankingko	最安値の「スポ-ツ自転車でまた走ろう！一生楽しめる自...	rankingko	107
10	1115961942529544192	1360328143127519235	2021-02-12 20:41:17	rankingko	最安値の「かんたんパソコン入門 イラストでわかるパソ...	rankingko	111
11	1115961942529544192	1360326180822343682	2021-02-12 20:33:29	rankingko	最安値の「Ｗｉｎｄｏｗｓ　ＰｏｗｅｒＳｈｅｌｌポケッ...	rankingko	122
12	1115961942529544192	1360835438076813314	2021-02-14 06:17:06	rankingko	最安値の「栢木先生のＩＴパスポート教室準拠書き込み式...	rankingko	106
13	1115961942529544192	1360490616791044096	2021-02-13 07:26:54	rankingko	最安値の「ＩＴパスポ-ト合格教本 ＣＢＴ対応 平成２７年...	rankingko	96
14	1115961942529544192	1360309871351009282	2021-02-12 19:28:41	rankingko	最安値の「Ｗｉｎｄｏｗｓ　８．１プロ技セレクション ...	rankingko	122
15	1115961942529544192	1360652537406263297	2021-02-13 18:10:19	rankingko	最安値の「図解サーバー仕事で使える基本の知識　改訂新...	rankingko	95

図2.9　Twitter の検索結果

```
rt                  100 obs. of 90 variables
  $ user_id           : chr [1:100] "205518706" "14713960" "14713960" "1…
  $ status_id         : chr [1:100] "1360849436264435712" "1360843780035…
  $ created_at        : POSIXct[1:100], format: "2021-02-14 07:12:43" "2…
  $ screen_name       : chr [1:100] "coro46" "hnakamur2" "hnakamur2" "hn…
  $ text              : chr [1:100] "技術評論社様より献本頂きました!\n『…
```

図2.10　str(rt) の検索結果

ブラウザの自動操作

本コラムでは、Rからブラウザを自動操作しスクレイピングやファイルのダウンロードを行う方法を解説します。

ブラウザ自動操作の必要性

「2-3 Rによるスクレイピング入門」のスクレイピングの例では複数のページからデータを取得するときにURLが規則的だったため単純な繰り返しを行うことで対処できましたが、URLが不規則なときやクリックでファイルをダウンロードしたいときなど、単にURLを読み込むだけでは対処できないことがよくあります。そこで役立つのが**Selenium**という、コマンドでブラウザを自動操作するためのツールです。SeleniumはJavaで作られたツールですが、Rにはこれを操作するための**RSelenium**パッケージがあり、Rからブラウザを操作して上記のような操作を自動化できます。
本コラムでは、Mozilla Firefoxブラウザを例に **RSelenium**パッケージからブラウザを操作し、ファイルをダウンロードする方法について説明します。例として、e-Statから神奈川県の小地域境界データ[注2.11]をダウンロードする方法を紹介します。

注2.11　シェープファイル（Shapefile）と呼ばれ、地理情報システム（GIS）間でのデータの相互運用のために作られたデータ形式。逆ジオコーディングなど、地理的な分析の際は頻繁に用いられます。

RSelenium パッケージの導入

まずは準備として、RSeleniumパッケージをインストールします。このパッケージはCRANに公開されているので、install.packages() でインストールができます。

```
install.packages("RSelenium")
```

次に、RSeleniumはSeleniumを操作するパッケージですので、Selenium自体の準備をします。SeleniumはSeleniumサーバというローカルサーバを通してブラウザの操作を行うため、Seleniumサーバの準備が必要です。
Seleniumサーバのセットアップには OS や環境によっていくつか方法がありますが、執筆時点では環境に依存しない方法として Docker による環境構築が推奨されています。Dockerは、コンテナと呼ばれる仮想環境を用いてソフトウェアやアプリケーションの構築、実行を素早くできる技術です。Dockerに関する詳細は本書の趣旨と外れるため、本文では割愛しますが、サポートページ（https://github.com/ghmagazine/rstudiobook_v2）にDockerのインストール方法について記載しておりますので参考にしてください。以下では、docker コマンドを使える状態になっているという前提でコマンド例を提示します。
以下のコマンドで、Chromeブラウザ用のSeleniumサーバを、ローカルの4445ポートに構築、起動することができます。また、-v オプションでローカルのパス:Docker内のパスという形式を指定すれば、コンテナにローカルのフォルダをマウントし、ファイルをダウンロードする場所を指定できます。なお、筆者の環境ではローカルのフォルダが/Users/ymattu/Desktopですが、この箇所をご自身の環境に応じて書き換える必要があります[注2.12]。

```
※注意：これはRStudioのコンソールで実行するRのコマンドではなく、Terminalペインなどから実行
　　　　するシェルスクリプトです
docker run -d -p 4445:4444 -v /Users/ymattu/Desktop:/home/seluser/Downloads seleniu
m/standalone-chrome:2.53.1
```

ここまでが、RSeleniumパッケージとSeleniumサーバの準備です。

Rによるブラウザの操作

Seleniumサーバの準備が整ったら、いよいよRからブラウザを操作していきます。まずはRSeleniumパッケージをロードします。

```
library(RSelenium)
```

次に、先ほど構築したSeleniumサーバに接続しブラウザを立ち上げます。まずはremoteDriver()でSeleniumサーバへの接続を行います。このとき、オプションとして以下を指定します。

注2.12　Windowsの場合は、PowerShellやコマンドプロンプトから実行するなら C:\Users\ymattu\Desktop、RStudioのTerminalペインから実行するなら C:\\Users\\ymattu\\Desktop（\ を2回重ねる）のようになります。また、注意点として、パスの指定に ~ は使えません（例：~/Desktop ではなく /home/ymattu/Desktop と指定しないといけない）。ホスト側のパスの指定を間違えていてもエラーは出ないので注意が必要です。あとの手順でファイルがダウンロードされなくなります（これもRSeleniumは特にエラーを出しません）。

- Seleniumサーバのアドレス（今回はDockerを使ってローカルに構築したので"localhost"）
- 構築したローカルSeleniumサーバにつながるポート番号（今回は4445番に構築したので4445L）
- ブラウザ名（今回はChrome用のDockerイメージを使用したので"chrome"）

```
# remoteDriverクラスのオブジェクトを作成
remDr <- remoteDriver(
  remoteServerAddr = "localhost",
  # 数値のあとに"L"をつけることで「整数」であることを明示
  port = 4445L,
  browserName = "chrome"
)
```

このremoteDriver()はremoteDriverというRの参照クラス[注2.13]を持つインスタンスを作る関数です。Seleniumサーバ上のブラウザ操作は、このremoteDriverクラスのオブジェクトが持つメソッドに対して、$でアクセスすることで行います。たとえば、ブラウザを立ち上げるには、open()というメソッドを使います。

```
# ブラウザを立ち上げる
remDr$open()
```

出力

```
[1] "Connecting to remote server"
$applicationCacheEnabled
[1] FALSE

$rotatable
[1] FALSE

$mobileEmulationEnabled
[1] FALSE

$networkConnectionEnabled
[1] FALSE

$chrome
$chrome$chromedriverVersion
[1] "2.24.417424 (c5c5ea873213ee72e3d0929b47482681555340c3)"

$chrome$userDataDir
[1] "/tmp/.org.chromium.Chromium.knBRdr"


$takesHeapSnapshot
[1] TRUE

$pageLoadStrategy
```

注2.13　Rが持つクラスの一種。

```
[1] "normal"

$databaseEnabled
[1] FALSE

$handlesAlerts
[1] TRUE

$hasTouchScreen
[1] FALSE

$version
[1] "53.0.2785.143"

$platform
[1] "LINUX"

$browserConnectionEnabled
[1] FALSE

$nativeEvents
[1] TRUE

$acceptSslCerts
[1] TRUE

$webdriver.remote.sessionid
[1] "163090f2-53be-4785-a812-5c8ac06a9c81"

$locationContextEnabled
[1] TRUE

$webStorageEnabled
[1] TRUE

$browserName
[1] "chrome"

$takesScreenshot
[1] TRUE

$javascriptEnabled
[1] TRUE

$cssSelectorsEnabled
[1] TRUE

$id
[1] "163090f2-53be-4785-a812-5c8ac06a9c81"
```

[1] "Connecting to remote server"のメッセージのあとにセッション情報が表示されれば、Seleniumサーバ上のChromeブラウザに接続できている状態です。
試しに、e-statのページにアクセスし、URLを取得してみましょう。特定のURLにアクセスするには、navigate()を、現在のURLを取得するにはgetCurrentUrl()を使います。

```
# e-statのページにアクセス
remDr$navigate("https://e-stat.go.jp/")
# 現在のURLを表示
remDr$getCurrentUrl()
```

```
[[1]]                                              出力
[1] "https://www.e-stat.go.jp/"
```

アクセスしたURLが表示されれば、正常に動作しています。
このブラウザを閉じるにはclose()を使います。

```
# ブラウザを閉じる
remDr$close()
```

e-Statからファイルを取得

さて、e-Statからデータをダウンロードする際に、どのような手順があるかを事前に確認しておく必要があります。今回の場合、以下の手順でダウンロードすればいいことが分かります。

1. e-Statのページ（https://www.e-stat.go.jp/にアクセス）
2. 「地図」をクリック
3. 「境界データダウンロード」をクリック
4. 「小地域」をクリック
5. 「国勢調査」をクリック
6. 「2015年」をクリック
7. 「小地域（町丁・字等別集計)」をクリック
8. 「世界測地系緯度経度・Shape形式」をクリック
9. 「神奈川県」をクリック
10. 神奈川全域の「世界測地系緯度経度・Shape形式」をクリック
11. ダウンロードプロンプトで「保存」をクリック

このうち、11.のダウンロードプロンプトの操作はSeleniumではできませんので、これを開かずにダウンロードすることを考えます。また、RSeleniumで立ち上げたブラウザでダウンロードすると、ブラウザデフォルトのダウンロードフォルダ（今回はDockerに組み込まれているLinuxのどこか）にダウンロードされるので、ダウンロードするフォルダを明示しておきたいです。これらは、remoteDriver()でブラウザを立ち上げるときのオプションに設定します。具体的には、extraCapabilitiesの引数にリスト形式でブラウザへのオプションを書くことができます。

```
# Chromeオプションを追加
eCaps <- list(
```

```
  chromeOptions =
    list(prefs = list(
      # ポップアップを表示しない
      "profile.default_content_settings.popups" = 0L,
      # ダウンロードプロンプトを表示しない
      "download.prompt_for_download" = FALSE,
      # ダウンロードフォルダを設定
      ## Docker起動時にマウントしたDockerホストのフォルダを記述
      "download.default_directory" = "/home/seluser/Downloads"
    )
    )
)

# eCapsの設定を使ってremoteDriverクラスのオブジェクトを作成
remDr <- remoteDriver(
  remoteServerAddr = "localhost",
  port = 4445L,
  browserName = "chrome",
  extraCapabilities = eCaps
)

# ブラウザを起動
remDr$open()
```

準備が整ったので、実際にダウンロードしていきます。

```
remDr$navigate("https://e-stat.go.jp/")
```

特定の箇所をクリックするには、まず`findElement()`でCSSセレクタ、またはXPathでボタンの要素を指定し`clickElement()`でクリックを実行します。

```
# CSSセレクタで要素を指定
# ここでは「地図上に統計データを表示(統計GIS)」
webElem <- remDr$findElement("css selector", "#block-kiwatotetansu > div > div.b-fro
nt1_statistical > div:nth-child(5) > div:nth-child(3)")
# 選択した要素をクリック
webElem$clickElement()
```

このように、コマンドでボタンのクリック操作ができます。同様に上述した手順3.～11.までのボタンの箇所をクリックし、ダウンロードページまで行きます[注2.14]。

```
# 「境界データダウンロード」をクリック
webElem <- remDr$findElement("css selector", "body > div.dialog-off-canvas-main-canv
as > div > main > div.row.l-estatRow > section > div.region.region-content > article
> div > div > section > ul > li > a:nth-child(5)")
webElem$clickElement()
```

注2.14　該当のサイトはページ遷移の際にJavaScriptの描画が数秒かかるので、`clickElement()`を連続実行するとエラーになりがちです。数秒待ってから実行するか、`Sys.sleep(5)`のように待ち時間を設定するコードを挿入すると良いかもしれません。

```
# 「小地域」をクリック
webElem <- remDr$findElement("css selector", "#main > section > div.js-search-detail
> ul > li:nth-child(1) > a")
webElem$clickElement()

# 「国勢調査」をクリック
webElem <- remDr$findElement("css selector", "#main > section > div.js-search-detail
> ul > li:nth-child(1) > a")
webElem$clickElement()

# 「2015年」をクリック
webElem <- remDr$findElement("css selector", "#main > section > div.js-search-detail
> div.stat-search_result-list.js-items > ul:nth-child(1) > li > div.stat-search_resu
lt-item2-main.fix.js-row_open_second-parent.js-gisdownload-tabindex > span.stat-plus_
icon.js-plus.js-row_open_second.__loaded")
webElem$clickElement()

# 「小地域(町丁・字等別集計)」をクリック
webElem <- remDr$findElement("css selector", "#main > section > div.js-search-detail
> div.stat-search_result-list.js-items > ul:nth-child(1) > li > div.stat-search_resu
t-item2-sub.js-child-items.js-row > ul > li:nth-child(1) > div > span.stat-title-has-
child > span > a")
webElem$clickElement()

# 「世界測地系緯度経度・Shape形式」をクリック
webElem <- remDr$findElement("css selector", "#main > section > div.js-search-detail
> div.stat-search_result-list.js-items > ul:nth-child(1) > li > a")
webElem$clickElement()

# 「神奈川県」をクリック
webElem <- remDr$findElement("css selector", "#main > section > div.js-search-detail
> div > div > article:nth-child(14) > div > ul > a > li:nth-child(1)")
webElem$clickElement()

# 神奈川全域の「世界測地系緯度経度・Shape形式」をクリック
webElem <- remDr$findElement("css selector", "#main > section > div.js-search-detail
> div > div > article:nth-child(1) > div > ul > li:nth-child(3) > a")
webElem$clickElement()
```

ダウンロードプロンプトが出ない設定をしているので、最後にクリックした段階で設定したダウンロードフォルダにファイル（zip形式）がダウンロードされます。このように、ブラウザを自動操作してファイルをダウンロードできました。また、今回ですと神奈川県のデータをダウンロードしていますが、「神奈川県」をクリックする際に「14番目の要素」をクリックしていますので、この数字を変えれば他の県に関してもダウンロードできます。なお、“神奈川県”という文字列を引数にしたダウンロードは、他のパッケージを使えば関数を作成できますが、本書では割愛することとします。ダウンロードが終わったら、ブラウザとSeleniumサーバを閉じます。

```
# ブラウザを閉じる
remDr$close()
```

```
# サーバを閉じる
# docker psコマンドでContainer IDを調べておく
## docker psコマンドの出力例
#> CONTAINER ID   IMAGE                                COMMAND                    CREATED
STATUS         PORTS                      NAMES
#> edea94b975bb   selenium/standalone-chrome:2.53.1   "/opt/bin/entry_poin…"   2 weeks ago
Up 2 weeks    0.0.0.0:4445->4444/tcp   condescending_snyder
docker stop edea94b975bb
```

今回のように、目的のデータのダウンロード方法をいちいち追うくらいなら手動でやった方が速い、と思われるかもしれません。しかし複数地域で一度に取得したいことを考えると、自動化した方が速いでしょう。たとえば今回は神奈川県のデータを取得しましたが、全都道府県を取得したい場合を考えてみてください。コード中の「神奈川県」をクリックで指定したCSSセレクタ`"#main > section > div.js-search-detail > div > div > article:nth-child(14) > div > ul > a > li:nth-child(1)"`の`(14)`が都道府県ナンバーになっていることが実際のページで確認できます。複数ページにわたる表の取得例で見たように、このような規則性がある場合はこちらの番号を1～47でループさせるコードを書くことで、効率的にデータを取得できます。つまり、コードの再利用性の高さを考えれば、手動よりもSeleniumを使うべき場面は多いと考えられます。

Webスクレイピングをするときの注意点

Webスクレイピングはインターネット上から多くの情報を取得できるので非常に便利な手段ですが、いくつか注意しなくてはならない点があります。まず第一に、そのサイトがスクレイピングをしても問題ないサイトなのかを確認しなくてはなりません。たとえば本書では株価のデータを例に挙げましたが、Yahoo!ファイナンスは掲載情報の自動取得（つまりスクレイピング）を禁止しています[注2.15]。また、規約にスクレイピング禁止と書いてないからといって、むやみにスクレイピングをしていいわけでもありません。著作物をはじめとしたさまざまな権利に抵触しない範囲で利用する必要があります。

次に、相手のサーバに攻撃しているとみなされないよう、処理に適切な間隔を置くことが不可欠です。たとえば、for文で繰り返し処理を行って複数のデータを取得したい場合、適切な間隔（通常は1秒以上）を空けずにスクレイピングしてしまうと相手側のサーバをダウンさせてしまうだけでなく、攻撃とみなされて相手側から遮断され今後そのサイトにアクセスできない可能性さえあります。さらには、攻撃とみなされれば警察沙汰になってしまうこともあります[注2.16]。

APIを利用する際にはその規約を読むことが重要です。APIの1日の利用回数はあらかじめ決まって

注2.15　URL https://www.yahoo-help.jp/app/answers/detail/p/546/a_id/93575/

注2.16　実際、2010年に岡崎市立中央図書館事件という、図書館の蔵書システムへのスクレイピング（クローリング）が攻撃とみなされて逮捕された、という事件も起きています。このときは悪意もなく適切な時間を空けていたにもかかわらず逮捕されてしまったため物議を醸しました。

いることが多く、中にはこのように利用回数を制限しない設計のパッケージもあり、その利用は基本的には自己責任です。また、有料のAPIもありますが、最初の何回かは無料であるようなケースでは誤って多くのリクエストを送りすぎてしまい多額の請求が来てしまうこともありえます。これに関しても自己責任となってしまうので注意が必要です。
このようなスクレイピングのトラブルを避けるため、polite というスクレイピングのエチケットを集めたパッケージも開発されています。さらに、取得したデータそのもの、あるいは取得したデータの分析結果を公開したい場合は著作権の所在についてよく確認する必要があります。最後に、コードの保守性も注意が必要です。スクレイピングは相手のサイトに依存する手法ですので、対象サイトの構造が変わってしまった場合はそれまでのコードが動かなくなる可能性が高いです。長期的な運用が想定されているプログラムを作成した際には、細かいスパンでのメンテナンスが不可欠となります。

2-5 まとめ

本章では、Webページの構造に関する基礎的なところからはじめて、Rによるスクレイピングについて解説しました。スクレイピングはいくつかのルールさえ守れば世界中にあふれるデータに簡単にアクセスできるようになる、非常に便利な手段です。さらにRにはスクレイピングを行うためのパッケージがさまざまありますし、これらのパッケージは現在進行形で開発されているため、今後さらなる改善が期待されます。ただし、改善されているとはいえWebサイトの情報を抽出するわけですから、必ずしもきれいな形で取得できるとは限りません。むしろ、多くの場合は分析できる形式にするには多くの前処理が必要です。この前処理もtidyverseに含まれるパッケージや本章で紹介した%>%演算子を使うことで効率よく進めることができます。

参考文献

- 「Selectors Level 3」 URL https://www.w3.org/TR/css3-selectors/
- 「xpath cover page - W3C」 URL https://www.w3.org/TR/xpath/
- 「RSelenium Basics」 URL https://docs.ropensci.org/RSelenium/articles/basics.html
- 「politeパッケージ」 URL https://github.com/dmi3kno/polite

第3章 dplyr/tidyrによるデータ前処理

本章では、dplyrパッケージ・tidyrパッケージを用いてデータを整形し、機械処理しやすい「tidyな（整然）」データをつくることを目指します。
基本的なデータ操作について説明するとともに、応用としてグループ化された操作についてもふれます。

本章の内容

3-1 tidy dataとは

人間にとって見やすいデータ形式と機械処理しやすいデータ形式は異なります。**表3.1**と**表3.2**は同じデータを異なる形式で表したものですが、どちらが優れたデータ形式だと感じるでしょうか？

●表3.1　生徒／教科別にテストの点数を表示

名前	算数	国語	理科	社会
生徒A	100	80	60	40
生徒B	100	100	100	20

●表3.2　名前／教科／点数をそれぞれ表示

名前	教科	点数
生徒A	算数	100
生徒A	国語	80
生徒A	理科	60
生徒A	社会	40
生徒B	算数	100
生徒B	国語	100
生徒B	理科	100
生徒B	社会	20

見やすさからいえば、前者のデータ形式でしょう。「名前」の列に何度も生徒名が繰り返されて冗長な後者に比べ、前者の方がまとまった表のように感じられます。しかし、ベクトルの処理が得意なRで扱いやすいのは後者の縦長なデータ形式です[注3.1]。

この後者のデータ形式がtidy data[注3.2]と呼ばれるものです。データ整形は、まずはこの形式にデータを変形することからスタートします。

tidy dataの定義

tidy dataはHadley Wickham氏が提唱したもので、以下の3つが定義として掲げられています[注3.3]。

注3.1　Rにおけるテーブル状のデータ形式、データフレームは列指向です。つまり、1列が1つのベクトルになっています。複数の列を処理するにはforループを回すような処理をしなければいけませんが、1つのベクトルにまとまっていれば簡単に扱うことができます。Rの多くの関数はベクトル演算に対応しているからです。特に、これから紹介するdplyrを使ったデータ整形では縦長のデータ形式の方が便利です。

注3.2　tidy dataは、「整然データ」や「整理データ」などと訳されたりします。「tidy data」における「tidy」はデータ形式を指すものですが、文脈によってより広い意味を持つこともあり、まだ概念が定まっていない言葉です。このため、本書では特に訳語を付けず「tidy」のままとします。

注3.3　URL https://cran.r-project.org/web/packages/tidyr/vignettes/tidy-data.html

1. 1つの列が1つの変数を表す
2. 1つの行が1つの観測を表す
3. 1つのテーブルが1つのデータセットだけを含む

この定義1と定義2を前掲のデータに当てはめて考えてみましょう（定義3はどちらも満たしているので今回は割愛します）。まずは「1つの列が1つの変数を表す」です。変数のまとめ方をいくつも思いつくかもしれませんが、変数の種類を一番少なくしようとすれば、「名前」「教科」「点数」に落ち着くのではないでしょうか。次に「1つの行が1つの観測を表す」です。ここでは「ある人があるテストを受けた結果」というのが1つの観測です。前者の形式は1つの行に4つのテスト結果が入ってしまっているのに対して、後者の形式は1つの行に1つのデータが入っていることが分かります。このように、2つのルールを満たすデータ形式を考えると、列が減って行が増え、縦長になることが分かります。tidy dataの概念はやや漠然としていてとらえづらいところもありますが、まずは「横長のデータを縦長にする」というイメージを押さえておきましょう。

tidy ではないデータ

先ほど、tidy dataについて「ベクトル演算が得意なRで処理しやすい」と書きましたが、これは使っているツールによって変わります。そのツールに特化したデータ形式の方が処理が速かったり、サイズが小さくて済んだり、といった場合もあるでしょう[注3.4]。しかし、さまざまなツール間でデータをやりとりする際の利便性を考えるとtidy dataの形式で統一した方がよさそうだ、というのがRコミュニティでの主流な意見になりつつあります。Rのパッケージもtidy dataの形式を前提にするものが増えてきており、とりわけ本書でも多用するtidyverseと呼ばれるツール群はその急先鋒です。「処理しやすい」といわれても納得できない読者の方もおられるでしょうが、ひとまず、「本書で紹介するツールはtidy dataが前提になっているのでtidy dataにする」という、郷に入っては郷に従え的な話だと思って先に進んでください。

3-2 tidyrによるtidy dataへの変形

tidyrパッケージは、その名のとおりtidy dataを作るためのさまざまな関数を提供しています。ここでは、データをtidy dataの形式に変形するのに避けては通れない関数`pivot_longer()`と`pivot_wider()`について簡単に紹介します。他の関数については「3-6 tidyrのさまざまな関数」

注 3.4　tidy ではないデータの利点については、ジョンズ・ホプキンス大学の Jeff Leek 教授が詳しく論じています。
URL https://simplystatistics.org/2016/02/17/non-tidy-data/

でまとめて紹介します。

 pivot_longer()による縦長データへの変形

横長の表を縦長の表にするというデータ整形はtidy dataの基本です。これには、pivot_longer()という関数を使います。pivot_longer()は、複数の列を、1つのキーと値のペアに変形します（**図3.1**）。元の列の名前がキーに、元の列の中身が値にあたります。

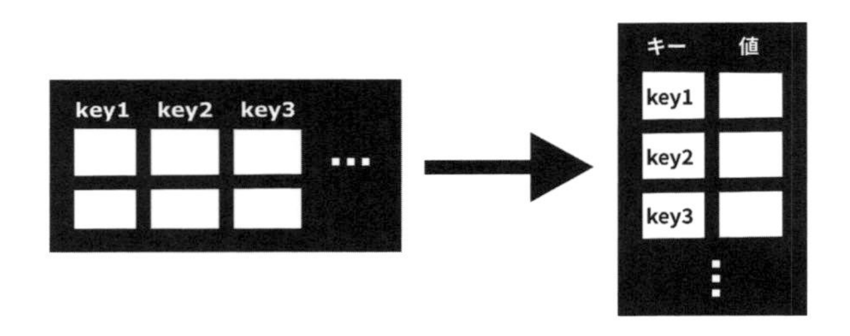

●図3.1　pivot_longer()による変形

pivot_longer()には以下の引数が必要です。対象の列の指定の仕方はいくつかありますが、ここでは最も基本的なc()の中に列名を並べる記法で説明します。

- データ
- 変形する対象の列（複数）
- キーの列の名前
- 値の列の名前

```
pivot_longer(データ,
  cols = c(変形する対象の列1, 変形する対象の列2, ...),
  names_to = "キーの列の名前",
  values_to = "値の列の名前"
)
```

具体例として、先に挙げた表の変形をpivot_longer()を使ってやってみましょう。まずは、横長バージョンの表をデータフレームとして作ります。

```
scores_messy <- data.frame(
  名前 = c("生徒A", "生徒B"),
  算数 = c(    100,     100),
  国語 = c(     80,     100),
  理科 = c(     60,     100),
  社会 = c(     40,      20)
)
```

pivot_longer()に指定する引数を考えてみましょう。変形する対象の列は、**算数**、**国語**、**理科**、**社会**ですね。これらの列名は「どの教科か」ということを表す変数です。新しいキーの列は**教科**という名前にしましょう。また、これらの列の中身は「各教科の点数」を表す値です。新しい値の列は**点数**という名前にしましょう。これをコードに起こすと以下のようになります[注3.5]。tidyrパッケージもtidyverseに含まれているので、前章までと同じくlibrary(tidyverse)すれば自動的にtidyrも読み込まれます。

3

```
# tidyverse のパッケージ群を読み込み
library(tidyverse)

pivot_longer(scores_messy,
  cols = c(算数, 国語, 理科, 社会),   # 変形する対象の列を指定
  names_to = "教科",                  # 新しくできるキーの列の名前を指定
  values_to = "点数"                  # 新しくできる値の列の名前を指定
)
```

出力

```
# A tibble: 8 x 3
  名前  教科   点数
  <chr> <chr> <dbl>
1 生徒A 算数    100
2 生徒A 国語     80
3 生徒A 理科     60
4 生徒A 社会     40
5 生徒B 算数    100
6 生徒B 国語    100
7 生徒B 理科    100
8 生徒B 社会     20
```

どうでしょうか。この変形はなかなかイメージをつかみづらいものですが、変形のゴールとなるtidy dataの概念に慣れれば自然にできるようになるはずです。まだ頭がついていかないかもしれませんが、あまり気にし過ぎず読み進めてください。

pivot_wider()による横長のデータへの変形

データ整形にはtidy dataの形式が便利ですが、すべてのツールがtidy dataを前提に作られているわけではありません。場合によっては横長のデータが要求されます。しかし、そんなときでもtidy dataを諦める必要はありません。pivot_wider()を使いましょう。この関数は、pivot_

注3.5 c(算数, 国語, 理科, 社会)と列名をひとつひとつ並べる部分はやや面倒に感じるかもしれません。pivot_longer()では後述するselect()と同じ列の指定方法が使えるので、**!名前**や**算数:社会**のように短く書くこともできます。他の記法についての詳細は、後述の「dplyrによる基本的なデータ操作」のselect()についての項目を参照してください。

longer()の逆の操作を行います。つまり、縦長のデータを横長に変形します[注3.6]。

```
pivot_wider(データ,
  names_from = キーの列,
  values_from = 値の列
)
```

たとえば、先ほどpivot_longer()したデータにpivot_wider()を使うと、元の横長なデータ形式に戻すことができます。

```
# pivot_longer()でtidy dataに変形
scores_tidy <- pivot_longer(scores_messy,
  cols = c(算数, 国語, 理科, 社会),
  names_to = "教科",
  values_to = "点数"
)

# pivot_wider()で横長に戻す
pivot_wider(scores_tidy,
  names_from = 教科,
  values_from = 点数
)
```

```
# A tibble: 2 x 5                                              出力
  名前    算数  国語  理科  社会
  <chr> <dbl> <dbl> <dbl> <dbl>
1 生徒A   100    80    60    40
2 生徒B   100   100   100    20
```

pivot_longer()とpivot_wider()によって、データ整形は処理しやすいtidy dataで行って、別の関数に引き渡す前に横長に変形する、といったデータ形式の往復が簡単にできるようになります。後ほど、「複数の列への操作」の項で具体例が出てきます。tidyrを活用し、適したデータ形式をすばやく使い分けることでデータ操作の効率を上げましょう。

注3.6　pivot_longer()のnames_to引数とvalues_to引数には" "で囲った列名しか指定できませんが、pivot_wider()のnames_from引数とvalues_from引数は" "ありでもなしでも大丈夫です。これは、pivot_longer()の両引数が「まだ存在しない列」に名前を付けるものなのに対し、pivot_wider()の引数は「すでにデータ中に存在する列」を選択するものである、という違いからきています。すでにデータ中に存在する列を選択する場合は" "なしの列名を使うのが一般的なので、本書のコードもその慣習に従っています。

3-3 dplyrによる基本的なデータ操作

tidy dataに変形できれば、次に待ち構えるのは列や行の絞り込みといったデータ操作です。これにはdplyrパッケージが便利です。dplyrパッケージは、「データ操作のための文法（grammar of data manipulation）」を実現するためのツールです。本書で取り上げるのはデータフレーム（またはtibble）を対象とした処理ですが、それ以外にもさまざまなデータベースやRのオブジェクトを扱うこともできるようになっています[注3.7]。

tibbleとデータフレームの違い

tibble（tbl_dfクラス）とは、一言でいえば「モダンなデータフレーム」です。基本的に中身はデータフレームですが、いくつかの挙動が素のデータフレームと異なっています。まず目につく違いは、表示です。通常のデータフレームはデフォルトでは1,000行までデータを表示します[注3.8]。一方、tibbleでは、表示されるのは10～20行程度です[注3.9]。具体的に、これから使うmpgデータを見てみましょう。mpgは1999年と2008年に製造された車両の燃費についてのデータセットで、各車両のメーカー、シリンダ数、車種などの情報が含まれています[注3.10]。このデータセットの中身を表示してみると、次のようになります。

```
mpg
```

出力

```
# A tibble: 234 x 11
   manufacturer model      displ  year   cyl trans      drv     cty   hwy fl    class
   <chr>        <chr>      <dbl> <int> <int> <chr>      <chr> <int> <int> <chr> <chr>
 1 audi         a4           1.8  1999     4 auto(l…    f        18    29 p     comp…
 2 audi         a4           1.8  1999     4 manual…    f        21    29 p     comp…
 3 audi         a4           2    2008     4 manual…    f        20    31 p     comp…
 4 audi         a4           2    2008     4 auto(a…    f        21    30 p     comp…
 5 audi         a4           2.8  1999     6 auto(l…    f        16    26 p     comp…
 6 audi         a4           2.8  1999     6 manual…    f        18    26 p     comp…
 7 audi         a4           3.1  2008     6 auto(a…    f        18    27 p     comp…
 8 audi         a4 quat…     1.8  1999     4 manual…    4        18    26 p     comp…
 9 audi         a4 quat…     1.8  1999     4 auto(l…    4        16    25 p     comp…
10 audi         a4 quat…     2    2008     4 manual…    4        20    28 p     comp…
```

注3.7 URL https://dbplyr.tidyverse.org/articles/dbplyr.html

注3.8 データフレームの表示行数は、max.printというオプションをoptions()に設定して調整できます。

注3.9 tibbleの表示行数は、tibble.print_max、tibble.print_minなどのオプションをoptions()に設定して調整できます。詳細は?format_tblのヘルプを参照してください。

注3.10 さらに詳細な説明は?mpgのヘルプを参照してください。

```
# … with 224 more rows
```

表示が画面に収まる程度に省略される代わりに、列数と行数が上部に表示されています。また、列名の下にその列の型が略記で示されています。このデータだと、`<dbl>`は数値型、`<chr>`は文字列型を表しています。このようにtibbleでは、すべてを表示することよりも一覧性を優先しています。長すぎる文字列は…で省略されてしまうので、必要に応じてdplyrパッケージの`glimpse()`などの関数を使って中身を確認しましょう。1章の「オブジェクトの確認」で紹介したように、Environmentペインからインタラクティブにデータフレームの中身を調べるのも手です。表示だけでなく、データを操作したときの挙動にも細かな違いがあります。たとえば、データフレームから1列だけを取り出すとき、自動的にベクトルに変換された結果が得られます。

```
d <- data.frame(x = 1:3)
d[, "x"]
```

```
[1] 1 2 3
```
出力

一方でtibbleは、1列だけを取り出しても結果はtibbleのままです。

```
# as_tibble()でtibbleに変換
d_tibble <- as_tibble(d)
d_tibble[, "x"]
```

```
# A tibble: 3 x 1
      x
  <int>
1     1
2     2
3     3
```
出力

このように、tibbleは素のデータフレームよりもやや厳格な挙動になっています。tidyverseのパッケージは、基本的にtibbleを前提に作られています。素のデータフレームと基本的には同じなので意識することはありませんが、たまにデータフレームとの挙動の違いにつまづくことがあります。頭の片隅で覚えておきましょう。

dplyrの関数の概要

dplyrの主な関数は、以下の3つに大別できます。

- 1つのデータフレームを操作する関数（single-table verbs[注3.11]）

注 3.11　「データ操作のための文法」という比喩になぞらえて考えると、これらの関数はデータを目的語とする「動詞」にあたります。このため、「verb」と呼ばれます。

- 2つのデータフレームを結合する関数（two-table verbs）
- ベクトルを操作する関数

1つのデータフレームを操作する関数は、dplyrの根幹を成すものです。行を絞り込む`filter()`や、列を絞り込む`select()`などの関数があります。後ほど詳しく説明していきます。2つのデータフレームを結合する関数は、キーとなる列の値が一致する行同士を結合する`inner_join()`、`right_join()`、`left_join()`といった関数や、集合演算を行う`intersect()`や`union()`といった関数などがあります。ベクトルを操作する関数には、Rの基本関数を改良したものや、ウィンドウ関数（後述）などがあります。さまざまな関数があるためすべては取り上げられませんが、以降の説明の中であわせて紹介していきます。ちなみに、一部の関数は今後開発予定のfunsパッケージ（仮称）[注3.12]に統合されるとみられています。

1つのデータフレームを操作する関数の共通点と%>%演算子による処理のパイプライン化

1つのデータフレームを操作する関数には以下の共通点があります。

- 第1引数がデータフレーム
- 第2引数以降はそのデータフレームに対する操作
- 結果もデータフレーム

第1引数がデータフレームで、それ以降はそのデータフレームに対する操作なので、2章で紹介した%>%（パイプ）演算子を使うと、データとその操作を視覚的に分けることができます（**図3.2**）。

```
mpg %>%
  # 列の絞り込み
  select(model, displ, year, cyl)
```

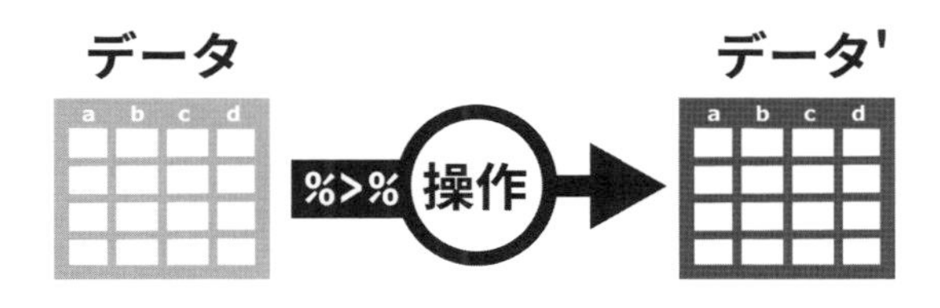

図3.2　dplyrのデータ操作

また、結果もデータフレームであることから、%>%演算子を使ってこの操作を次から次へとつなげられます（**図3.3**）。%>%演算子があれば、途中の結果を一時的に変数に入れてまた次の関数

注3.12　URL https://github.com/tidyverse/funs

に渡す、という作業が省略できます。以下のように、関連する操作を1つにつなげて可読性を高めることができるのです。もちろん、やりすぎると逆に処理を追いづらくなるので、長くなってきたらいったん変数に代入して処理を分割しましょう。

```
mpg %>%
  # 列の絞り込み
  select(manufacturer, model, displ, year, cyl) %>%
  # 行の絞り込み
  filter(manufacturer == "audi") %>%
  # 新しい列を作成
  mutate(century = ceiling(year / 100))
```

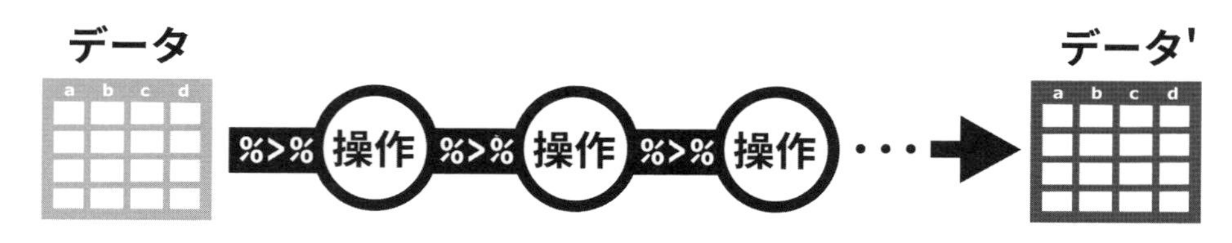

図3.3　%>%を用いたデータ操作の連結

filter()による行の絞り込み

filter()は、条件を満たす行のみにデータを絞り込む関数です。第1引数にデータを、第2引数以降に絞り込みの条件をとります。条件は複数指定でき、すべての条件を満たす行だけが残ります。

```
データ %>%
  filter(条件1, 条件2, ...)
```

表3.3　filter()でよく使う絞り込み

コード	意味
列 == 値	列が指定した値と同じ
列 != 値	列が指定した値以外
列 > 値 / 列 < 値	列が指定した値より大きい／小さい
列 => 値 / 列 <= 値	列が指定した値以上／以下
between(列, 値1, 値2) または 値1 <= 列 & 列 <= 値2	列が指定した2つの値の範囲内
列 %in% c(値1, 値2, …)	列が指定した値のうちいずれかと同じ
!is.na(列)	列がNA以外
str_detect(列, 正規表現)	列の文字列が指定した正規表現にマッチする（詳しくは付録Aを参照）

表3.3は、filter()でよく使う絞り込みの一例です。たとえば、以下のコードはmpgデータを

manufacturer列が"audi"

という条件を満たす行だけに絞り込みます。

```
mpg %>%
  filter(manufacturer == "audi")
```

```
# A tibble: 18 x 11                                                    出力
   manufacturer model      displ  year   cyl trans      drv     cty   hwy fl    class
   <chr>        <chr>      <dbl> <int> <int> <chr>      <chr> <int> <int> <chr> <chr>
 1 audi         a4           1.8  1999     4 auto(l…    f        18    29 p     comp…
 2 audi         a4           1.8  1999     4 manual…    f        21    29 p     comp…
 3 audi         a4           2    2008     4 manual…    f        20    31 p     comp…
 4 audi         a4           2    2008     4 auto(a…    f        21    30 p     comp…
 5 audi         a4           2.8  1999     6 auto(l…    f        16    26 p     comp…
 6 audi         a4           2.8  1999     6 manual…    f        18    26 p     comp…
 7 audi         a4           3.1  2008     6 auto(a…    f        18    27 p     comp…
 8 audi         a4 quat…     1.8  1999     4 manual…    4        18    26 p     comp…
 9 audi         a4 quat…     1.8  1999     4 auto(l…    4        16    25 p     comp…
10 audi         a4 quat…     2    2008     4 manual…    4        20    28 p     comp…
# … with 8 more rows
```

次に、条件が2つの場合を考えてみます。以下のコードはmpgデータを

- manufacturer列が"audi"
- cyl列が6以上

という条件をどちらも満たす行だけに絞り込みます。

```
mpg %>%
  filter(manufacturer == "audi", cyl >= 6)
```

```
# A tibble: 10 x 11                                                    出力
   manufacturer model      displ  year   cyl trans      drv     cty   hwy fl    class
   <chr>        <chr>      <dbl> <int> <int> <chr>      <chr> <int> <int> <chr> <chr>
 1 audi         a4           2.8  1999     6 auto(l…    f        16    26 p     comp…
 2 audi         a4           2.8  1999     6 manual…    f        18    26 p     comp…
 3 audi         a4           3.1  2008     6 auto(a…    f        18    27 p     comp…
 4 audi         a4 quat…     2.8  1999     6 auto(l…    4        15    25 p     comp…
 5 audi         a4 quat…     2.8  1999     6 manual…    4        17    25 p     comp…
 6 audi         a4 quat…     3.1  2008     6 auto(s…    4        17    25 p     comp…
 7 audi         a4 quat…     3.1  2008     6 manual…    4        15    25 p     comp…
 8 audi         a6 quat…     2.8  1999     6 auto(l…    4        15    24 p     mids…
 9 audi         a6 quat…     3.1  2008     6 auto(s…    4        17    25 p     mids…
10 audi         a6 quat…     4.2  2008     8 auto(s…    4        16    23 p     mids…
```

これは、次のように&を使って書くこともできます。&は、両辺の論理値型ベクトルの論理積（両

辺ともにTRUEならTRUE）をとる演算子です。

```
mpg %>%
  filter(manufacturer == "audi" & cyl >= 6)
```

逆に、条件の「いずれかを満たす」行に絞り込みたい場合は|を使います。|は、両辺の論理値型ベクトルの論理和（両辺いずれかがTRUEならTRUE）をとる演算子です。

```
mpg %>%
  filter(manufacturer == "audi" | cyl >= 6)
```

出力
```
# A tibble: 157 x 11
   manufacturer model      displ  year   cyl trans      drv     cty   hwy fl    class
   <chr>        <chr>      <dbl> <int> <int> <chr>      <chr> <int> <int> <chr> <chr>
 1 audi         a4           1.8  1999     4 auto(l…    f        18    29 p     comp…
 2 audi         a4           1.8  1999     4 manual…    f        21    29 p     comp…
 3 audi         a4           2    2008     4 manual…    f        20    31 p     comp…
 4 audi         a4           2    2008     4 auto(a…    f        21    30 p     comp…
 5 audi         a4           2.8  1999     6 auto(l…    f        16    26 p     comp…
 6 audi         a4           2.8  1999     6 manual…    f        18    26 p     comp…
 7 audi         a4           3.1  2008     6 auto(a…    f        18    27 p     comp…
 8 audi         a4 quat…     1.8  1999     4 manual…    4        18    26 p     comp…
 9 audi         a4 quat…     1.8  1999     4 auto(l…    4        16    25 p     comp…
10 audi         a4 quat…     2    2008     4 manual…    4        20    28 p     comp…
# … with 147 more rows
```

いずれも条件を満たさない行に絞り込みたい場合は!を使います。!は論理値を反転させる演算子です。条件全体を逆にしたいので、全体を()で囲んでその前に!を置きます。

```
mpg %>%
  filter(!(manufacturer == "audi" | cyl >= 6))
```

出力
```
# A tibble: 77 x 11
   manufacturer model    displ  year   cyl trans      drv     cty   hwy fl    class
   <chr>        <chr>    <dbl> <int> <int> <chr>      <chr> <int> <int> <chr> <chr>
 1 chevrolet    malibu     2.4  1999     4 auto(l…    f        19    27 r     midsi…
 2 chevrolet    malibu     2.4  2008     4 auto(l…    f        22    30 r     midsi…
 3 dodge        carava…    2.4  1999     4 auto(l…    f        18    24 r     miniv…
 4 honda        civic      1.6  1999     4 manual…    f        28    33 r     subco…
 5 honda        civic      1.6  1999     4 auto(l…    f        24    32 r     subco…
 6 honda        civic      1.6  1999     4 manual…    f        25    32 r     subco…
 7 honda        civic      1.6  1999     4 manual…    f        23    29 p     subco…
 8 honda        civic      1.6  1999     4 auto(l…    f        24    32 r     subco…
 9 honda        civic      1.8  2008     4 manual…    f        26    34 r     subco…
10 honda        civic      1.8  2008     4 auto(l…    f        25    36 r     subco…
# … with 67 more rows
```

このように、filter()の絞り込みに使う条件には任意のコードを書くことができます。filter()の引数に渡したコードがどのように評価されるかの詳細は本章の「コラム：dplyrの関数内でのコード実行」を参照してください。

COLUMN

dplyrの関数内でのコード実行

dplyrの関数の中では、引数として渡したコードは通常とは異なるルールで実行されます。たとえば、このfilter()の例を思い出してみましょう。

```
mpg %>%
  filter(manufacturer == "audi")
```

filter()の引数になっているmanufacturer == "audi"というコードは、dplyrの関数の外側で実行するとmanufacturerが見つからないというエラーになります。Rはmanufacturerがmpgというデータフレームの中にあると知らないからです。

```
manufacturer == "audi"
```

```
Error in eval(expr, envir, enclos): object 'manufacturer' not found
```
出力

これを「mpgというデータフレームの中にあるmanufacturer列」として評価してもらうには、manufacturerの前にmpg$を付けます。こうすると、mpgからmanufacturerという名前の列を探して取り出してくれます。

```
mpg$manufacturer == "audi"
```

```
 [1]  TRUE  TRUE  TRUE  TRUE  TRUE  TRUE  TRUE  TRUE  TRUE  TRUE  TRUE  TRUE
[13]  TRUE  TRUE  TRUE  TRUE  TRUE  TRUE FALSE FALSE FALSE FALSE FALSE FALSE
[25] FALSE FALSE FALSE FALSE FALSE FALSE
 [ reached getOption("max.print") -- omitted 204 entries ]
```
出力

このコードがdplyrの関数の中ではエラーにならず実行できるのは、dplyrはこの「列名の前にデータ名$を付ける」というような処理を勝手にやってくれるからです。さて、filter(mpg, manufacturer == "audi")というコード全体をdplyrを使わずに書くとどうなるか考えてみましょう。mpg$manufacturerは、mpgのmanufacturer列を文字列ベクトルとして取り出します。それを==で"audi"と比較すると、mpg$manufacturerの長さと同じ、つまりmpgの行数と同じ長さの論理値型ベクトルができます。この論理値型ベクトルをmpgの行インデックスに指定すれば、条件が真になる行だけが抜き出され、求める結果が得られます。

```
mpg[mpg$manufacturer == "audi", ]
```

条件が1つのときはあまり差はありませんが、次のように複数の条件で絞り込んでいるコードだとどうでしょうか。mpg$を条件の数だけ繰り返す必要があり、やや冗長です。

```
# 3つの条件を&で結合
mpg[mpg$manufacturer == "audi" &
    mpg$cyl >=  6 &
    mpg$cyl <  10, ]
```

一方、filter()を使うとすっきり書くことができます。コードにmpgは一度だけしか登場しません。

```
mpg %>%
  filter(
    manufacturer == "audi",
    cyl >=  6,
    cyl <  10
  )
```

ちなみに、もう少し複雑な例になると、dplyrでも、mpg$のように変数がデータフレーム中の列であると明示する表現が必要なこともあります。この場合は、.dataという変数を使います。.dataは代名詞(pronoun)と呼ばれる特殊な変数で、処理中のデータフレーム自体を表しています。これを使うと、先ほどのコードは以下のように書くこともできます。

```
mpg %>%
  filter(
    .data$manufacturer == "audi",
    .data$cyl >=  6,
    .data$cyl <  10
  )
```

まだ使いみちがピンと来ないと思いますが、本章のコラム「selectのセマンティクスとmutateのセマンティクス」で.dataが必要になるケースを紹介します。

arrange()によるデータの並び替え

arrange()は行を並べ替える関数です。第1引数にデータを、第2引数以降に並べ替えに使う列名を指定します。先に指定した列の方が優先的に並べ替えに使われます。

```
データ %>%
  arrange(列1, 列2, ...)
```

たとえば、mpgをcty列の値を使って並べ替えるには以下のようにします。順番は昇順（値が小さいものが先）です。

```
mpg %>%
  arrange(cty)
```

```
# A tibble: 234 x 11
   manufacturer model      displ  year   cyl trans  drv     cty   hwy fl    class
   <chr>        <chr>      <dbl> <int> <int> <chr>  <chr> <int> <int> <chr> <chr>
 1 dodge        dakota p…    4.7  2008     8 auto(… 4         9    12 e     pick…
 2 dodge        durango …    4.7  2008     8 auto(… 4         9    12 e     suv
 3 dodge        ram 1500…    4.7  2008     8 auto(… 4         9    12 e     pick…
 4 dodge        ram 1500…    4.7  2008     8 manua… 4         9    12 e     pick…
 5 jeep         grand ch…    4.7  2008     8 auto(… 4         9    12 e     suv
 6 chevrolet    c1500 su…    5.3  2008     8 auto(… r        11    15 e     suv
 7 chevrolet    k1500 ta…    5.3  2008     8 auto(… 4        11    14 e     suv
 8 chevrolet    k1500 ta…    5.7  1999     8 auto(… 4        11    15 r     suv
 9 dodge        caravan …    3.3  2008     6 auto(… f        11    17 e     mini…
10 dodge        dakota p…    5.2  1999     8 manua… 4        11    17 r     pick…
# … with 224 more rows
```

複数の列を使って並べ替えてみましょう。cty列の値が同じ場合にhwy列の値を使って並べ替えるには以下のようにcty、hwyの順にarrange()に指定します。上の結果と見比べると、ctyが11の行がhwyの順に並べ替えられているのが分かるでしょうか。

```
mpg %>%
  arrange(cty, hwy)
```

```
# A tibble: 234 x 11
   manufacturer model      displ  year   cyl trans  drv     cty   hwy fl    class
   <chr>        <chr>      <dbl> <int> <int> <chr>  <chr> <int> <int> <chr> <chr>
 1 dodge        dakota p…    4.7  2008     8 auto(… 4         9    12 e     pick…
 2 dodge        durango …    4.7  2008     8 auto(… 4         9    12 e     suv
 3 dodge        ram 1500…    4.7  2008     8 auto(… 4         9    12 e     pick…
 4 dodge        ram 1500…    4.7  2008     8 manua… 4         9    12 e     pick…
 5 jeep         grand ch…    4.7  2008     8 auto(… 4         9    12 e     suv
 6 chevrolet    k1500 ta…    5.3  2008     8 auto(… 4        11    14 e     suv
 7 jeep         grand ch…    6.1  2008     8 auto(… 4        11    14 p     suv
 8 chevrolet    c1500 su…    5.3  2008     8 auto(… r        11    15 e     suv
 9 chevrolet    k1500 ta…    5.7  1999     8 auto(… 4        11    15 r     suv
10 dodge        dakota p…    5.2  1999     8 auto(… 4        11    15 r     pick…
# … with 224 more rows
```

さて、ここまで便宜上arrange()に指定するのは「列名」だと説明してきましたが、実はfilter()と同じく任意のコードを引数にとることができます。たとえば、列名の前にマイナス（-）を付けると、値の正負が逆になるので降順（値が大きいものが先）に並べ替えられます。

```
mpg %>%
  arrange(-cty)
```

```
# A tibble: 234 x 11
   manufacturer model     displ  year   cyl trans  drv     cty   hwy fl    class
```

```
   <chr>        <chr>    <dbl> <int> <int> <chr>     <chr> <int> <int> <chr> <chr>
 1 volkswagen   new be…    1.9  1999     4 manual… f        35    44 d     subco…
 2 volkswagen   jetta      1.9  1999     4 manual… f        33    44 d     compa…
 3 volkswagen   new be…    1.9  1999     4 auto(l… f        29    41 d     subco…
 4 honda        civic      1.6  1999     4 manual… f        28    33 r     subco…
 5 toyota       corolla    1.8  2008     4 manual… f        28    37 r     compa…
 6 honda        civic      1.8  2008     4 manual… f        26    34 r     subco…
 7 toyota       corolla    1.8  1999     4 manual… f        26    35 r     compa…
 8 toyota       corolla    1.8  2008     4 auto(l… f        26    35 r     compa…
 9 honda        civic      1.6  1999     4 manual… f        25    32 r     subco…
10 honda        civic      1.8  2008     4 auto(l… f        25    36 r     subco…
# … with 224 more rows
```

ただし、このやり方で降順に並べ替えられるのは数値の列だけです。文字列に-を付けようとするとエラーになります。

```
mpg %>%
  arrange(-manufacturer)
```

出力

```
Error: arrange() failed at implicit mutate() step.
* Problem with mutate() input ..1.
x invalid argument to unary operator
i Input ..1 is -manufacturer.
```

並べ方を降順にするためにはdesc()という専用の関数が用意されています。これは文字列にも使えます。

```
mpg %>%
  arrange(desc(manufacturer))
```

出力

```
# A tibble: 234 x 11
   manufacturer model displ  year   cyl trans      drv     cty   hwy fl    class
   <chr>        <chr> <dbl> <int> <int> <chr>      <chr> > <int> <int> <chr> <chr>
 1 volkswagen   gti     2    1999     4 manual(m… f        21    29 r     compa…
 2 volkswagen   gti     2    1999     4 auto(l4)  f        19    26 r     compa…
 3 volkswagen   gti     2    2008     4 manual(m… f        21    29 p     compa…
 4 volkswagen   gti     2    2008     4 auto(s6)  f        22    29 p     compa…
 5 volkswagen   gti     2.8  1999     6 manual(m… f        17    24 r     compa…
 6 volkswagen   jetta   1.9  1999     4 manual(m… f        33    44 d     compa…
 7 volkswagen   jetta   2    1999     4 manual(m… f        21    29 r     compa…
 8 volkswagen   jetta   2    1999     4 auto(l4)  f        19    26 r     compa…
 9 volkswagen   jetta   2    2008     4 auto(s6)  f        22    29 p     compa…
10 volkswagen   jetta   2    2008     4 manual(m… f        21    29 p     compa…
# … with 224 more rows
```

複数の値を降順にするには、それぞれにdesc()を付けます。

```
mpg %>%
  arrange(desc(cty), desc(hwy))
```

 select()による列の絞り込み

select()は列を絞り込むための関数です。第1引数にデータを、第2引数以降に列の名前を指定します。

```
データ %>%
  select(列1, 列2, ...)
```

たとえば、以下のように指定するとmpgからmodel列だけを取り出すことができます。

```
mpg %>%
  select(model)
```

出力
```
# A tibble: 234 x 1
   model
   <chr>
 1 a4
 2 a4
 3 a4
 4 a4
 5 a4
 6 a4
 7 a4
 8 a4 quattro
 9 a4 quattro
10 a4 quattro
# … with 224 more rows
```

複数の列を選択することもできます。たとえば、次のコードはmodel列とtrans列を取り出します。

```
mpg %>%
  select(model, trans)
```

出力
```
# A tibble: 234 x 2
   model      trans
   <chr>      <chr>
 1 a4         auto(l5)
 2 a4         manual(m5)
 3 a4         manual(m6)
 4 a4         auto(av)
 5 a4         auto(l5)
 6 a4         manual(m5)
```

```
 7 a4         auto(av)
 8 a4 quattro manual(m5)
 9 a4 quattro auto(l5)
10 a4 quattro manual(m6)
# … with 224 more rows
```

select()には特殊な指定の方法がいくつかあります。:を使うと、指定した2つの列の間にある列すべてを取り出すことができます。

```
mpg %>%
  select(manufacturer:year)
```

```
# A tibble: 234 x 4                                                        出力
   manufacturer model      displ  year
   <chr>        <chr>      <dbl> <int>
 1 audi         a4           1.8  1999
 2 audi         a4           1.8  1999
 3 audi         a4           2    2008
 4 audi         a4           2    2008
 5 audi         a4           2.8  1999
 6 audi         a4           2.8  1999
 7 audi         a4           3.1  2008
 8 audi         a4 quattro   1.8  1999
 9 audi         a4 quattro   1.8  1999
10 audi         a4 quattro   2    2008
# … with 224 more rows
```

!を使うと、指定した列を除外できます[注3.13]。!を付けた列以外すべての列に絞り込まれます。

```
mpg %>%
  select(!manufacturer)
```

```
# A tibble: 234 x 10                                                       出力
   model      displ  year   cyl trans      drv     cty   hwy fl    class
   <chr>      <dbl> <int> <int> <chr>      <chr> <int> <int> <chr> <chr>
 1 a4           1.8  1999     4 auto(l5)   f        18    29 p     compact
 2 a4           1.8  1999     4 manual(m5) f        21    29 p     compact
 3 a4           2    2008     4 manual(m6) f        20    31 p     compact
 4 a4           2    2008     4 auto(av)   f        21    30 p     compact
 5 a4           2.8  1999     6 auto(l5)   f        16    26 p     compact
 6 a4           2.8  1999     6 manual(m5) f        18    26 p     compact
 7 a4           3.1  2008     6 auto(av)   f        18    27 p     compact
 8 a4 quattro   1.8  1999     4 manual(m5) 4        18    26 p     compact
 9 a4 quattro   1.8  1999     4 auto(l5)   4        16    25 p     compact
```

注 3.13　! は tidyselect 1.0.0(2020 年 1 月リリース) で導入された比較的新しい記法です。まだ古い記法の - を使っているドキュメントも多いですが、現在は ! が推奨されているため、本書は ! に揃えました。- と ! はほぼ同じ機能ですが、違いが気になる方は次の URL を参照してください。
URL https://github.com/r-lib/tidyselect/issues/203

```
10 a4 quattro   2     2008      4 manual(m6) 4         20    28 p     compact
# … with 224 more rows
```

また、列を絞り込みつつ列名を変えることもできます。これには、引数を**新しい列名 = 古い列名**のように指定します。次のコードはmodel列をMODELという列として、trans列をTRANSという列として取り出します。

```
mpg %>%
  select(MODEL = model, TRANS = trans)
```

```
# A tibble: 234 x 2                                                        出力
   MODEL      TRANS
   <chr>      <chr>
 1 a4         auto(l5)
 2 a4         manual(m5)
 3 a4         manual(m6)
 4 a4         auto(av)
 5 a4         auto(l5)
 6 a4         manual(m5)
 7 a4         auto(av)
 8 a4 quattro manual(m5)
 9 a4 quattro auto(l5)
10 a4 quattro manual(m6)
# … with 224 more rows
```

select()は列名の変更も同時にできる便利な関数ですが、列の絞り込みはせず列名だけを変更したい、ということもあるでしょう。こんなときには、列名の変更だけを行うrename()を使うのが便利です。

```
mpg %>%
  rename(MODEL = model, TRANS = trans)
```

```
# A tibble: 234 x 11                                                       出力
   manufacturer MODEL    displ  year   cyl TRANS    drv     cty   hwy fl    class
   <chr>        <chr>    <dbl> <int> <int> <chr>    <chr> <int> <int> <chr> <chr>
 1 audi         a4         1.8  1999     4 auto(l… f        18    29 p     comp…
 2 audi         a4         1.8  1999     4 manual… f        21    29 p     comp…
 3 audi         a4         2    2008     4 manual… f        20    31 p     comp…
 4 audi         a4         2    2008     4 auto(a… f        21    30 p     comp…
 5 audi         a4         2.8  1999     6 auto(l… f        16    26 p     comp…
 6 audi         a4         2.8  1999     6 manual… f        18    26 p     comp…
 7 audi         a4         3.1  2008     6 auto(a… f        18    27 p     comp…
 8 audi         a4 quat…   1.8  1999     4 manual… 4        18    26 p     comp…
 9 audi         a4 quat…   1.8  1999     4 auto(l… 4        16    25 p     comp…
10 audi         a4 quat…   2    2008     4 manual… 4        20    28 p     comp…
# … with 224 more rows
```

select()やrename()には他の関数よりも便利な点がいくつかあります。1つは、さまざまなヘルパ関数と組み合わせることができるという点です。たとえば、starts_with()は、指定した文字列から始まる名前の列だけに絞り込むための関数です。cから始まる列だけを絞り込むには以下のようにします。

```
mpg %>%
  select(starts_with("c"))
```

出力

```
# A tibble: 234 x 3
     cyl   cty class
   <int> <int> <chr>
 1     4    18 compact
 2     4    21 compact
 3     4    20 compact
 4     4    21 compact
 5     6    16 compact
 6     6    18 compact
 7     6    18 compact
 8     4    18 compact
 9     4    16 compact
10     4    20 compact
# … with 224 more rows
```

また、列の型や値の特性で列を選択する where()というヘルパ関数もあります。たとえば、文字列ベクトルかどうかを判定する関数is.character()を指定すると文字列の列だけを抜き出すことができます。

```
mpg %>%
  select(where(is.character))
```

出力

```
# A tibble: 234 x 6
   manufacturer model      trans      drv   fl    class
   <chr>        <chr>      <chr>      <chr> <chr> <chr>
 1 audi         a4         auto(l5)   f     p     compact
 2 audi         a4         manual(m5) f     p     compact
 3 audi         a4         manual(m6) f     p     compact
 4 audi         a4         auto(av)   f     p     compact
 5 audi         a4         auto(l5)   f     p     compact
 6 audi         a4         manual(m5) f     p     compact
 7 audi         a4         auto(av)   f     p     compact
 8 audi         a4 quattro manual(m5) 4     p     compact
 9 audi         a4 quattro auto(l5)   4     p     compact
10 audi         a4 quattro manual(m6) 4     p     compact
# … with 224 more rows
```

where()では、既存の関数を指定するだけではなく、~を使ってその場で関数を作ることもできます。この記法では.xが関数の第1引数、.yが関数の第2引数を表します。たとえば、~ .x * 2と書くとfunction(x) x * 2という関数として解釈されます。

この記法は、条件をいくつか組み合わせたり、複雑な条件を指定する場合に便利です。たとえば、「文字列、かつ値の種類が6個以下」という条件を満たす列のみに絞り込む操作は、~を使って次のように書けます。n_distinct()は、ユニークな値の数を返すdplyrの関数です。

```
mpg %>%
  select(where(~ is.character(.x) && n_distinct(.x) <= 6))
```

ヘルパ関数同士や、ヘルパ関数と他の指定の仕方を組み合わせることもできます。単純に列の指定を並べれば、いずれかの指定に含まれる列すべてが残ります。指定に重複があっても問題ありません。重複があった場合は初めに登場した位置が優先されます。たとえば、以下でcyl列は、starts_with("c")にも含まれていますが、先に登場しているcyl:transが優先され、結果の中で一番左に来ています。

```
mpg %>%
  select(cyl:trans, starts_with("c"))
```

出力

```
# A tibble: 234 x 4
     cyl trans        cty class
   <int> <chr>      <int> <chr>
 1     4 auto(l5)      18 compact
 2     4 manual(m5)    21 compact
 3     4 manual(m6)    20 compact
 4     4 auto(av)      21 compact
 5     6 auto(l5)      16 compact
 6     6 manual(m5)    18 compact
 7     6 auto(av)      18 compact
 8     4 manual(m5)    18 compact
 9     4 auto(l5)      16 compact
10     4 manual(m6)    20 compact
# … with 224 more rows
```

また、&演算子を使って、2つの指定に共通する列のみを抜き出すこともできます[注3.14]。文字列の列のうちm以外から始まる列名を持つもののみに絞り込むには以下のようにします。

```
mpg %>%
  select(where(is.character) & !starts_with("m"))
```

注3.14 同様に、2つの指定のいずれかに合致する列を取り出すには | 演算子が使えます。select()の場合は単に引数を並べれば「いずれかに合致」になるので使う機会は少ないですが、複雑な条件を組み立てる際に便利なこともあります。

```
# A tibble: 234 x 4                                        出力
   trans      drv   fl    class
   <chr>      <chr> <chr> <chr>
 1 auto(l5)   f     p     compact
 2 manual(m5) f     p     compact
 3 manual(m6) f     p     compact
 4 auto(av)   f     p     compact
 5 auto(l5)   f     p     compact
 6 manual(m5) f     p     compact
 7 auto(av)   f     p     compact
 8 manual(m5) 4     p     compact
 9 auto(l5)   4     p     compact
10 manual(m6) 4     p     compact
# … with 224 more rows
```

select()のヘルパ関数には**表3.4**に示す10個が用意されています。

●表3.4　select()のヘルパ関数

関数名	説明	使い方の例
matches()	指定した正規表現[注3.15]にマッチする列を選択	matches("result_[A-Z]+")
starts_with()	指定した文字列から始まる列を選択。category_A、category_Bのように共通の文字列（この場合はcategory_）から始まる列をまとめて抜き出すときに使う	starts_with("category_")
ends_with()	指定した文字列で終わる列を選択。A_flag、B_flagのように共通の文字列（この場合は_flag）で終わる列をまとめて抜き出すときに使う	ends_with("_flag")
contains()	指定した文字列を含む列を選択。category_A、A_flagのように共通の文字列（この場合はA）を含む列をまとめて抜き出すときに使う	contains("A")
num_range()	連番の列を選択。col1、col2のように共通の文字列（この場合はcol）と数字の組み合わせの列をまとめて抜き出すときに使う	num_range("col", 1:10)
any_of(), all_of()	指定した文字列に一致する列を選択（all_of()は指定したすべての列がないとエラーになるが、any_of()はエラーにならない、という違いがある）	any_of(c("foo", "bar", "baz"))
last_col()	最後の列を選択。:で範囲指定するときなどに便利	列1:last_col()
everything()	すべての列を選択	everything()
where()	指定した関数の結果がTRUEになる列を選択	where(is.character)

ちなみに、この関数は、select()やrename()の中だけで動く不思議な関数です。そのまま実行したり、select()以外のdplyrの関数で実行したりすると、エラーになります。

```
starts_with("c")
```

注3.15　正規表現については付録Aを参照。

```
Error: starts_with() must be used within a *selecting* function.
i See <https://tidyselect.r-lib.org/reference/faq-selection-context.html>.
```

```
mpg %>%
  arrange(starts_with("c"))
```

```
Error: arrange() failed at implicit mutate() step.
* Problem with mutate() input ..1.
x starts_with() must be used within a *selecting* function.
i See <https://tidyselect.r-lib.org/reference/faq-selection-context.html>.
i Input ..1 is starts_with("c").
```

これは、select()やrename()の中では、他の関数とは異なるルールが働いているためです。やや発展的な話題になるので詳しくは本章のコラム「selectのセマンティクスとmutateのセマンティクス」を参照してください。

relocate()による列の並べ替え

relocate()は列を並べ替える関数です。第1引数にデータを、第2引数以降に並べ替える列の名前を指定します。列の並べ替えにはselect()も使えますが、それをさらに便利にした関数です。

```
データ %>%
  relocate(列1, 列2, ...)
```

デフォルトだと、指定された列が一番前に並べ替えられます。たとえば、以下のコードはclass列とcyl列が左に並べ替えられています。

```
mpg %>%
  relocate(class, cyl)
```

```
# A tibble: 234 x 11
   class     cyl manufacturer model     displ  year trans     drv     cty   hwy fl
   <chr>   <int> <chr>        <chr>     <dbl> <int> <chr>     <chr> <int> <int> <chr>
 1 compa…      4 audi         a4          1.8  1999 auto(l…   f        18    29 p
 2 compa…      4 audi         a4          1.8  1999 manual…   f        21    29 p
 3 compa…      4 audi         a4          2    2008 manual…   f        20    31 p
 4 compa…      4 audi         a4          2    2008 auto(a…   f        21    30 p
 5 compa…      6 audi         a4          2.8  1999 auto(l…   f        16    26 p
 6 compa…      6 audi         a4          2.8  1999 manual…   f        18    26 p
 7 compa…      6 audi         a4          3.1  2008 auto(a…   f        18    27 p
 8 compa…      4 audi         a4 qua…     1.8  1999 manual…   4        18    26 p
 9 compa…      4 audi         a4 qua…     1.8  1999 auto(l…   4        16    25 p
10 compa…      4 audi         a4 qua…     2    2008 manual…   4        20    28 p
# … with 224 more rows
```

どの位置に割り込ませるかは、.before引数（指定した列の前に置く）や.after引数（指定した列の後に置く）で変えることもできます。

```
mpg %>%
  # class列とcyl列を、model列の前に移動
  relocate(class, cyl, .before = model)
```

```
# A tibble: 234 x 11                                                    出力
   manufacturer class    cyl model     displ  year trans      drv     cty   hwy fl
   <chr>        <chr>  <int> <chr>     <dbl> <int> <chr>      <chr> <int> <int> <chr>
 1 audi         compa…     4 a4          1.8  1999 auto(l…    f        18    29 p
 2 audi         compa…     4 a4          1.8  1999 manual…    f        21    29 p
 3 audi         compa…     4 a4          2    2008 manual…    f        20    31 p
 4 audi         compa…     4 a4          2    2008 auto(a…    f        21    30 p
 5 audi         compa…     6 a4          2.8  1999 auto(l…    f        16    26 p
 6 audi         compa…     6 a4          2.8  1999 manual…    f        18    26 p
 7 audi         compa…     6 a4          3.1  2008 auto(a…    f        18    27 p
 8 audi         compa…     4 a4 qua…     1.8  1999 manual…    4        18    26 p
 9 audi         compa…     4 a4 qua…     1.8  1999 auto(l…    4        16    25 p
10 audi         compa…     4 a4 qua…     2    2008 manual…    4        20    28 p
# … with 224 more rows
```

mutate()による列の追加

mutate()は新しい列を追加する関数です。第1引数にデータを、第2引数以降には新しい列の名前とコードのペアを指定します。列の中身には、filter()やarrange()と同じく任意のコードを指定できます。

```
データ %>%
  mutate(列1 = コード1, 列2 = コード2, ...)
```

たとえば、cyl列が「6以上」か「6未満」かを示す新しい列cyl_6を作るには以下のようにします。if_else()は、ベクトル対応したif else文のようなdplyrの関数です[注3.16]。1つ目の引数に条件のベクトルをとり、条件が真の要素については2つ目の引数の値を、偽の要素には3つ目の引数の値を返します。

```
mpg %>%
  # cylそれぞれの値が6以上なら"6以上"、それ以外なら"6未満"、という列cyl_6を追加
  mutate(cyl_6 = if_else(cyl >= 6, "6以上", "6未満"))
```

注3.16　if_else()は、素のRにあるifelse()の改良版の関数です。ifelse()には、結果から型の情報が失われてしまったり（例：ifelse(TRUE, as.Date("2021-01-01"), as.Date("2010-12-25"))の結果は、日付ではなく数値になります）、引数の長さが異なるときもエラーにならず予想外の結果が得られたりというトリッキーな挙動がありますが、if_else()ではそういったことが起こらず安全です。

```
# A tibble: 234 x 12
   manufacturer model      displ  year   cyl trans      drv     cty   hwy fl    class
   <chr>        <chr>      <dbl> <int> <int> <chr>      <chr> <int> <int> <chr> <chr>
 1 audi         a4           1.8  1999     4 auto(l…    f        18    29 p     comp…
 2 audi         a4           1.8  1999     4 manual…    f        21    29 p     comp…
 3 audi         a4           2    2008     4 manual…    f        20    31 p     comp…
 4 audi         a4           2    2008     4 auto(a…    f        21    30 p     comp…
 5 audi         a4           2.8  1999     6 auto(l…    f        16    26 p     comp…
 6 audi         a4           2.8  1999     6 manual…    f        18    26 p     comp…
 7 audi         a4           3.1  2008     6 auto(a…    f        18    27 p     comp…
 8 audi         a4 quat…     1.8  1999     4 manual…    4        18    26 p     comp…
 9 audi         a4 quat…     1.8  1999     4 auto(l…    4        16    25 p     comp…
10 audi         a4 quat…     2    2008     4 manual…    4        20    28 p     comp…
# … with 224 more rows, and 1 more variable: cyl_6 <chr>
```

出力

さて、追加したはずの新しい列はどこでしょうか？

デフォルトだと、新しい列は一番最後に追加されます。今回は、列が多すぎて省略されてしまったようです（最後の行にand 1 more variable: cyl_6 <chr>とメッセージが出ていますね）。列を追加する位置を変えて、新しい列が表示されるようにしてみましょう。mutate()には、relocate()と同じく.before引数や.after引数があります。

```
mpg %>%
  # cyl列の後ろに追加
  mutate(cyl_6 = if_else(cyl >= 6, "6以上", "6未満"), .after = cyl)
```

```
# A tibble: 234 x 12
   manufacturer model      displ  year   cyl cyl_6 trans      drv     cty   hwy fl
   <chr>        <chr>      <dbl> <int> <int> <chr> <chr>      <chr> <int> <int> <chr>
 1 audi         a4           1.8  1999     4 6未満 auto(l…    f        18    29 p
 2 audi         a4           1.8  1999     4 6未満 manual…    f        21    29 p
 3 audi         a4           2    2008     4 6未満 manual…    f        20    31 p
 4 audi         a4           2    2008     4 6未満 auto(a…    f        21    30 p
 5 audi         a4           2.8  1999     6 6以上 auto(l…    f        16    26 p
 6 audi         a4           2.8  1999     6 6以上 manual…    f        18    26 p
 7 audi         a4           3.1  2008     6 6以上 auto(a…    f        18    27 p
 8 audi         a4 quat…     1.8  1999     4 6未満 manual…    4        18    26 p
 9 audi         a4 quat…     1.8  1999     4 6未満 auto(l…    4        16    25 p
10 audi         a4 quat…     2    2008     4 6未満 manual…    4        20    28 p
# … with 224 more rows, and 1 more variable: class <chr>
```

出力

また、新しい列として追加するのではなく、既存の列であるcylを上書きすることもできます。

```
mpg %>%
  mutate(cyl = if_else(cyl >= 6, "6以上", "6未満"))
```

```
# A tibble: 234 x 11                                                    出力
   manufacturer model      displ  year cyl   trans    drv     cty   hwy fl    class
   <chr>        <chr>      <dbl> <int> <chr> <chr>    <chr> <int> <int> <chr> <chr>
 1 audi         a4           1.8  1999 6未満 auto(l… f        18    29 p     comp…
 2 audi         a4           1.8  1999 6未満 manual… f        21    29 p     comp…
 3 audi         a4           2    2008 6未満 manual… f        20    31 p     comp…
 4 audi         a4           2    2008 6未満 auto(a… f        21    30 p     comp…
 5 audi         a4           2.8  1999 6以上 auto(l… f        16    26 p     comp…
 6 audi         a4           2.8  1999 6以上 manual… f        18    26 p     comp…
 7 audi         a4           3.1  2008 6以上 auto(a… f        18    27 p     comp…
 8 audi         a4 quat…     1.8  1999 6未満 manual… 4        18    26 p     comp…
 9 audi         a4 quat…     1.8  1999 6未満 auto(l… 4        16    25 p     comp…
10 audi         a4 quat…     2    2008 6未満 manual… 4        20    28 p     comp…
# … with 224 more rows
```

また、今のデータに列を追加するのではなく、指定した列だけを残すこともできます。これにはtransmute()という関数が用意されています。既存の列をそのまま残したい場合には、select()で行ったようにその列名を書きます。たとえば、新しいcyl_6列と既存のyear列だけを残すには次のようにします。

```
mpg %>%
  transmute(cyl_6 = if_else(cyl >= 6, "6以上", "6未満"), year)
```

```
# A tibble: 234 x 2                                                     出力
   cyl_6  year
   <chr> <int>
 1 6未満  1999
 2 6未満  1999
 3 6未満  2008
 4 6未満  2008
 5 6以上  1999
 6 6以上  1999
 7 6以上  2008
 8 6未満  1999
 9 6未満  1999
10 6未満  2008
# … with 224 more rows
```

transmute()とmutate()は、select()とrename()のような関係にあります（**表3.5**）。セットで覚えておくと良いでしょう。

●表3.5　transmute()、mutate()、select()、rename()の関係

	列の選択/リネーム	列の追加/上書き
指定した列以外は捨てる	select()	transmute()
指定した列以外も残す	rename()	mutate()

ちなみに、mutate()の引数には[注3.17]、元のデータに含まれる列だけでなく、直前に定義した新しい列も使うことができます。一気に計算しようとすると関数の入れ子が増えて見づらくなりがちですが、以下のように途中の結果を入れる列を作ることで分かりやすく書けることもあります。覚えておくと良いでしょう。

```
mpg %>%
  mutate(
    century = ceiling(year / 100),      # ceiling()は値を切り上げる関数
    century_int = as.integer(century)   # ceiling()の結果は数値型なので、整数型に変換
  )
```

3

summarise()によるデータの集計計算

summarise()はデータを集計する関数です。具体的には、集計とは最大値や分散などの計算です。第1引数にはデータを、第2引数以降には列名とコードのペアを指定します。

```
データ %>%
  summarise(列1 = コード1, 列2 = コード2, ...)
```

関数の形はmutate()とそっくりですが、大きな違いは結果が1行になるということです。たとえば、displ列の最大値を計算する次の例を見てみましょう。

```
mpg %>%
  summarise(displ_max = max(displ))
```

```
# A tibble: 1 x 1                                                    出力
  displ_max
      <dbl>
1         7
```

このように、summarise()はデータを1つの値に要約するための関数なのです[注3.18]。これだけだと、summarise()は制限が大きくて不便なように感じるかもしれません。ご安心ください、この関数が真価を発揮するのはこのあと説明するグループ化と組み合わせたときです。今はひとまず「データを1行に要約する関数」であると理解しておきましょう。

注3.17　この挙動はmutate()だけではなく、filter()やarrange()、さらにはtibble()にも共通するものです。

注3.18　便宜上「1つの値」という説明にしていますが、実際には複数の結果を返すような関数も使えます。詳しくは本章のコラム「複数の値を返す集約関数とsummarise()」を参照してください。

3-4 dplyrによる応用的なデータ操作

ここまで、dplyrパッケージの基本的な使い方を見てきました。それぞれの関数ができることは単純な処理ですが、%>%演算子を使って組み合わせることで柔軟性の高いデータ操作が実現できることが分かりました。

ここからは、さらにそれを発展させて、

- グループごとに同じ操作を行う
- 複数の列に同じ操作を行う

という応用的なデータ操作について紹介します。

グループ化

データ操作をしていると、グループごとに計算をしたい場面がよくあります。たとえば、

- グループごとの分散を知りたい
- グループごとに移動平均を計算したい
- 平均値が基準値以上のグループのデータだけに絞り込みたい[注3.19]

といった場合です。こんなときに使うのがgroup_by()です。この関数も、対象のデータを第1引数にとります。第2引数以降にはグループ分けに使う変数を指定します。

```
データ %>%
  group_by(グループ化変数1, グループ化変数2, ...)
```

group_by()を適用すると、データはグループ化されたデータフレーム（grouped_df）に変化します。たとえば、manufacturer列とyear列でグループ化されたデータフレームを作るには以下のようにします。

```
mpg_grouped <- mpg %>%
  group_by(manufacturer, year)
```

このグループ化されたデータフレームにmutate()やfilter()などを使うと、前節で紹介した例とは異なる動きをします。通常のデータフレームではデータ全体を使って計算していましたが、grouped_dfではグループごとに計算されます（図3.4）。

注3.19　この絞り込み処理には、(1) グループごとの平均を計算する、(2) その平均が基準値以上かを調べる、という2つのステップがあり、(1) がグループごとの計算です。

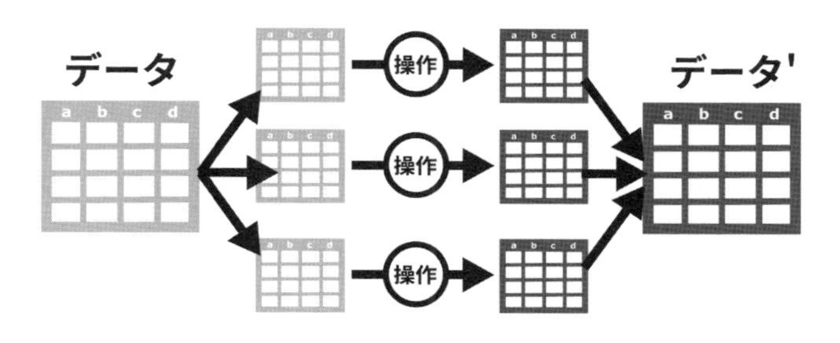

●図3.4　グループごとの計算

たとえば、各行のdisplの値のグループ内での順位を計算してみましょう。順位を求めるにはrank()という関数を使います。

```
mpg_grouped %>%
  transmute(displ_rank = rank(displ, ties.method = "max"))
```

```
# A tibble: 234 x 3                                           出力
# Groups:   manufacturer, year [30]
   manufacturer  year displ_rank
   <chr>        <int>      <int>
 1 audi          1999          4
 2 audi          1999          4
 3 audi          2008          4
 4 audi          2008          4
 5 audi          1999          9
 6 audi          1999          9
 7 audi          2008          8
 8 audi          1999          4
 9 audi          1999          4
10 audi          2008          4
# … with 224 more rows
```

グループごとに集計した値を使うこともできます[注3.20]。たとえば、n()という関数はfilter()など[注3.21]の中だけで使える特殊な集計関数で、各グループの行数を返します。以下のようにすれば、20行以上のデータがあるグループのみに絞り込むことができます。

```
mpg_grouped %>%
  filter(n() >= 20)
```

```
# A tibble: 41 x 11                                           出力
```

注3.20　グループ化と集計関数については、本章のコラム「ウィンドウ関数」も参照してください。

注3.21　具体的には、mutateのセマンティクス（詳しくは本章のコラム「selectのセマンティクスとmutateのセマンティクス」を参照）を持つ関数の中で使えます。表3.6に関数の一覧があります。

```
# Groups:   manufacturer, year [2]
   manufacturer model       displ  year   cyl trans drv     cty   hwy fl    class
   <chr>        <chr>       <dbl> <int> <int> <chr> <chr> <int> <int> <chr> <chr>
 1 dodge        caravan …    3.3  2008     6 auto(… f        17    24 r     mini…
 2 dodge        caravan …    3.3  2008     6 auto(… f        17    24 r     mini…
 3 dodge        caravan …    3.3  2008     6 auto(… f        11    17 e     mini…
 4 dodge        caravan …    3.8  2008     6 auto(… f        16    23 r     mini…
 5 dodge        caravan …    4    2008     6 auto(… f        16    23 r     mini…
 6 dodge        dakota p…    3.7  2008     6 manua… 4        15    19 r     pick…
 7 dodge        dakota p…    3.7  2008     6 auto(… 4        14    18 r     pick…
 8 dodge        dakota p…    4.7  2008     8 auto(… 4        14    19 r     pick…
 9 dodge        dakota p…    4.7  2008     8 auto(… 4        14    19 r     pick…
10 dodge        dakota p…    4.7  2008     8 auto(… 4         9    12 e     pick…
# … with 31 more rows
```

集計関数と聞いて思い出したかもしれませんが、summarise()はここで真価を発揮します。たとえば、各グループのdisplの最大値を求めてみましょう。前にグループ化していないデータフレームをsummarise()した際はデータ全体の最大値が1行出てきただけでしたが、今度はグループごとに最大値が得られます。集約と同時にグループ化を解除するために .groups = "drop" も指定します。

```
mpg_grouped %>%
  summarise(displ_max = max(displ), .groups = "drop")
```

出力

```
# A tibble: 30 x 3
   manufacturer  year displ_max
 * <chr>        <int>     <dbl>
 1 audi          1999       2.8
 2 audi          2008       4.2
 3 chevrolet     1999       6.5
 4 chevrolet     2008       7
 5 dodge         1999       5.9
 6 dodge         2008       5.7
 7 ford          1999       5.4
 8 ford          2008       5.4
 9 honda         1999       1.6
10 honda         2008       2
# … with 20 more rows
```

この結果と、先のtransmute()とfilter()の結果を見比べると、Groups:という項目がなくなっていることが分かります。グループ化が解除されたからです。

実は、summarise()はデフォルトだと「グループ化変数を1つだけ解除する」という動作なので、グループ化変数が複数あるときは結果はgrouped_dfのままです。しかし、そのまま処理を進めるとグループ化の影響で予期せぬ計算結果になることがあります。また、結果は変わらない場合でも、mutate()やfilter()といった操作もグループごとに繰り返されるので処理が遅くなってしまいます。このため、summarise()には常に.groups = "drop"を指定して確実にグループ化を解除することをお勧めします。グループ化を解除するにはungroup()という専用の関数もあります。

COLUMN

複数の値を返す集約関数とsummarise()

便宜上、「集約関数はデータを1つの値に集約する関数」と説明してきましたが、実際には値の範囲を返すrange()や分位点を返すquantile()なども立派な集約関数です。dplyr 1.0.0からは、こうした集約関数もsummarise()で扱えるようになりました。結果の値が複数ある場合は、その数だけ行が増えます。たとえば、range()を使うと以下のようになります。2つある値のうちどちらが最大値でどちらが最小値か分からなくなりそうなので、c("min", "max")という値のラベルも付けています。

```
mpg_grouped %>%
  summarise(
    label = c("min", "max"),
    displ_range = range(displ),
    .groups = "drop"
  )
```

出力

```
# A tibble: 60 x 4
   manufacturer  year label displ_range
   <chr>        <int> <chr>       <dbl>
 1 audi          1999 min           1.8
 2 audi          1999 max           2.8
 3 audi          2008 min           2  
 4 audi          2008 max           4.2
 5 chevrolet     1999 min           2.4
 6 chevrolet     1999 max           6.5
 7 chevrolet     2008 min           2.4
 8 chevrolet     2008 max           7  
 9 dodge         1999 min           2.4
10 dodge         1999 max           5.9
# … with 50 more rows
```

ウィンドウ関数

単純な関数は、1組の値を使って1つの値を計算します（図3.5）。一方、複数の値から1つの値を計算する集計関数と呼ばれる関数や（図3.6）、複数の値から複数の値を計算するウィンドウ関数と呼ばれる関数もあります（図3.7）[注3.22]。これらの違いについて少し詳しく見てみましょう。

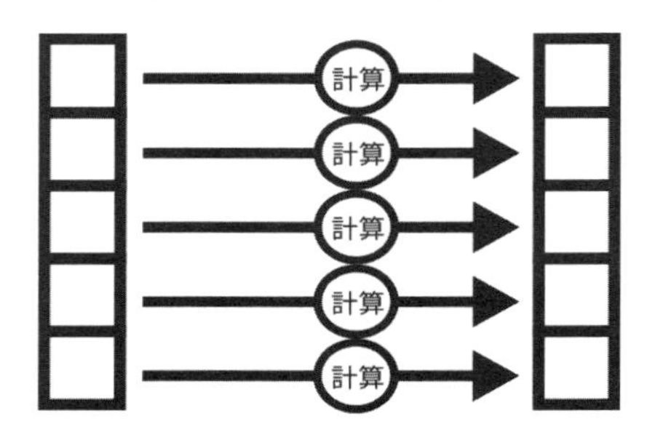

図3.5　簡単な関数

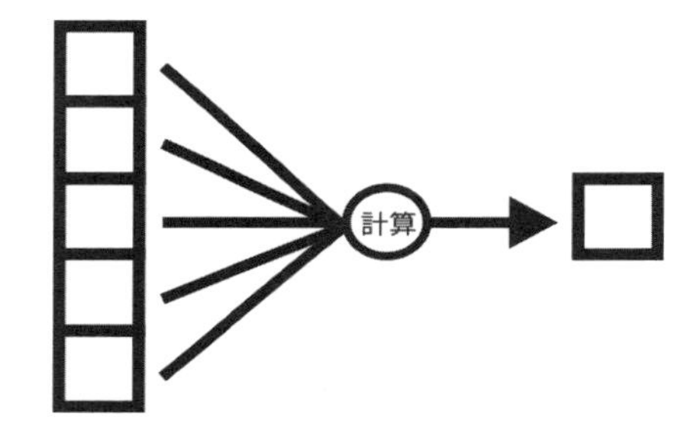

図3.6　通常の集計関数

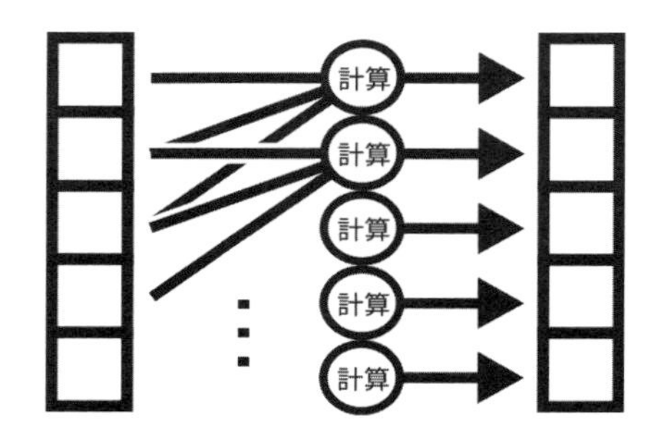

図3.7　ウィンドウ関数

注 3.22　ここでは簡単のため「通常の集計関数の結果は長さ 1」「ウィンドウ関数の結果は入力と同じ長さ」といった前提で話していますが、先に見た `range()` のように長さが 1 ではない結果を返す集計関数や、隣接する値の差をとる関数 `diff()` のように入力と異なる長さの結果を返すウィンドウ関数もあります。厳密さに欠ける点もありますがご容赦ください。

まず、通常の集計関数のことはいったん脇に置いて、単純な関数とウィンドウ関数の違いについて考えましょう。単純な関数の例としては、おなじみの+という演算子があります。この関数は1組の値を使って1つの値を計算するので、次のように、数値のベクトルをまとめて+で足し合わせても、別々に+してからつなぎ合わせても、結果は同じです。

```
c(1, 2, 3) + c(1, 2, 3)
```

```
[1] 2 4 6
```
出力

```
c(1 + 1,
  2 + 2,
  3 + 3)
```

```
[1] 2 4 6
```
出力

一方、ウィンドウ関数の例として、先ほど使ったrank()について考えてみましょう。rank()はそれぞれの値がベクトル内で何番目に大きいかを求めるものなので、当然ながら一緒に渡すベクトルによって結果が異なります。

```
# 長さ3のベクトルなので順位は1～3までである
rank(c(1, 10, 100))
```

```
[1] 1 2 3
```
出力

```
# それぞれ長さ1のベクトルなので順位は1しかない
c(rank(1),
  rank(10),
  rank(100))
```

```
[1] 1 1 1
```
出力

このように、ウィンドウ関数は、1つの値を計算するために同じベクトル内の複数の値を必要とします。別のタイプのウィンドウ関数を見てみましょう。ウィンドウ関数は何もベクトル全体の値を使うものとは限りません。lag()[注3.23]は、各要素のn個前の要素の値を返す関数です。ずらした分はNAで埋められます。

```
# デフォルトだと1つ前の値を返す
lag(1:10)
```

```
 [1] NA  1  2  3  4  5  6  7  8  9
```
出力

```
# nを指定するとその数だけ前の値を返す
lag(1:10, n = 3)
```

```
 [1] NA NA NA  1  2  3  4  5  6  7
```
出力

注3.23 lag()は、同名の関数がstatsパッケージにも存在しますが、ここで紹介しているのはdplyrの関数で別物です。注意しましょう。

lag()は、直前の値からの変化を計算するような場合に便利です。たとえば、以下のようにa店とb店の売上データがあるとします。

```
# tibble()はtibbleを作成するための関数
uriage <- tibble(
  day   = c(   1,    1,    2,    2,    3,    3,    4,    4), # 日付
  store = c( "a",  "b",  "a",  "b",  "a",  "b",  "a",  "b"), # 店舗ID
  sales = c( 100,  500,  200,  500,  400,  500,  800,  500)  # 売上額
)
```

このデータから各店舗の売上の変化を計算するには、group_by()でグループ化して、各値からlag()でずらした値を引くのが定石です。

```
uriage %>%
  # 店舗IDでグループ化
  group_by(store) %>%
  # 各日について前日の売上との差を計算
  mutate(sales_diff = sales - lag(sales)) %>%
  # 見やすさのため、店舗ごとに日付順になるよう並べ替え
  arrange(store, day)
```

```
# A tibble: 8 x 4                                                    出力
# Groups:   store [2]
    day store sales sales_diff
  <dbl> <chr> <dbl>      <dbl>
1     1 a       100         NA
2     2 a       200        100
3     3 a       400        200
4     4 a       800        400
5     1 b       500         NA
6     2 b       500          0
7     3 b       500          0
8     4 b       500          0
```

他にもさまざまなウィンドウ関数があります。主要なものを表3.6に示します。

表3.6　主なウィンドウ関数

関数	説明
lag(), lead()	値をずらす
min_rank(), dense_rank(), percent_rank(), cum_dist(), ntile(),	ランク関数
row_number()	行番号
cumsum()、cumprod()、cummax()、cummin()、cumall()、cumany()、cummean()	累積和、累積積など
slider::slide_*()	移動平均など

ところで、複数の値を使って計算する、というのは平均を求めるmean()のような通常の集計関数も同じです。ウィンドウ関数との違いは、返す値が1つだけだという点です。

```
mean(1:10)
```

```
[1] 5.5
```
出力

しかし、ベクトルのリサイクルというしくみがあるので、こうした集計関数もウィンドウ関数と同じように使えます。たとえば、各売上がその店舗の平均と比べてどれだけ大きいかは、以下のようにすれば計算できます。mean()は単一の値しか返しませんが、これをsales_mean列に入れてもエラーにはなりません。mutate()が自動的にuriageの行数まで長さを引き延ばしてくれるからです（図3.8）。

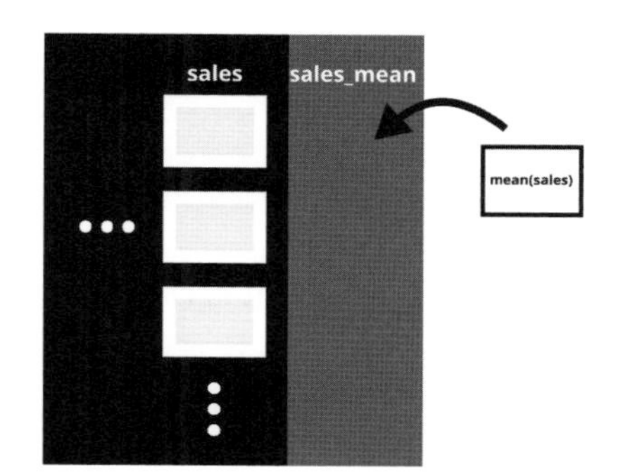

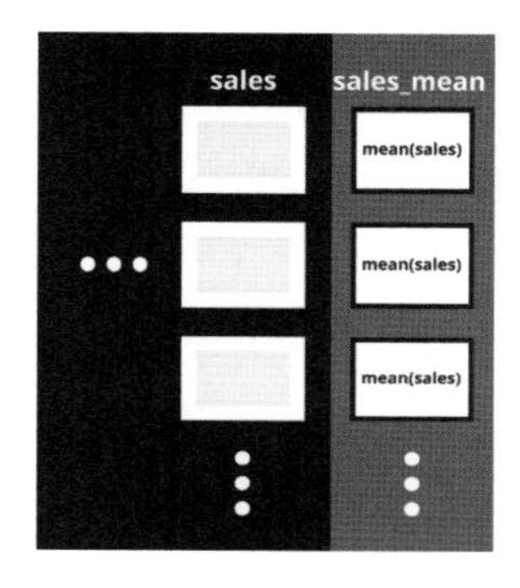

図3.8　ベクトルのリサイクルのイメージ

（左:長さ1の値をデータフレームに代入しようとしたとき、右:ベクトルのリサイクルによって値が引き伸ばされたあとの状態）

```
uriage %>%
  group_by(store) %>%
  mutate(
    sales_mean = mean(sales),        # 各店舗の平均売上額
    sales_err  = sales - sales_mean  # 各日の売上と平均売上額との差
  )
```

```
# A tibble: 8 x 5
# Groups:   store [2]
    day store sales sales_mean sales_err
  <dbl> <chr> <dbl>      <dbl>     <dbl>
1     1 a       100        375      -275
2     1 b       500        500         0
3     2 a       200        375      -175
4     2 b       500        500         0
5     3 a       400        375        25
6     3 b       500        500         0
7     4 a       800        375       425
8     4 b       500        500         0
```
出力

なお、ベクトルのリサイクルはdplyr独自のしくみではなく、Rの随所で使われています。たとえば、先ほどのコードはsales_meanという列を新しく作らなくても直接-で引き算できます。これは-演算

子がベクトルのリサイクルを行ってくれるからです。

```
uriage %>%
  group_by(store) %>%
  mutate(sales_err = sales - mean(sales))
```

このように、ウィンドウ関数はグループ化と組み合わせると非常に強力です。1つ注意が必要なのは、グループの区切り方や、値の順番によって結果が変わってしまう点です。たとえば、以下のようにうっかりgroup_by()を忘れてしまうと、sales_diff列には各店舗ごとの売上の増減ではなく、「b店の1日目の売上とa店の2日目の売上の差」のような意味のない値が入ってしまいます。

```
uriage %>%
  mutate(sales_diff = sales - lag(sales)) %>%
  arrange(store, day)
```

計算を行う前に、group_by()によるグループ化やarrange()による並べ替えが適切に行われているか確認しましょう。

COLUMN

selectのセマンティクスとmutateのセマンティクス

dplyrの関数の中では列名を使ってコードを書くことができるというのはこれまで見てきたとおりですが、実はこの列名の解釈のされ方にはmutateのセマンティクスとselectのセマンティクスと呼ばれる2種類があります。セマンティクスは「意味論」のように訳される言葉で、ここでは「コードの解釈のされ方」のようなものだと思ってください。たとえば、以下のmutate()のコードとselect()のコードは結果的に同じ中身のnew_col列を作りますが、2つの関数でcylの意味は異なっています。

```
mpg %>%
  mutate(new_col = cyl)

mpg %>%
  select(new_col = cyl)
```

この違いを意識する場面はそれほど多くありませんが、理解しておくと予期せぬトラブルを回避できるでしょう。表3.7に各セマンティクスを持つ関数を示します。

●表3.7　各セマンティクスを持つ関数

	関数の例
mutateのセマンティクス	mutate()、transmute()、filter()、summarise()、arrange()、group_by()、distinct()
selectのセマンティクス	select()、rename()、relocate()、pull()、relocate()・mutate()の.before引数・.after引数、pivot_longer()のcols引数、pivot_wider()のnames_from引数・values_from引数

mutateのセマンティクス

mutate()などの関数では、列名は**列の中身のベクトル**を表しています。たとえば、mpg %>% mutate(new_col = cyl)は以下のように解釈されます[注3.24]。

```
mpg %>%
  mutate(new_col = c(4L, 4L, 4L, 4L, 6L, 6L, ...))
```

また、列名が関数の中にあっても同じです。たとえば、mpg %>% mutate(new_col = sqrt(cyl))は以下のように解釈されます。

```
mpg %>%
  # sqrt()で平方根を計算
  mutate(new_col = sqrt(c(4L, 4L, 4L, 4L, 6L, 6L, ...)))
```

このように、mutateのセマンティクスは直感的なものです。dplyrのほとんどの関数はこちらのセマンティクスを持っています。

selectのセマンティクス

対して、select()やrename()などの関数は少し特殊なセマンティクスを持っています。selectのセマンティクスでは、列名は**列の位置**を表します。たとえば、mpg %>% select(new_col = cyl)はcyl列が5番目の列なので以下のように解釈されます。

```
mpg %>%
  select(new_col = 5)
```

dplyrはこれを受けて、5番目の列をnew_colという列に割り当てます。結果としてはmutate()と同じになりますが、その結果に至るまでの過程が異なるのです。もう1つ例として、:を使った範囲指定のコードを見てみましょう。

```
mpg %>%
  select(manufacturer:year)
```

これは、manufacturer列が1列目、year列が4列目なので以下のように解釈されます。

```
mpg %>%
  select(1:4)
```

そして、1:4が計算され、その結果、1列目、2列目、3列目、4列目に絞り込まれるのです。しかし、select()で使える関数や演算子は一部に限られています。たとえば、以下のようにすれば

注3.24　Rでは、整数を入力するには数字の後ろにLを付けます（cyl列は整数型です）。ちなみに、なぜLなのかについて公式の説明はありませんが、Rの内部で整数を表すのに使われるlong型の頭文字なのではないか、という説があります。
参考：URL https://stackoverflow.com/a/24350749

manufacturerの次の列を選択できるような気がしますが、エラーになります。

```
mpg %>%
  select(manufacturer + 1)
```

```
Error: object 'manufacturer' not found
```
出力

その代わりに、starts_with()などのさまざまなヘルパ関数が使えるのはこれまでに見てきたとおりです。また、文字列で列を指定できるというのもselectのセマンティクスの特徴です。

```
mpg %>%
  select("model", "year")
```

```
# A tibble: 234 x 2
   model       year
   <chr>      <int>
 1 a4          1999
 2 a4          1999
 3 a4          2008
 4 a4          2008
 5 a4          1999
 6 a4          1999
 7 a4          2008
 8 a4 quattro  1999
 9 a4 quattro  1999
10 a4 quattro  2008
# … with 224 more rows
```
出力

文字列を直接指定するのではなく、変数に入れて渡すこともできます。その場合、列名との混同を避けるため、変数はall_of()[注3.25]でラップする必要があります。

```
cyl <- c("manufacturer", "year")

# manufacturer列、year列が選択される
mpg %>%
  select(all_of(cyl))
```

.dataを使った文字列での列指定

select()の例を見ると、mutate()でも同じように文字列を使って列を指定したくなるかもしれません。しかし、以下のようにしてもエラーになってしまいます。"cyl"はただの文字として扱われているためです。

注3.25　指定した列が存在しない場合にエラーにしたければall_of()、無視したければany_of()を使います。

```
mpg %>%
  mutate(cyl2 = sqrt("cyl"))
```

出力
```
Error: Problem with mutate() input cyl2.
x non-numeric argument to mathematical function
i Input cyl2 is sqrt("cyl").
```

mutateのセマンティクスにおいて列を文字列で指定するには、本章のコラム「dplyrの関数内でのコード実行」で紹介した`.data`という変数を使います。`.data`は、処理中のデータフレーム自体を表す特殊な変数です。dplyrの外では、`mpg[["cyl"]]`とすれば文字列でデータフレームの列を取り出せますが、同様に、dplyrの中では`.data`を使って以下のように文字列での列指定ができます。

```
mpg %>%
  mutate(cyl2 = sqrt(.data[["cyl"]]), .after = cyl)
```

出力
```
# A tibble: 234 x 12
   manufacturer model      displ  year   cyl  cyl2 trans      drv     cty   hwy fl
   <chr>        <chr>      <dbl> <int> <int> <dbl> <chr>      <chr> <int> <int> <chr>
 1 audi         a4           1.8  1999     4  2    auto(l…   f        18    29 p
 2 audi         a4           1.8  1999     4  2    manual…   f        21    29 p
 3 audi         a4           2    2008     4  2    manual…   f        20    31 p
 4 audi         a4           2    2008     4  2    auto(a…   f        21    30 p
 5 audi         a4           2.8  1999     6  2.45 auto(l…   f        16    26 p
 6 audi         a4           2.8  1999     6  2.45 manual…   f        18    26 p
 7 audi         a4           3.1  2008     6  2.45 auto(a…   f        18    27 p
 8 audi         a4 quat…     1.8  1999     4  2    manual…   4        18    26 p
 9 audi         a4 quat…     1.8  1999     4  2    auto(l…   4        16    25 p
10 audi         a4 quat…     2    2008     4  2    manual…   4        20    28 p
# … with 224 more rows, and 1 more variable: class <chr>
```

文字列を変数に入れて指定することもできます。

```
col <- "cyl"

mpg %>%
  mutate(cyl2 = sqrt(.data[[col]]), .after = cyl)
```

出力
```
# A tibble: 234 x 12
   manufacturer model      displ  year   cyl  cyl2 trans      drv     cty   hwy fl
   <chr>        <chr>      <dbl> <int> <int> <dbl> <chr>      <chr> <int> <int> <chr>
 1 audi         a4           1.8  1999     4  2    auto(l…   f        18    29 p
 2 audi         a4           1.8  1999     4  2    manual…   f        21    29 p
 3 audi         a4           2    2008     4  2    manual…   f        20    31 p
 4 audi         a4           2    2008     4  2    auto(a…   f        21    30 p
 5 audi         a4           2.8  1999     6  2.45 auto(l…   f        16    26 p
 6 audi         a4           2.8  1999     6  2.45 manual…   f        18    26 p
```

```
  7 audi        a4         3.1  2008     6  2.45 auto(a… f         18     27 p
  8 audi        a4 quat…   1.8  1999     4  2    manual… 4         18     26 p
  9 audi        a4 quat…   1.8  1999     4  2    auto(l… 4         16     25 p
 10 audi        a4 quat…   2    2008     4  2    manual… 4         20     28 p
# … with 224 more rows, and 1 more variable: class <chr>
```

`.data`は、data maskingと呼ばれる概念の一部です。詳細は「Programming with dplyr」というvignette[注3.26]を参照してください。

複数の列への操作

dplyrを使っていると、しばしば複数の列に同じ操作を繰り返したくなることがあります。たとえば、以下のようなデータがあるとき、すべての列の値を`round()`で丸める操作をどうやって行うか考えてみましょう。

```
# runif()の結果を再現性あるものにするため、乱数のシードを固定
set.seed(1)

# runif()で0〜100の範囲の乱数を10個ずつ生成
d <- tibble(
  id    = 1:10,
  test1 = runif(10, max = 100),
  test2 = runif(10, max = 100),
  test3 = runif(10, max = 100),
  test4 = runif(10, max = 100)
)
```

まず思いつくのは、愚直に同じ処理を書き下す、ということでしょう。しかし、このコードは列の数が変わるたびに書き直さなくてはならず、あまり柔軟ではありません。

```
d %>%
  mutate(
    test1 = round(test1),
    test2 = round(test2),
    test3 = round(test3),
    test4 = round(test4)
  )
```

出力

```
# A tibble: 10 x 5
     id test1 test2 test3 test4
  <int> <dbl> <dbl> <dbl> <dbl>
1     1    27    21    93    48
2     2    37    18    21    60
```

注3.26 URL https://dplyr.tidyverse.org/articles/programming.html

```
 3     3    57    69    65    49
 4     4    91    38    13    19
 5     5    20    77    27    83
 6     6    90    50    39    67
 7     7    94    72     1    79
 8     8    66    99    38    11
 9     9    63    38    87    72
10    10     6    78    34    41
```

tidy dataへの変形

こんなときにまず考えてほしいのは、このデータがまだtidy dataの形式になっていない可能性です。つまり、同じカテゴリの値が**test1**、**test2**、**test3**、**test4**という複数の列に分散しているために苦戦しているなら、**pivot_longer()**で1つの列に集めると楽に処理が行えるかもしれません。まず、**pivot_longer()**で**d**をtidy dataの形式に変形し、4つの列の値を**value**という列にまとめます。

```
d_tidy <- d %>%
  # pivot_longer()でもselectのセマンティクス(コラム参照)が使える
  pivot_longer(test1:test4, names_to = "test", values_to = "value")

d_tidy
```

```
# A tibble: 40 x 3                                                    出力
      id test  value
   <int> <chr> <dbl>
 1     1 test1  26.6
 2     1 test2  20.6
 3     1 test3  93.5
 4     1 test4  48.2
 5     2 test1  37.2
 6     2 test2  17.7
 7     2 test3  21.2
 8     2 test4  60.0
 9     3 test1  57.3
10     3 test2  68.7
# … with 30 more rows
```

そして、**value**列に対して**mutate()**で操作を加えます。こうすることで、**test1**、**test2**、**test3**、**test4**を別々に扱うよりも簡単なコードで同じ操作が実現できます。

```
d_tidy %>%
  mutate(value = round(value))
```

```
# A tibble: 40 x 3                                                    出力
      id test  value
```

```
   <int> <chr> <dbl>
 1     1 test1    27
 2     1 test2    21
 3     1 test3    93
 4     1 test4    48
 5     2 test1    37
 6     2 test2    18
 7     2 test3    21
 8     2 test4    60
 9     3 test1    57
10     3 test2    69
# … with 30 more rows
```

集計関数やウィンドウ関数を使う場合には、group_by()でデータをまとめる必要があります。

```
d_tidy %>%
  group_by(test) %>%
  summarise(value_avg = mean(value), .groups = "drop")
```

```
# A tibble: 4 x 2
  test  value_avg
* <chr>     <dbl>
1 test1      55.2
2 test2      55.9
3 test3      41.8
4 test4      52.9
```

もし元のtest1、test2、test3、test4という横長の形式に戻す必要があるなら、処理が終わったあとにpivot_wider()を使いましょう。

```
d_tidy %>%
  mutate(value = round(value)) %>%
  pivot_wider(names_from = test, values_from = value)
```

```
# A tibble: 10 x 5
      id test1 test2 test3 test4
   <int> <dbl> <dbl> <dbl> <dbl>
 1     1    27    21    93    48
 2     2    37    18    21    60
 3     3    57    69    65    49
 4     4    91    38    13    19
 5     5    20    77    27    83
 6     6    90    50    39    67
 7     7    94    72     1    79
 8     8    66    99    38    11
 9     9    63    38    87    72
10    10     6    78    34    41
```

このように、いったんtidy dataにすることでデータ整形がやりやすくなります。最終的に目指すデータ形式がtidy dataではない場合でも、いったんtidy dataにして処理を進めることを検討しましょう。

across()による複数の列への操作

tidy dataに変換しづらいデータの場合は、across()を使って複数の列に同じ操作を行いましょう。across()は特殊な関数で、mutate()やsummarise()など、mutateのセマンティクスを持つ関数の中だけで使えます。第1引数に対象の列を、第2引数にその列に適用する関数を指定します。第1引数の列の指定にはselectのセマンティクスが使えます。

```
across(対象の列, 列に適用する関数)
```

まずはイメージをつかむために、シンプルな例を見てみましょう。第2引数に何も指定しなければacross()は列の選択だけを行います。これとtransmute()を組み合わせて、select()と同じ操作をする方法を考えてみます。

たとえば、test1 ～ test4列のみに絞り込むのにselect()では

```
d %>%
  select(test1:test4)
```

と書けますが、同じことはtransmute()とacross()を使って

```
d %>%
  transmute(across(test1:test4))
```

```
# A tibble: 10 x 4                                    出力
   test1 test2 test3 test4
   <dbl> <dbl> <dbl> <dbl>
 1 26.6   20.6 93.5   48.2
 2 37.2   17.7 21.2   60.0
 3 57.3   68.7 65.2   49.4
 4 90.8   38.4 12.6   18.6
 5 20.2   77.0 26.7   82.7
 6 89.8   49.8 38.6   66.8
 7 94.5   71.8  1.34  79.4
 8 66.1   99.2 38.2   10.8
 9 62.9   38.0 87.0   72.4
10  6.18  77.7 34.0   41.1
```

と書くこともできます。通常、test1:test4（selectのセマンティクスの記法）をtransmute()（mutateのセマンティクスを持つ関数）の中で使うことはできませんが、across()でラップすることでそれが許されるようになる、といったイメージです。

select()との細かな違いとして、across()には引数が1つしか指定できません。複数の指定を組み合わせたい場合はc()を使って1つにまとめましょう[注3.27]。たとえば、test1とtest2列を指定したい場合は、次のようにするといいでしょう。

```
d %>%
  transmute(across(c(test1, test2)))
```

さて、イメージがつかめたところでいよいよ、このコラムの主題である「複数の列への操作」に入っていきましょう。across()は、第2引数に関数を指定すると、選択された列それぞれにその関数を適用した結果を返してくれます。たとえば、test1～test4列をround()で丸めるには以下のようにします。

```
d %>%
  mutate(across(test1:test4, round))
```

出力

```
# A tibble: 10 x 5
      id test1 test2 test3 test4
   <int> <dbl> <dbl> <dbl> <dbl>
 1     1    27    21    93    48
 2     2    37    18    21    60
 3     3    57    69    65    49
 4     4    91    38    13    19
 5     5    20    77    27    83
 6     6    90    50    39    67
 7     7    94    72     1    79
 8     8    66    99    38    11
 9     9    63    38    87    72
10    10     6    78    34    41
```

across()の第2引数に指定できるのは、関数オブジェクトのほか、~を使った記法[注3.28]でその場で関数を作ることもできます。以下も同じ結果になります。

```
d %>%
  mutate(across(test1:test4, ~ round(.x)))
```

filter()で複数の列を使いたい、という場合には、across()ではなく、if_all()（すべての条件が真の行を残す）、if_any()（いずれかの条件が偽の行を残す）という専用の関数を使います。たとえば、test1～test4列のいずれかが90より大きい値の行のみに絞り込むには以下のようにします。

```
d %>%
  filter(if_any(test1:test4, ~ .x > 90))
```

注3.27　|演算子を使うこともできます（例：test1 | test2）。

注3.28　「select()による列の絞り込み」で紹介した、where()の中で使える記法と同じです。

```
# A tibble: 4 x 5                                                    出力
     id test1 test2 test3 test4
  <int> <dbl> <dbl> <dbl> <dbl>
1     1  26.6  20.6 93.5   48.2
2     4  90.8  38.4 12.6   18.6
3     7  94.5  71.8  1.34  79.4
4     8  66.1  99.2 38.2   10.8
```

across()は、複数並べたり、通常の列の指定と混ぜて書くこともできます。以下の例では、数値の列については標準偏差を、文字列の列についてはユニークな値の数を集計し、グループごとの行数をn()で計算しています。

```
mpg %>%
  group_by(cyl) %>%
  summarise(
    across(where(is.numeric), sd),             # 数値の列の標準偏差
    count = n(),                               # グループごとの行数
    across(where(is.character), n_distinct),   # 文字列の列のユニークな値の数
    .groups = "drop"
  )
```

```
# A tibble: 4 x 12                                                                      出力
    cyl displ  year   cty   hwy count manufacturer model trans   drv    fl class
* <int> <dbl> <dbl> <dbl> <dbl> <int>        <int> <int> <int> <int> <int> <int>
1     4 0.315 4.5   3.50  4.52     81            9    19     9     2     4     6
2     5 0     0     0.577 0.5       4            1     2     2     1     1     2
3     6 0.472 4.48  1.77  3.69     79           11    25     8     3     4     6
4     8 0.589 4.41  1.81  3.26     70           11    19     8     3     4     5
```

ここで、across()で参照されるのは元のデータではなく、その直前の行までの処理が加わった状態のものだ、という点に注意してください。たとえば、「数値の列に対してsd()を適用」の処理を最後に持ってくると、新しくできたcount列にも、n_distinct()で数値になった列にも、この処理が適用されてしまいます。結果、それらの列の値は上書きされ、NAになってしまっています[注3.29]。

```
mpg %>%
  group_by(cyl) %>%
  summarise(
    count = n(),
    across(where(is.character), n_distinct),
    across(where(is.numeric), sd),
    .groups = "drop"
  )
```

注3.29　値が1つの場合、標準偏差は計算できないのでsd()はNAを返します。

```
# A tibble: 4 x 12
    cyl count manufacturer model trans   drv    fl class displ  year   cty   hwy
* <int> <dbl>        <dbl> <dbl> <dbl> <dbl> <dbl> <dbl> <dbl> <dbl> <dbl> <dbl>
1     4    NA           NA    NA    NA    NA    NA    NA 0.315  4.5  3.50   4.52
2     5    NA           NA    NA    NA    NA    NA    NA 0      0    0.577  0.5
3     6    NA           NA    NA    NA    NA    NA    NA 0.472  4.48 1.77   3.69
4     8    NA           NA    NA    NA    NA    NA    NA 0.589  4.41 1.81   3.26
```

列名ではなく、where()で列の型などに基づいて対象を選ぶ場合はこういった予想外の処理が起こりがちです。いくつか回避方法がある場合もありますが[注3.30]、基本的には順番に気を付けるしかありません。across()を使う場合には、どの列に適用されるか、その計算結果があとの処理に影響を与えないか、といった点にいっそう注意しましょう。

ところで、同じ列に対して複数の関数を適用したい場合はどうすればいいのでしょう。たとえば、さきほどのコードでは、数値の列の標準偏差を計算していましたが、データの特徴をつかむためには標準偏差以外の集計値（平均、最大値、最小値など）も同時に知りたくなります。しかし、across()は計算結果を元の列と同じ名前の列に格納するため、単純にacross()を並べてみてもうまくいきません。mean()の結果にさらにsd()が適用されるので、結果はNAになってしまいます。

```
mpg %>%
  group_by(cyl) %>%
  summarise(
    across(where(is.numeric), mean),
    across(where(is.numeric), sd),
    .groups = "drop"
  )
```

```
# A tibble: 4 x 5
    cyl displ  year   cty   hwy
* <int> <dbl> <dbl> <dbl> <dbl>
1     4    NA    NA    NA    NA
2     5    NA    NA    NA    NA
3     6    NA    NA    NA    NA
4     8    NA    NA    NA    NA
```

結果が上書きされてしまうのを防ぐには、それぞれのacross()の結果が名前の重複しない列に入るようにする必要があります。こうした状況のために、across()は.names引数に列名のテンプレート文字列を指定できるようになっています。テンプレートは"{.col}_mean"のように指定し、{.col}に元の列名が入ります。たとえばテンプレートが"avg_{.col}"で元の列名がAなら、新しくできる列の名前はavg_Aになります。.names引数を使うと、次のようにmean()の結果の列

注3.30　今回のようなケースに対しては、並行して処理を走らせたい部分をtibble()でラップする、というテクニックが紹介されています。
参考：URL https://github.com/tidyverse/dplyr/issues/5433

名の後ろには_meanを、sd()の結果の列名の後ろには_sdを、それぞれ付けて区別できます[注3.31]。

```
mpg %>%
  group_by(cyl) %>%
  summarise(
    across(where(is.numeric), mean, .names = "{.col}_mean"),
    across(where(is.numeric) & !ends_with("_mean"), sd, .names = "{.col}_sd"),
    .groups = "drop"
  )
```

```
# A tibble: 4 x 9                                                          出力
    cyl displ_mean year_mean cty_mean hwy_mean displ_sd year_sd cty_sd hwy_sd
* <int>      <dbl>     <dbl>    <dbl>    <dbl>    <dbl>   <dbl>  <dbl>  <dbl>
1     4       2.15     2003      21.0     28.8    0.315    4.5   3.50    4.52
2     5       2.5      2008      20.5     28.8    0        0     0.577   0.5
3     6       3.41     2003.     16.2     22.8    0.472    4.48  1.77    3.69
4     8       5.13     2005.     12.6     17.6    0.589    4.41  1.81    3.26
```

これでなんとかなりましたが、適用したい関数ごとにacross()を書いていくのはやや面倒です。実は、across()には適用する関数を複数指定することもできます。その場合、関数は名前付きリスト（list(識別子1 = 関数1, 識別子2 = 関数2, ...)）にして渡します。関数が1つのときと同じく、~を使った記法で書くこともできます。新しくできる列名は、(元の列名)_(識別子)になります[注3.32]。

```
fns <- list(mean = mean, sd = sd, q90 = ~ quantile(.x, 0.9))

mpg %>%
  group_by(cyl) %>%
  summarise(
    across(where(is.numeric), fns),
    .groups = "drop"
  )
```

このように、across()はさまざまに応用の効く強力な関数です。便利に活用していきましょう。さらなる詳細は、関数のヘルプ（?across）やdplyrのvignette「Column-wise operations」[注3.33]を参照してください。

注3.31 列名が変わっても、新しくできた列が後段のacross()の対象に含まれるのは変わりません。この例では、1つ目のacross()の結果は数値型なので、2つ目のacross()のwhere(is.numeric)にマッチしてしまいますmean()の結果にsd()を適用しても結果はNAになるだけで無意味なので、!ends_with("_mean")との積集合をとって除外しています。

注3.32 これも関数が1つのときと同じく.names引数で列名のテンプレートを指定することもできます。テンプレートでは、元の列名を表す{.col}に加えて、リストに指定した識別子を表す{.fn}も指定します。たとえば{.col}({.fn})と指定すると、displ(mean)、displ(sd)のような列名になります。

注3.33 URL https://dplyr.tidyverse.org/articles/colwise.html

3-5 dplyrによる2つのデータセットの結合と絞り込み

これまではデータフレームが1つの場合について考えてきました。しかし、現実には、使いたい変数がすべて1つのデータフレーム中に含まれていることは稀です。分析に際しては、まず、複数のデータを1つに結合しなくてはならないことが多いでしょう。このためにdplyrパッケージに用意されているのが、inner_join()、left_join()といったデータ結合用の関数です。_join()が付く関数にはいくつか種類がありますが（**表3.8**）、ここではまず、最もよく使われるであろうinner_join()について説明します。

●表3.8　データ結合に使う*_join()の一覧

関数名	説明
inner_join()	どちらのデータフレームにも存在するキーの行のみを返す
left_join()	左のデータフレームに存在するキーの行を返す
right_join()	右のデータフレームに存在するキーの行を返す
full_join()	いずれかのデータフレームに存在するキーの行を返す

inner_join()は、2つのデータフレームと、結合に使う列（キー）を引数にとります。

```
inner_join(データ1, データ2, by = キー)
```

前提として、データ1とデータ2はキーという共通の列を持っています。inner_join()は、このキー列の値が同じ行同士を結合した結果を返します。同じ値を含む行が複数ある場合、もう片方のデータフレームの行は複製されます。inner_join()のイメージをつかむには、Hadley Wickham・Garrett Grolemund著「R for Data Science」(邦訳:「Rではじめるデータサイエンス」(オライリー・ジャパン、2017)）に登場する図が参考になるでしょう[注3.34]。

inner_join()によるデータの結合

具体例として、本章の「コラム：ウィンドウ関数」で使ったa店とb店の日次の売上データを再び使って解説します。

```
uriage
```

出力
```
# A tibble: 8 x 3
    day store sales
```

注3.34　英語版は無料で公開されており、当該の図は次のURLから見ることができます。
URL https://r4ds.had.co.nz/relational-data.html#mutating-joins

```
  <dbl> <chr> <dbl>
1     1 a       100
2     1 b       500
3     2 a       200
4     2 b       500
5     3 a       400
6     3 b       500
7     4 a       800
8     4 b       500
```

3

売上と天候の関係を調べるため、このデータに天候のデータを結合する場合を考えてみましょう。ここに、a店とb店がある地域で各日に雨が降ったかどうかを示すtenkoというデータがあるとします。

```
tenko <- tibble(
  day    = c(     1,     2,    3,     4),
  rained = c( FALSE, FALSE, TRUE, FALSE)
)
```

uriageデータとtenkoデータは、dayという列が共通しています。この列をキーにして2つのデータを結合してみましょう。byにはキーの列名を文字列で指定します。

```
uriage %>%
  inner_join(tenko, by = "day")
```

```
# A tibble: 8 x 4                                              出力
    day store sales rained
  <dbl> <chr> <dbl> <lgl>
1     1 a       100 FALSE
2     1 b       500 FALSE
3     2 a       200 FALSE
4     2 b       500 FALSE
5     3 a       400 TRUE
6     3 b       500 TRUE
7     4 a       800 FALSE
8     4 b       500 FALSE
```

結果を元のuriageデータと見比べると、右にrainedという列が加わっており、各日付に対応するTRUE/FALSEが紐づけられていることが分かります。

さまざまなキーの指定方法

上では、どちらのデータフレームでも日付はdayという名前の列だったので、シンプルに"day"と指定するだけでした。もし以下のように違う列名（今回はDAY）だったら、どのように指定すればいいでしょうか。

```
tenko2 <- tibble(
  DAY    = c(     1,     2,    3,     4),
  rained = c( FALSE, FALSE, TRUE, FALSE)
)
```

この場合は、by = c("左の列名" = "右の列名")のように指定します。具体的には以下のようになります（結果は上と同じなので省略します）。

```
uriage %>%
  inner_join(tenko2, by = c("day" = "DAY"))
```

また、複数のキーを指定することもできます。たとえば、上記ではa店とb店がある地域全体の天候データでしたが、よりピンポイントに、a店とb店それぞれの場所の天候を記録したデータがあるとします。

```
tenko3 <- tibble(
  DAY    = c(     1,      1,    2,      2,    3),
  store  = c(  "a",    "b",  "a",    "b",  "b"),
  rained = c(FALSE, FALSE, TRUE, FALSE, TRUE)
)
```

これを結合するには、日付と店舗という2つをキーにする必要があります。これには、単純にキーを並べて指定するだけです。

```
uriage %>%
  inner_join(tenko3, by = c("day" = "DAY", "store"))
```

```
# A tibble: 5 x 4                                                    出力
    day store sales rained
  <dbl> <chr> <dbl> <lgl>
1     1 a       100 FALSE
2     1 b       500 FALSE
3     2 a       200 TRUE
4     2 b       500 FALSE
5     3 b       500 TRUE
```

各日の各店舗に対応するrainedの値が紐づけられています。しかし、今度の結果は先ほどのデータより少ない行数になってしまいました。なぜでしょう。これは、tenko3には全日／全店舗分の天候データが揃っていないためです。inner_join()は両方のデータフレームに含まれる行のみを結合するので、対応する天候データがない行は除外されてしまうのです。

 inner_join() 以外の関数によるデータの結合

もう片方のデータに対応するキーがない行も残したい場合には、表3.8のinner_join()以外の*_join()を使います。たとえば、left_join()を使うと、左側に存在する行はすべて残ります。右側のデータに対応するキーがある行にはそのデータが結合され、ない行はNA（欠損値）になります。

```
uriage %>%
  left_join(tenko3, by = c("day" = "DAY", "store"))
```

```
# A tibble: 8 x 4                                                    出力
    day store sales rained
  <dbl> <chr> <dbl> <lgl>
1     1 a       100 FALSE
2     1 b       500 FALSE
3     2 a       200 TRUE
4     2 b       500 FALSE
5     3 a       400 NA
6     3 b       500 TRUE
7     4 a       800 NA
8     4 b       500 NA
```

このNAにはどのように対処すればいいのでしょうか。欠損値の扱いについては、欠損の性質や分析の目的に応じてさまざまな方法論がありますが、本書の範囲を大きく超える内容になります。その詳細にはふれず、ここでは「欠損値を特定の値で置き換える」という基礎的なテクニックを紹介します。

NAを特定の値で置き換えるには、coalesce()という関数が便利です。この関数は任意の数の引数をとり、各行についてNAでない値のうち最も先に登場するものを返す、という挙動をします。具体的には、以下のようにすると、**列1**がNAだったところを**デフォルト値**で埋めた結果が返されます。

```
coalesce(列1, デフォルト値)
```

たとえば、rainedのNAをFALSEで置き換えるとすると、以下のようなコードになります。

```
res <- uriage %>%
  left_join(tenko3, by = c("day" = "DAY", "store"))

res %>%
  mutate(rained = coalesce(rained, FALSE))
```

```
# A tibble: 8 x 4                                                    出力
    day store sales rained
  <dbl> <chr> <dbl> <lgl>
1     1 a       100 FALSE
```

```
2       1 b       500 FALSE
3       2 a       200 TRUE
4       2 b       500 FALSE
5       3 a       400 FALSE
6       3 b       500 TRUE
7       4 a       800 FALSE
8       4 b       500 FALSE
```

欠損値を置き換える方法については、このあとの「fill()による欠損値の補完」「replace_na()による欠損値の置き換え」の項でもいくつか紹介します。

semi_join()、anti_join()による絞り込み

さて、ここまで紹介してきたのはデータを結合するための*_join()（mutating join）でしたが、データの絞り込みに使うもの（filtering join）もあります（**表3.9**）。

●表3.9　データ絞り込みに使う*_join()の一覧

関数名	説明
semi_join()	左側のデータフレームから、キーが右側のデータフレームにも存在する行を絞り込む
anti_join()	左側のデータフレームから、キーが右側のデータフレームに存在しない行を絞り込む

具体例として、雨が降っていた店舗と日付の組み合わせを含んだデータがあり、これを使って売上データを雨が降っていたときだけに絞り込むことを考えてみましょう。データは以下です。

```
tenko4 <- tibble(
  day    = c(    2,    3,    3),
  store  = c(  "a",  "a",  "b"),
  rained = c( TRUE, TRUE, TRUE)
)
```

絞り込みといえば、おなじみfilter()ですね。しかし、複数の変数の組み合わせを使った絞り込みをfilter()で実現するのはやや複雑です。詳しい解説は省きますが、もしあえてfilter()を使って書くなら以下のようになるでしょう。

```
uriage %>%
  # rowwiseを使うと1行づつ処理されるようになる
  rowwise() %>%
  # dayとstoreが両方とも一致する行がtenko4にあるかを調べる
  filter(any(day == tenko4$day & store == tenko4$store)) %>%
  ungroup()
```

```
# A tibble: 3 x 3                                    出力
    day store sales
```

```
  <dbl> <chr> <dbl>
1     2 a       200
2     3 a       400
3     3 b       500
```

これを、semi_join()を使うと次のように書くことができます。

```
uriage %>%
  semi_join(tenko4, by = c("day", "store"))
```

```
# A tibble: 3 x 3                                   出力
    day store sales
  <dbl> <chr> <dbl>
1     2 a       200
2     3 a       400
3     3 b       500
```

比較のためinner_join()の結果と比べてみましょう。

```
uriage %>%
  inner_join(tenko4, by = c("day", "store"))
```

```
# A tibble: 3 x 4                                   出力
    day store sales rained
  <dbl> <chr> <dbl> <lgl>
1     2 a       200 TRUE
2     3 a       400 TRUE
3     3 b       500 TRUE
```

行数は同じですが、inner_join()の結果にはrainedという列が結合されています。一方、semi_join()の結果は元のデータに含まれる列だけです。データの結合ではなく、絞り込みだけが行われているのです。このように、semi_join()やanti_join()は、「join」という名前から想像するものと違って絞り込みに使う関数です。必要に応じて使い分けましょう。

3-6 tidyrのその他の関数

tidyrパッケージは、pivot_longer()とpivot_wider()についてのみ紹介しましたが、他にもさまざまな便利な関数があります。すべてを覚える必要はないので、この節は必要に応じて読み飛ばしていただいても問題ありません。

separate()による値の分割

データによっては、1つのカラムが複数の値を持つこともあります。たとえば、以下のデータでは、「料理の種類」(ラーメン、半チャーハン)と「量」(大、並)が_で結合されて1つのカラムに入っています。

```
orders <- tibble(
  id    = c(1, 2, 3),
  value = c("ラーメン_大", "半チャーハン_並", "ラーメン_並")
)
```

ここから、料理の種類と量をそれぞれ取り出すにはどうすればいいでしょう。1つの方法は、付録Aで解説があるstringrパッケージを使うことです。mutate()の中で、_で分割した文字列のうち1つ目、2つ目をそれぞれ取り出せば、求めている結果が得られます。

```
orders %>%
  mutate(
    item   = str_split(value, "_", simplify = TRUE)[, 1],
    amount = str_split(value, "_", simplify = TRUE)[, 2]
  )
```

```
# A tibble: 3 x 4                                              出力
     id value           item         amount
  <dbl> <chr>           <chr>        <chr>
1     1 ラーメン_大      ラーメン      大
2     2 半チャーハン_並  半チャーハン  並
3     3 ラーメン_並      ラーメン      並
```

しかしこれはtidyrパッケージのseparate()を使えばより簡単に書くことができます。separate()には以下の引数を指定します。

- 対象の列
- 分割後の新しい列の名前（列の数だけ指定）
- 分割する区切り（正規表現で指定）注3.35

```
データ %>%
  separate(対象の列, into = c("新しい列名", ...), sep = "区切り")
```

今回は、value列を、_で分割して、itemとamountという新しい列に入れるので、以下のようになります。

注3.35　ここでは分かりやすさのためsepを指定していますが、英数字以外の半角記号で分割するのがデフォルトの動作になっており、指定しなくてもうまく分割できるケースも多いです。ただし、予期せぬ位置で分割されてしまうこともあるので、明示的に指定するのがお勧めです。

```
orders %>%
  separate(value, into = c("item", "amount"), sep = "_")
```

```
# A tibble: 3 x 3                                        出力
     id item         amount
  <dbl> <chr>        <chr>
1     1 ラーメン      大
2     2 半チャーハン  並
3     3 ラーメン      並
```

なお、sepに指定するのは正規表現であるという点に注意してください。たとえば、.や?などで分割するには、\\でエスケープして\\.や\\?とする必要があります。

extract()による値の抽出

separate()と似たような関数として、extract()があります。こちらは、分割する区切りの代わりに、抽出のパターンを指定します。

```
データ %>%
  extract(対象の列, into = c("新しい列名", ...), regex = "抽出のパターン")
```

パターンは正規表現で指定し、()で囲った位置の値が抜き出されます。たとえば、先ほどのseparate()の例は次のように書くことができます。

```
orders %>%
  extract(value, into = c("item", "amount"), regex = "(.*)_(.*)")
```

もう1つ、少し複雑なパターンとして、()に囲まれた文字列を取り出したい場合を考えてみましょう。文字列としての()を使いたい場合は\\でエスケープして、\\(\\)、とする必要があります。そしてその中に、値を取り出す位置を指定する()を入れます。具体的には次のようになります。\\dは数字を表す正規表現です。

```
tibble(x = c("beer (3)",  "sushi (8)")) %>%
  extract(x, into = c("item", "num"), regex = "(.*) \\((\\d+)\\)")
```

```
# A tibble: 2 x 2                                        出力
  item  num
  <chr> <chr>
1 beer  3
2 sushi 8
```

 separate_rows()による値の分割（縦方向）

separate_rows()はseparate()と似ていますが、分割した結果を別の列にするのではなく、同じ列の中で縦方向に引き伸ばす関数です。

```
データ %>%
  separate(対象の列, sep = "区切り")
```

これは、たとえばカンマ区切りになった複数の値がカラムに入っているような場合に便利です。

```
tibble(id = 1:3, x = c("1,2", "3,2", "1")) %>%
  separate_rows(x, sep = ",")
```

```
# A tibble: 5 x 2
     id x
  <int> <chr>
1     1 1
2     1 2
3     2 3
4     2 2
5     3 1
```
出力

 暗黙の欠損値

tidyrには、欠損値に対応するための関数も多く用意されています。

欠損値と聞くとNAが入ったデータフレームを思い浮かべるかも知れませんが、**「暗黙の欠損値」**（implicit missing value）と呼ばれるタイプの欠損値もあります。これは、データに含まれているはずなのに含まれていない値のことです。

たとえば、ラーメンと半チャーハンを提供する飲食店の、ある2日間の注文の集計データがあるとします。

```
orders2 <- tibble(
  day   = c(1, 1, 1, 2),
  item  = c("ラーメン", "ラーメン", "半チャーハン", "ラーメン"),
  size  = c("大", "並", "並", "並"),
  order = c(3, 10, 3, 30)
)

orders2
```

```
# A tibble: 4 x 4
    day item         size  order
```
出力

```
  <dbl> <chr>        <chr> <dbl>
1     1 ラーメン     大        3
2     1 ラーメン     並       10
3     1 半チャーハン 並        3
4     2 ラーメン     並       30
```

ここで、1日目と2日目を比較すると、2日目にはラーメン並盛りの注文数しか記録されていないことに気付きます。つまり、「2日目のラーメン大盛りの注文数」と「2日目の半チャーハン並盛りの注文数」はデータ中に登場しない、暗黙の欠損値です。人間がこのデータを見る場合には、頭の中で組み合わせを補って理解できるので問題ありません。しかし、プログラムで処理するときは、存在しない組み合わせも明示的にデータに含めたほうが処理しやすくなる場合があります。こうした状況で便利なtidyrの関数を見ていきましょう。

complete()による存在しない組み合わせの検出

complete()は、暗黙の欠損値を明示的な欠損値（NA）としてデータに含めるための関数です。指定した列に登場する値のすべての可能な組み合わせのうち、データに登場しない組み合わせを見つけてデータに含めます。指定しなかった列はNAで埋められます（NA以外の値で埋める方法は後述）。

```
データ %>%
  complete(列1, 列2, ...)
```

今回は、day、item、sizeの組み合わせから暗黙の欠損値を見つけたいので、以下のように指定します。

```
orders2 %>%
  complete(day, item, size)
```

```
# A tibble: 8 x 4                                    出力
    day item         size  order
  <dbl> <chr>        <chr> <dbl>
1     1 ラーメン     大        3
2     1 ラーメン     並       10
3     1 半チャーハン 大       NA
4     1 半チャーハン 並        3
5     2 ラーメン     大       NA
6     2 ラーメン     並       30
7     2 半チャーハン 大       NA
8     2 半チャーハン 並       NA
```

1日目の半チャーハン大盛り、2日目のラーメン大盛り、半チャーハン大盛り、半チャーハン並盛りの行が加わっています。しかし、半チャーハン大盛りなどというメニューがあるのでしょうか。実際、これは1日目にも2日目にも登場していません。

このように、単純にすべての可能な組み合わせをとると、あり得ない組み合わせを含んでしまうことがあります。今回は、itemとsizeについては、実際にデータ中に登場する組み合わせだけに絞ったほうがよさそうです。こうした場合のために、nesting()という関数が用意されています。nesting()で囲まれた列は、存在する組み合わせのみに絞られるようになります。

```
orders2 %>%
  complete(day, nesting(item, size))
```

```
# A tibble: 6 x 4                                                    出力
    day item         size  order
  <dbl> <chr>        <chr> <dbl>
1     1 ラーメン     大        3
2     1 ラーメン     並       10
3     1 半チャーハン 並        3
4     2 ラーメン     大       NA
5     2 ラーメン     並       30
6     2 半チャーハン 並       NA
```

また、他の列を埋めるのをNA以外の値にしたい場合、fill引数に指定できます。この例では注文数を集計しているので、NAよりも0で埋めるのが適切そうです。指定の仕方はlist(列名 = 値)のようにします。

```
orders2 %>%
  complete(day, nesting(item, size), fill = list(order = 0))
```

```
# A tibble: 6 x 4                                                    出力
    day item         size  order
  <dbl> <chr>        <chr> <dbl>
1     1 ラーメン     大        3
2     1 ラーメン     並       10
3     1 半チャーハン 並        3
4     2 ラーメン     大        0
5     2 ラーメン     並       30
6     2 半チャーハン 並        0
```

complete()には、単にデータ中の列名を指定するだけでなく任意のコードを指定できます。応用例として、full_seq()との組み合わせを紹介します。full_seq()は、指定した間隔(period引数)で並んでいると仮定した場合に範囲内に存在するはずの値を列挙してくれる関数です。たとえば、以下のコードは、1ずつの間隔で並んでいる範囲1～10の数列を返します。

```
full_seq(c(1, 2, 4, 5, 10), period = 1)
```

```
[1]  1  2  3  4  5  6  7  8  9 10
```
出力

これとcomplete()を組み合わせると、以下のように、イベントが起こったときにしか記録されない時系列データを補間できます。full_seq()によってdayがとり得る値が列挙され、データ中に存在していなかったレコードについてはcomplete()によってeventが0で埋められる、ということが起こっています。

```
tibble(
  day   = c(1, 4, 5, 7),
  event = c(1, 1, 2, 1)
) %>%
  complete(
    day = full_seq(day, period = 1),
    fill = list(event = 0)
  )
```

```
# A tibble: 7 x 2
    day event
  <dbl> <dbl>
1     1     1
2     2     0
3     3     0
4     4     1
5     5     2
6     6     0
7     7     1
```
出力

COLUMN

group_by()による存在しない組み合わせの表示

実は、dplyrでも、データ中に存在しないグループ（empty group）を扱うことができます。次のようなデータがあるとします。

```
d_fct <- tibble(x = c(1, 1, 2, 1), y = c("A", "A", "A", "B"))

d_fct
```

```
# A tibble: 4 x 2
      x y
  <dbl> <chr>
1     1 A
2     1 A
3     2 A
4     1 B
```
出力

ここで、xとyについて集計すると、xが2でyが"B"というグループは、データに登場していないので暗黙の欠損値になっています。

```
d_fct %>%
  group_by(x, y) %>%
  summarise(n = n(), .groups = "drop")
```

```
# A tibble: 3 x 3
      x y         n
* <dbl> <chr> <int>
1     1 A         2
2     1 B         1
3     2 A         1
```
出力

これを集計結果に登場させるには、

- グループ化に使う列をfactor()で因子型に変換する注3.36
- group_by()の引数に.drop = FALSEを指定する

という操作が必要です。具体的には以下のようになります。

```
d_fct %>%
  group_by(x = factor(x), y = factor(y), .drop = FALSE) %>%
  summarise(n = n(), .groups = "drop")
```

```
# A tibble: 4 x 3
  x     y         n
* <fct> <fct> <int>
1 1     A         2
2 1     B         1
3 2     A         1
4 2     B         0
```
出力

あまり使う機会はないかもしれませんが、4章で紹介するggplot2での可視化の際などには存在しないグループも含めたほうが都合がよいこともあります。

fill()による欠損値の補完

fill()は前後の値で欠損値を埋めるための関数です。人間が見るために作られた表では前後の値が省略されることがよくありますが、そうした人為的な空白を埋めるのに便利です。また、時系列のデータでも、直前や直後の時点がもっとも近い値だと考えるのは（データの性質にもよりますが）そこそこ妥当な推測でしょう。

注3.36　今回の例ではxもyも因子型に変換していますが、データ中に存在する組のみを使いたい列は因子型以外のままにします。

```
データ %>%
  fill(対象の列1, ...)
```

たとえば、四半期ごとの売上のデータは、以下のように、各年の始めの行にしか年が入っていないことがしばしばあります[注3.37]。

```
sales <- tibble(
  year    = c(2000,   NA,   NA,   NA, 2001,   NA,   NA,   NA),
  quarter = c("Q1", "Q2", "Q3", "Q4", "Q1", "Q2", "Q3", "Q4"),
  sales   = c( 100,  200,  300,  400,  500,  100,  200,  300)
)

sales
```

```
# A tibble: 8 x 3
   year quarter sales
  <dbl> <chr>   <dbl>
1  2000 Q1        100
2    NA Q2        200
3    NA Q3        300
4    NA Q4        400
5  2001 Q1        500
6    NA Q2        100
7    NA Q3        200
8    NA Q4        300
```

この場合、以下のようにすればyear列がNAの場合は上の値によって順に補完されます。

```
sales %>%
  fill(year)
```

```
# A tibble: 8 x 3
   year quarter sales
  <dbl> <chr>   <dbl>
1  2000 Q1        100
2  2000 Q2        200
3  2000 Q3        300
4  2000 Q4        400
5  2001 Q1        500
6  2001 Q2        100
7  2001 Q3        200
8  2001 Q4        300
```

下向きではなく上向きに補完したい場合や、下向きにも上向きにも補完したい場合はdirection引数を指定します。詳しくは?fillで出てくるヘルプを参照してください。

注3.37　このようにセル結合されているエクセルファイルをよく見かけます。

 replace_na() による欠損値の置き換え

replace_na()は欠損値を特定の値で置き換える関数です。対象の列名と置き換えるべき値のペアを引数にとります[注3.38]。

```
データ %>%
  replace_na(list(対象の列1 = 欠損値と置き換える値1, 対象の列2 = 欠損値と置き換える値2, ...))
```

たとえば、id列の欠損値は"?"で、value列は0で置き換えたいという場合は以下のように指定します。

```
d_missing <- tibble(id = c("a", "b", NA), value = c(NA, 1, 2))

d_missing %>%
  replace_na(list(id = "?", value = 0))
```

```
# A tibble: 3 x 2                                                    出力
  id    value
  <chr> <dbl>
1 a         0
2 b         1
3 ?         2
```

ちなみに、「inner_join()以外の関数によるデータの結合」でも紹介したように、dplyrパッケージのcoalesce()も欠損値の置き換えに使えます。先ほどのreplace_na()と同じ処理をcoalesce()で行うには以下のように指定します。

```
d_missing %>%
  mutate(
    id = coalesce(id, "?"),
    value = coalesce(value, 0)
  )
```

欠損値を置き換える対象の列が数多くある場合には、コラム「複数の列への操作」で紹介したacross()と組み合わせるのが便利です。たとえば、文字列の列の欠損値は"?"で、数値の列の欠損値は0でまとめて埋めるには、across()を使うと以下のように書くことができます。

```
d_missing %>%
  mutate(
    across(where(is.character), coalesce, "?"),
    across(where(is.numeric),   coalesce, 0)
  )
```

注 3.38　coalesce() のようにベクトルを引数にとることもできます。詳細は ?replace_na で表示されるヘルプページを参照してください。

3-7 まとめ

tidyrを使ってデータをtidy dataにして、dplyrでそのデータを操作する。これはデータ整形の黄金パターンです。データを見たらまず、どうすればtidy dataに変形できるか考える癖をつけましょう。tidy dataは、tidyrやdplyr、さらにはRにとどまらず、データ処理に関する普遍的な概念です。なぜうまく変形できないのか試行錯誤することが、そのデータについての新たな発見をもたらすこともあります。tidy dataを軸足にすることで、データに関する柔軟な視点を手にすることができるのです。tidyrやdplyrは、tidy dataを自由自在に扱うためのツールです。さまざまな機能があるので、特に後半の応用的な使い方に関しては慣れるまで時間がかかるかもしれません。しかし、ひとたび身につければ心強い武器となります。ぜひ、使いこなせるようになってください。

3

第4章 ggplot2によるデータ可視化

本章ではggplot2パッケージを用いて、可視化により大量のデータから主要な情報を効率的に伝えられるようになることを目指します。基本的な記法を説明するとともに、学術論文等に掲載可能な状態にグラフを仕上げる方法やさまざまな用例を紹介します。

本章の内容

4-1 可視化の重要性

本章ではggplot2パッケージを用いてデータを可視化する方法を紹介します。我々は表を眺めたり、平均や分散などの要約統計量を算出したりすることでも、データの特徴を知ることができます。ではなぜ可視化という作業が必要なのでしょうか。

図4.1左では、AとBの2条件における平均値を棒グラフで、平均±標準偏差の範囲を上下に伸びる誤差棒で表しています。いずれの条件でも、平均値やデータのばらつきは同程度です。しかし、要約前の素データ各10個を点で重ね描きしてみると、Aは全データがほぼ等間隔に分布しているのに対し、Bは2つのまとまりに分離していることが一目瞭然です。

データが少なければ、可視化せずともひとつひとつ値を確認できるかもしれません。しかしデータが多くなるにつれて、それは困難になるでしょう。**図4.1右**でも、平均と標準偏差が同程度である2つのデータセットを用いています。しかし各100個のデータの分布は、明らかに異なります。

これらのデータは、“Beyond Bar and Line Graphs: Time for a New Data Presentation Paradigm”という論文[注4.1]を参考に筆者が作成した架空データですが、実際の実験や調査で得られたデータでも、同様の状況は起こり得ると思われます。これらの例からも分かるように、データを少数の要約統計量で確認するだけでは、データの全体をとらえることができません。データを可視化することでより多くの情報を引き出し、伝えることができるようになるでしょう。

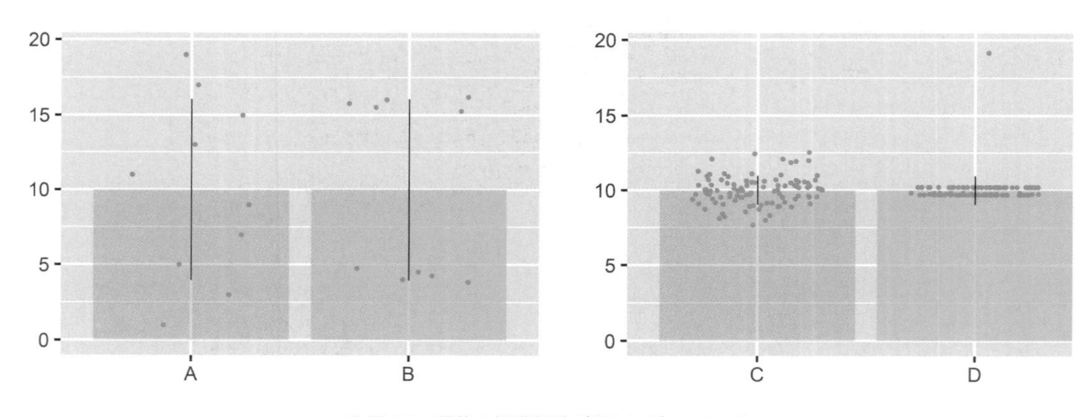

●図4.1　平均と標準偏差が等しいデータセット

注 4.1　Weissgerber, T. L., Milic, N. M., Winham, S. J., & Garovic, V. D.(2015). Beyond bar and line graphs: Time for a new data presentationparadigm. PLoS biology, 13(4), e1002128.

4-2 ggplot2パッケージを用いた可視化

ggplot2は、Grammar of Graphics[注4.2]の思想に基づき可視化を実現するシステムです。Grammar of Graphicsとは、可視化という作業を複数の工程（たとえば、データセットの選別、グラフの選択、データをグラフに割り当てる方法）に分割して考えることを指します。ggplot2では、パズルのようにこれらの工程を部分的に変更でき、同一のデータセットからさまざまなグラフを作り上げることができます。「私は本を買った」という文の主語を変えたり（あなたは本を買った）、動詞を変えたりすることで（私は本を読んだ）、異なる意味の文を作り上げられることをイメージすると分かりやすいでしょう。

さらに前節で例示したように、異なる種類の描画形式（棒＋散布図＋誤差棒）を重ねて描くことも容易に実現できます。なぜなら、各描画形式は独立のレイヤであり、油絵のように、あるいは服を重ね着するように、レイヤを幾重にも重ねることができるからです。

準備

まずはパッケージをロードしましょう。本章で使用するggplot2パッケージも、**tidyverseパッケージ**に内包されています。本書では、執筆時点における最新バージョンである、ggplot2バージョン3.3.3を使用しています。

```
install.packages("tidyverse")
library(tidyverse)
```

以下ではggplot2パッケージに含まれている、mpgというデータセットを用いて説明します。3章でも用いられたデータセットですがあらためて説明すると、このデータセットには、1999年と2008年に製造された、合計234台の車両のデータが格納されています。ggplot2では原則として、データフレームかtibbleで用意されたデータセットを用いる必要があります。

```
# A tibble: 234 x 11                                                    出力
  manufacturer model    displ  year   cyl trans    drv     cty   hwy fl    class
  <chr>        <chr>    <dbl> <int> <int> <chr>    <chr> <int> <int> <chr> <chr>
1 audi         a4         1.8  1999     4 auto(l… f        18    29 p     comp…
2 audi         a4         1.8  1999     4 manual… f        21    29 p     comp…
3 audi         a4         2    2008     4 manual… f        20    31 p     comp…
4 audi         a4         2    2008     4 auto(a… f        21    30 p     comp…
5 audi         a4         2.8  1999     6 auto(l… f        16    26 p     comp…
6 audi         a4         2.8  1999     6 manual… f        18    26 p     comp…
```

注4.2　Wilkinson, L. (2005). The Grammar of Graphics(2nd ed.). Statistics and Computing. New York: Springer.

```
 7 audi         a4         3.1  2008     6 auto(a… f        18     27 p     comp…
 8 audi         a4 quat…   1.8  1999     4 manual… 4        18     26 p     comp…
 9 audi         a4 quat…   1.8  1999     4 auto(l… 4        16     25 p     comp…
10 audi         a4 quat…   2    2008     4 manual… 4        20     28 p     comp…
# … with 224 more rows
```

ggplot2では、上述したようにグラフを構成する要素をパズルのように組み合わせて、1枚の絵を描きます。まずは新しいキャンバスを用意しましょう。

```
g <- ggplot()
```

この下地の上に、グラフのレイヤを重ねていきます。グラフの種類ごとにデータを表現する**geom**という幾何学的オブジェクト（geometric object）が存在し、主に`geom_`から始まる個別の名前が与えられています。データを特定のgeomに渡すと、さながら生地に型を押し当ててクッキーを作るかのように、データがそれぞれのグラフとして表現されます。geomの例を**表4.1**にまとめました。

●表4.1　geomの例

geom	可視化される方法
geom_histogram()	ヒストグラム
geom_bar()	棒グラフ
geom_line()	折れ線グラフ
geom_point()	散布図
geom_boxplot()	箱ひげ図
geom_text()	テキストラベル
geom_errorbar()	誤差棒

図4.1のグラフでは`geom_bar()`で棒グラフを描いた上に、チョコチップをまぶすように`geom_point()`で素データを散布図で表現し、さらにその上から`geom_linerange()`で平均±標準偏差の範囲を示しました。ggplot2には非常に多くのgeomが用意されています。一覧は公式サイト[注4.3]やData Visualization Cheat Sheet[注4.4]を参照してください。

ggplot2では、各レイヤを`+`でつなぐことで、幾重にもレイヤを重ねることができます。コードの途中で改行する場合は、`+`の**あとで**改行することに注意してください。以下2つの記法がありますが、最終的な出力に違いはありません。本章では、前者の記法で解説します。

```
# xxxの箇所には、表4.1のように固有の名前が入る

# 方法1
```

注4.3　URL https://ggplot2.tidyverse.org/reference/index.html

注4.4　URL https://www.rstudio.com/resources/cheatsheets/

```
g <- ggplot() +
  geom_xxx()

# 方法2
g <- ggplot()
g <- g + geom_xxx()

# 出力
print(g)
```

エステティックマッピング

エンジンの大きさdisplに関するデータがどのように分布しているかを、**図4.2左**のようにヒストグラムを描いて確認してみましょう。geom_histogram()で、データのとり得る範囲を任意のbin数（デフォルトでは30）で等分割し、各binに含まれるデータの個数を棒の高さで表現できます。あるいは**図4.2右**のように、geom_density()で分布の形状を滑らかな曲線で表現することもできます。いずれのグラフも、**図4.1**のように要約統計量だけでは分からない分布の違いを教えてくれます。

まず、描画に用いる変数がどのデータセットに含まれているかを、dataという引数に与えます。今回は、data = mpgです。次に、パズルのピースをはめ込むように、データセットの中の変数をX軸やY軸に割り当てます。この作業を**マッピング**と呼びます。マッピングを指定するためには、mapping = aes()という引数を使用します。aes()は**エステティック**（aesthetic）を意味します。どのようなグラフにも、点の大きさはどの程度か、棒の色は何色かなど、"見栄え"を決めるいくつかの特徴があります。これらを総称してエステティックと呼びます。ここでは、エンジンの大きさをX軸にマッピングしましょう。[注4.5]

```
# 左図
ggplot() +
  geom_histogram(data = mpg, mapping = aes(x = displ))

# 右図
ggplot() +
  geom_density(data = mpg, mapping = aes(x = displ))
```

注4.5　本章では可読性の向上のために、ほぼすべての図において、フォントサイズを、デフォルトの設定よりも大きめに表示しています。また、いくつかの散布図においては、点のサイズをデフォルトの設定よりも大きめに表示しています。これらの調整のためのコードは省略しているため、実際の出力は本章の図とわずかに異なります。

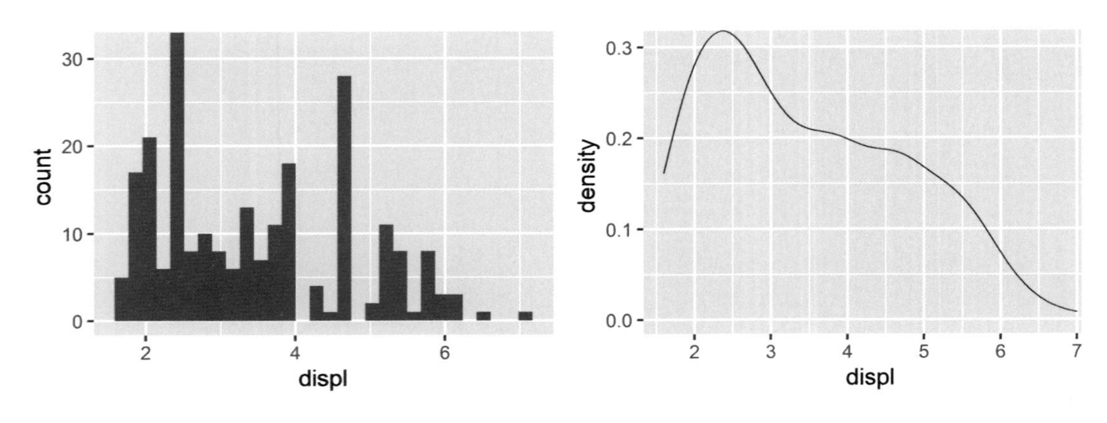

●図4.2　エンジンの大きさに関するデータの分布

上記のgeom_histogram()やgeom_density()では、X軸に変数をマッピングすると、自動的に対応するY軸の値が計算されて描画されるため、aes()内でY軸の変数をz指定する必要がありませんでした。次は、Y軸に任意の変数をマッピングしてみましょう。エンジンの大きさdisplをX軸に、市街地を走行した場合の燃費ctyをY軸にマッピングし、これらの関係を散布図で可視化することにします。以下の**図4.3**のように、エンジンが大きくなるほど燃費が低下する、右肩下がりの傾向が認められます。

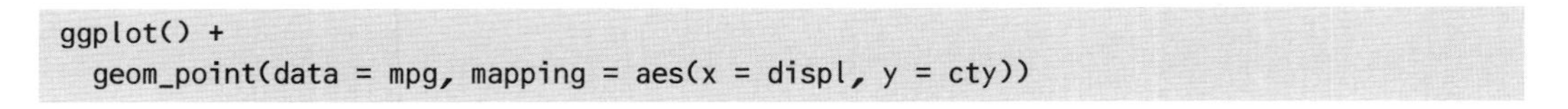

```
ggplot() +
  geom_point(data = mpg, mapping = aes(x = displ, y = cty))
```

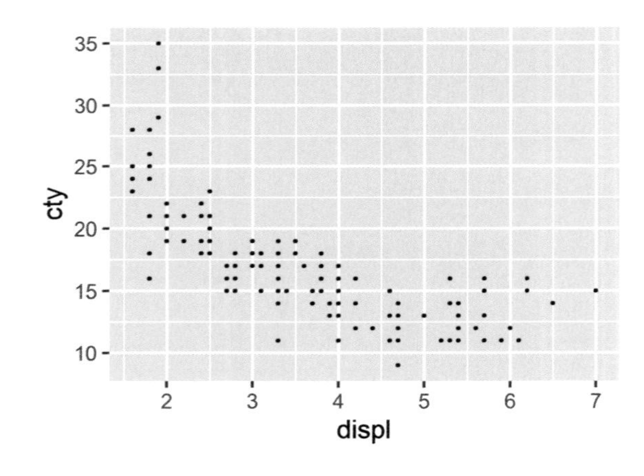

●図4.3　エンジンの大きさと市街地における燃費の関係（散布図）

さらに**図4.4**のようにgeom_smooth()で近似直線を重ねてみると[注4.6]、その傾向が分かりやすく

注4.6　geom_smooth()は任意の関数で平滑化したグラフを描くgeomです。今回はmethod = "lm"により線形モデル（linear model）を指定しているため、近似直線が重畳されました。

なります（直線の周囲に描かれた灰色の帯は、95%信頼区間を表します）。ggplot2ではあとから追加したレイヤほど、より上に重ねられます。したがって**geom_smooth()**は**geom_point()**の上に乗っているため、いくつかの点は直線の背後に隠れています。もしすべての点を明示させたければ、これらのレイヤの順番を逆にしましょう。

```
ggplot() +
  geom_point(data = mpg, mapping = aes(x = displ, y = cty)) +
  geom_smooth(data = mpg, mapping = aes(x = displ, y = cty), method = "lm")
```

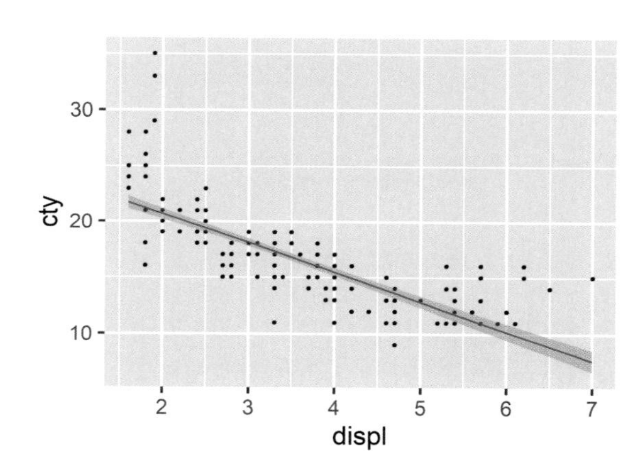

●図4.4　エンジンの大きさと市街地における燃費の関係（散布図＋近似直線）

上記のコードでは、**data = mpg, mapping = aes(x = displ, y = cty)**という部分が複数のレイヤで共通していて、毎回書くのは面倒です。実は以下のように、**ggplot()**内に書いた内容を、全レイヤに継承させることができます。すなわち個々のレイヤでデータやマッピングを省略した場合、**ggplot()**内で指定した内容が自動的に反映されます。データやマッピングをレイヤごとに指定するか、全レイヤに継承させるように指定するかを併用することで、コードの可読性を高めることができます。

```
ggplot(data = mpg, mapping = aes(x = displ, y = cty)) +
  geom_point() +
  geom_smooth(method = "lm")
```

以下の例では、1999年と2008年のデータが別々のデータフレームに格納されています。あらかじめ1つのデータフレームに結合するのも手ですが、マッピングを工夫することで、**図4.5**のようにこれまでと同一の散布図を描くことができます。重ね描きしたことを分かりやすくするため、点の色を黒と赤で区別していますが、色を変更するためのコードはここでは省略しています。

```
# dplyrパッケージのfilter()で、特定の製造年のデータを抽出
mpg1999 <- filter(mpg, year == 1999)
```

```
mpg2008 <- filter(mpg, year == 2008)

ggplot(mapping = aes(x = displ, y = cty)) +
  geom_point(data = mpg1999) +
  geom_point(data = mpg2008)
```

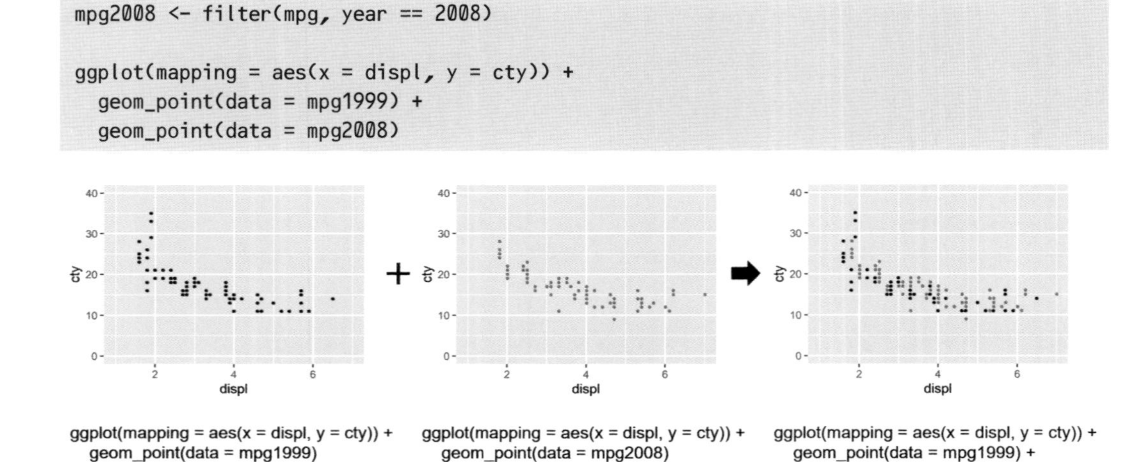

●図4.5　エンジンの大きさと市街地における燃費の関係（2つのレイヤを重ねて表示）

水準ごとの識別1：グループ化

ここまでで、エンジンの大きさと燃費の関係を可視化しました。これら2変数間の関係は、車両の他の特徴によらず認められるのでしょうか。ggplot2では、グループを識別する変数を指定することで、色や形などさまざまなエステティックでデータを識別できます。グループ化する変数をgroupに、色で識別する変数をcolour[注4.7]に指定しましょう。ここではエンジンのシリンダー数cylごとの傾向を色で確認することにします。今回のようにマッピングする変数が両者で一致している場合は、引数groupを省略できます。

デフォルトではシリンダー数は整数型となっているので連続変数とみなされ、**図4.6左**のように水準の違いがグラデーションで表現されます。しかし、mpgデータに含まれるシリンダー数は4, 5, 6, 8の4水準しかないはずなのに、存在しない7という水準まで凡例に表示されてしまいます。factor()を用いてシリンダー数を因子型に変換すると離散変数とみなされ、**図4.6右**のように水準ごとに異なる色が自動で割り当てられます。

```
# 左図
ggplot(data = mpg, mapping = aes(x = displ, y = cty, group = cyl, colour = cyl)) +
  geom_point()

# 右図
ggplot(data = mpg, mapping = aes(x = displ, y = cty, group = factor(cyl), colour = factor(cyl))) +
  geom_point()
```

注4.7　ggplot2ではイギリス式の綴りが使用されているため、「色」はアメリカ式のcolorではなく、イギリス式のcolourと表記されます。同様に、「灰色」はアメリカ式のgrayではなく、イギリス式のgreyと表記されます。ただしアメリカ式の綴りを使用しても、出力結果に違いはありません。本章ではイギリス式の表記で統一することにします。

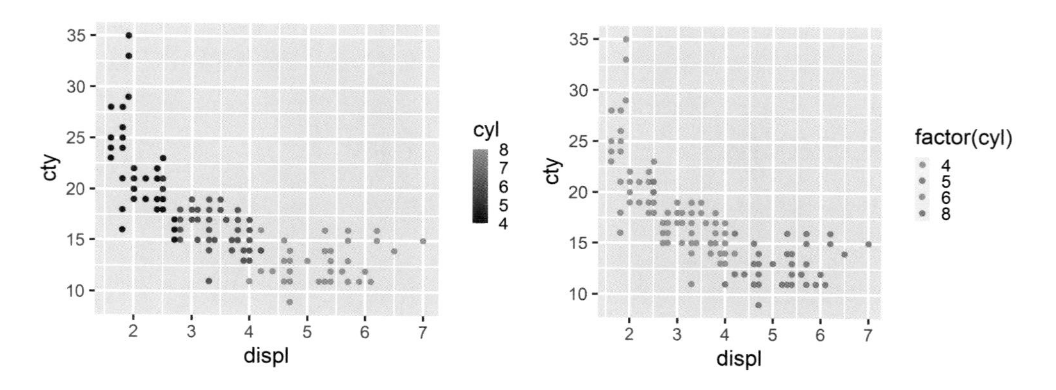

●図4.6　連続／離散変数で色を識別した例

色などのマッピングの方法を変更せずに、グループ化のみを行うこともできます。以下のコードと描画結果を見比べてみてください。**図4.7左**はシリンダー数でグループ化し、各グループに異なる色の近似直線を重ねた場合を表します。**図4.7右**は色の識別はせずにグループ化だけを行い、近似直線を重ねた場合です。

```
# 左図
ggplot(data = mpg, mapping = aes(x = displ, y = cty)) +
  geom_point() +
  geom_smooth(mapping = aes(group = factor(cyl), colour = factor(cyl)), method = "lm")

# 右図
ggplot(data = mpg, mapping = aes(x = displ, y = cty)) +
  geom_point() +
  geom_smooth(mapping = aes(group = factor(cyl)), method = "lm")
```

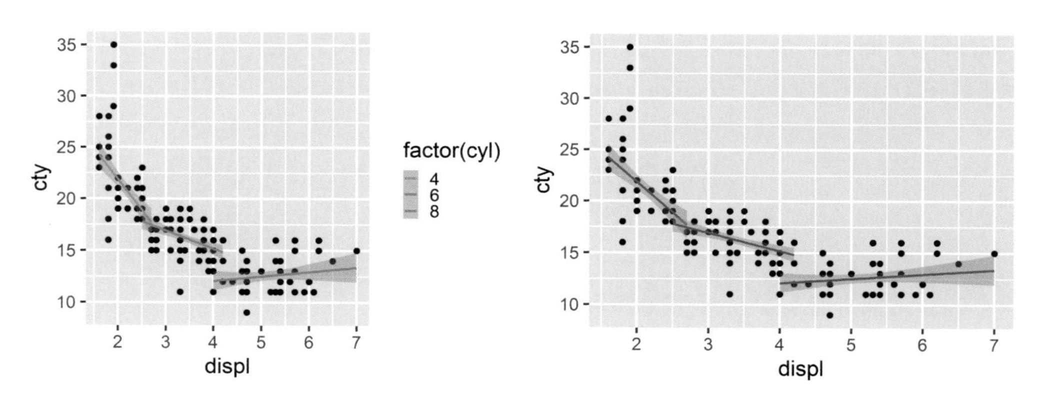

●図4.7　離散変数でグループ分けした例

色の他にも、点の形状`shape`や大きさ`size`、線の種類`linetype`や透過度`alpha`など、さまざまな属性のエステティックがあり、これらを組み合わせて使用することもできます。たとえば以下のように書くことで、シリンダー数を色に加えて形状でも識別したり（**図4.8左**)、近似直線を実線と破線で区別したりすると（**図4.8右**)、モノクロ印刷にも耐えられます。ggplot2ではこのような冗長化も容易に実現できます。

```
ggplot(data = mpg, mapping = aes(x = displ, y = cty)) +
  geom_point(mapping = aes(colour = factor(cyl), shape = factor(cyl)))

# 右図:色(colour)、線の種類(linetype)で識別
ggplot(data = mpg, mapping = aes(x = displ, y = cty)) +
  geom_point() +
  geom_smooth(mapping = aes(colour = factor(year), linetype = factor(year)), method = "lm")
```

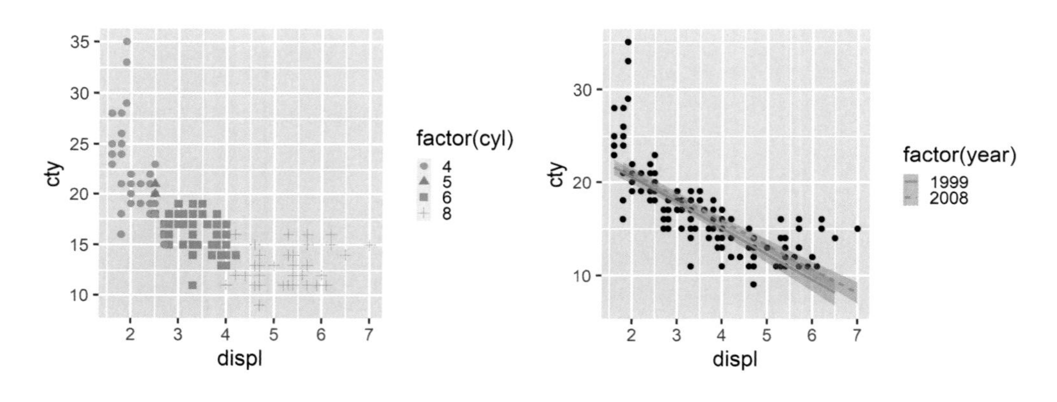

●図4.8　さまざまなエステティックの組み合わせ

なおこれまで例示してきたように、ある変数の水準ごとにエステティックを変更する場合には、`mapping = aes()`の**中で**マッピングを行います。一方、全水準に共通してエステティックを変更する場合は、以下のように`mapping = aes()`の**外で**任意の設定を与えてください。

エンジンの大きさと燃費の関係を散布図で表す際に、**図4.9左**のようにすべての形状を三角形で統一してみましょう。点の形状に関するエステティック`shape`には、対応する0～25の数字が割り当てられています。また、32～127の数字を与えると、**図4.9右**のように図形ではなく文字(ASCII)が散布されます。[注4.8] コンソール上で`?points`と入力して、点の描画に関するヘルプを参照すると、使用可能な数字の詳細を知ることができます。

```
# 左図:色(colour)、形状(shape)、大きさ(size)、透過度(alpha)を変更
ggplot(data = mpg, mapping = aes(x = displ, y = cty, colour = factor(cyl))) +
  geom_point(shape = 17, size = 4, alpha = 0.4)
```

注 4.8　`geom_point(shape = "circle")`や`geom_point(shape = "triangle")`のように、形状を数値ではなく名称で指定することも可能です。詳しくは以下のリンク先を参照してください。URL https://ggplot2.tidyverse.org/articles/ggplot2-specs.html

```
# 右図:色(colour)、形状(shape)、大きさ(size)、線の種類(linetype)を変更
ggplot(data = mpg, mapping = aes(x = displ, y = cty)) +
  geom_point(colour = "chocolate", shape = 35, size = 10) +
  geom_smooth(method = "lm", linetype = "dashed", se = FALSE)
```

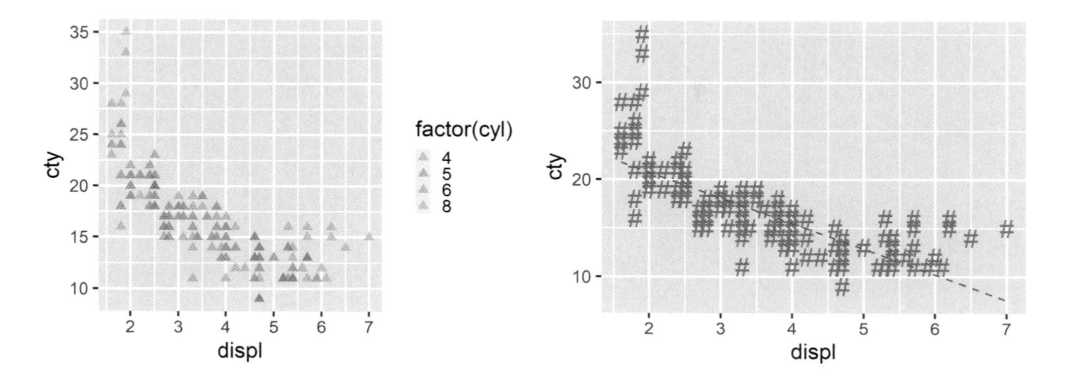

●図4.9 全水準に共通したエステティックの変更

 COLUMN

グラフに肉付けする

冒頭で述べたとおり、ggplot2では原則的に、データフレームやtibbleのデータセットを用いて、その中に含まれている変数をマッピングすることで可視化を実現します。ではたとえば、特定の少数のデータだけを追加したい場合には、どのように対処すればいいのでしょうか。1つの方法は、追加したいデータが格納されたデータフレーム（またはtibble）を作成し、これまでと同様の方法で幾何学的オブジェクト（geom）のレイヤを重ねることです。

しかし、annotationというレイヤを用いることでも、手軽に情報を肉付けすることができます。annotationでは、データをベクトルで指定し、それらのデータを特定のgeomで表現できます。どのgeomを用いるかは、引数geomに指定します。たとえばgeom_point()を使用するなら、引数はgeom = "point"です。以下では、annotationの1つであるannotate()という関数を用いて、特定の3点を赤色の散布図で追加するとともに、geom_text()で指定の位置に注釈を加えています（**図4.10**）。

```
add_x <- c(2.5, 3, 3.5)
add_y <- c(25, 27.5, 30)

# 右図
ggplot(data = mpg, mapping = aes(x = displ, y = cty)) +
  geom_point() +
  annotate(geom = "point", x = add_x, y = add_y, colour = "red") +
  annotate(geom = "text", x = c(5, 5), y = c(30, 25), label = c("要チェック！", "赤色
のデータを追加"))
```

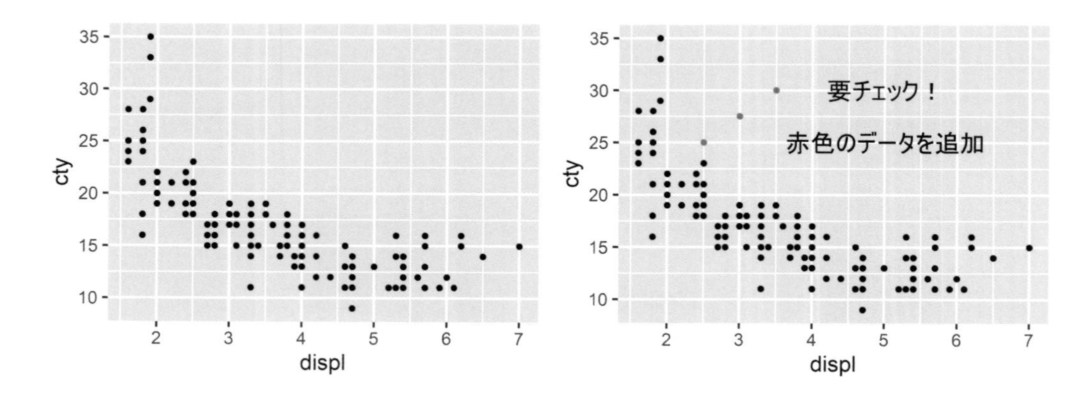

●図4.10　グラフの肉付け

水準ごとの識別2：ファセット

1枚のグラフの中で水準ごとにエステティックを区別する他にも、**ファセット**（facet）という機能により、水準ごとに異なる描画パネルを用意することもできます。`facet_wrap()`や`facet_grid()`の中で、~とともに識別する変数を指定してください。これら2つは、**図4.11**に示すようにパネルの配置方法が異なります。`facet_grid()`の場合は、パネルを横方向に並べるか、縦方向に並べるかを選べます。

いずれの関数を使用する場合でも、~の**左側**に変数を指定した場合には、~の**右側**に`.`を打つことを忘れないようにしてください。

```
# 左図:facet_wrap()
ggplot(data = mpg, mapping = aes(x = displ, y = cty)) +
  geom_point() +
  facet_wrap( ~ cyl)

# 中央:facet_grid()  ※横並び
ggplot(data = mpg, mapping = aes(x = displ, y = cty)) +
  geom_point() +
  facet_grid( ~ cyl)

# 右図:facet_grid()  ※縦並び
ggplot(data = mpg, mapping = aes(x = displ, y = cty)) +
  geom_point() +
  facet_grid(cyl ~ .)
```

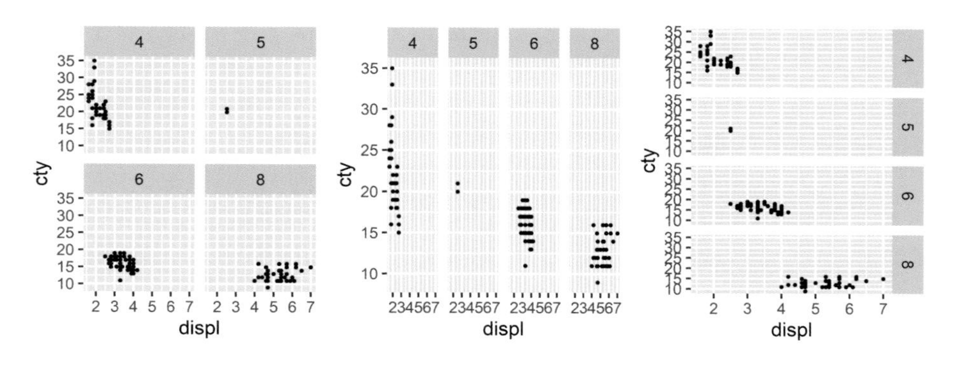

●図4.11 異なるFacet

識別する変数が2つ以上になると、facet_wrap()とfacet_grid()の違いがよく分かります。**図4.12**では、シリンダー数cylと製造年yearの組み合わせごとにパネルを用意しています。facet_wrap()は入れ子構造で、facet_grid()は行列の形でパネルが配置されていることに注目してください。

```
# 左図:facet_wrap()
ggplot(data = mpg, mapping = aes(x = displ, y = cty)) +
  geom_point() +
  facet_wrap(year ~ cyl)

# 右図:facet_grid()
ggplot(data = mpg, mapping = aes(x = displ, y = cty)) +
  geom_point() +
  facet_grid(year ~ cyl)
```

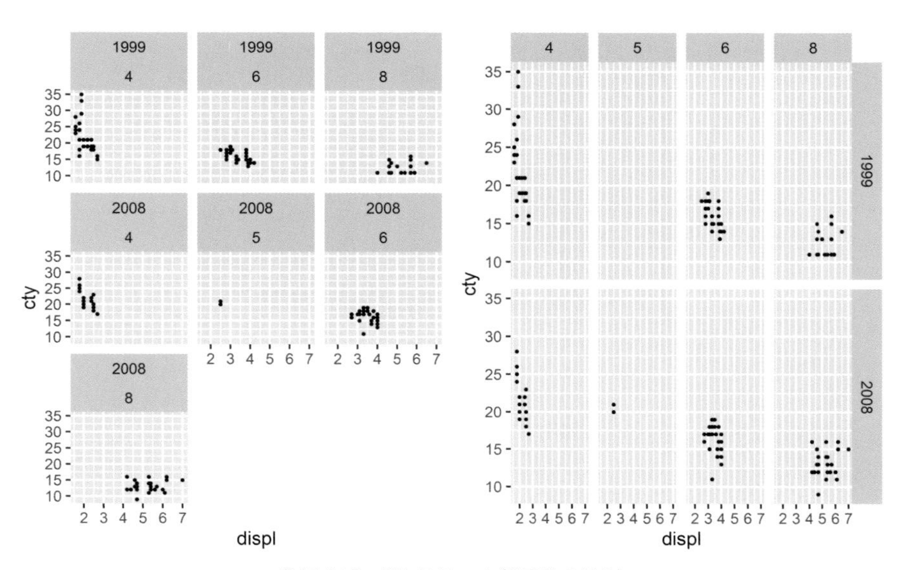

●図4.12 異なるFacet（2変数の場合）

これらの他にも、より複雑な配置を指定する方法や、~を用いずに書く方法も存在しています。詳しくは公式ドキュメント注4.9を参照してください。

統計的処理：stat

前項では、排気量displと市街地における燃費ctyの関係を可視化しました。いずれの変数も連続変数であったため、geom_point()により散布図を作成しました。次は、X軸に離散的な変数をマッピングした場合を考えてみましょう。車種class別に燃費ctyの平均値を算出して、棒グラフで可視化することにします。

1つの方法は、3章で解説したdplyrパッケージのgroup_by()とsummarise()を組み合わせて、以下のように要約後のデータフレームを作成することです。図4.13では、各車種の燃費の平均値を計算し、mean_ctyというオブジェクトに格納しています。

```
# 車種classごとに燃費ctyの平均点数を算出
mean_cty <- mpg %>%
  group_by(class) %>%
  summarise(cty_m = mean(cty))

# 可視化
ggplot(data = mean_cty, mapping = aes(x = class, y = cty_m)) +
  geom_bar(stat = "identity")
```

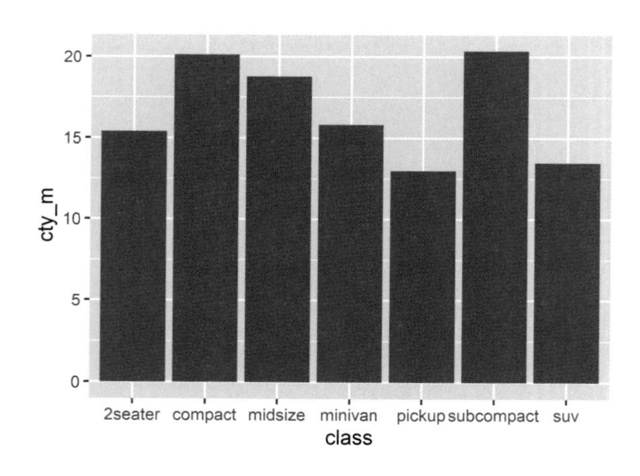

●図4.13　車種別の燃費の平均値

注4.9　URL https://ggplot2.tidyverse.org/reference/facet_wrap.html
URL https://ggplot2.tidyverse.org/reference/facet_grid.html

棒グラフを描くgeom_bar()は、デフォルトでstat = "count"という引数をとっています。コンソールにgeom_barと入力して関数の中身を表示させ、そのことを確かめてみましょう。

```
geom_bar
```

出力

```
function (mapping = NULL, data = NULL, stat = "count", position = "stack",
    ..., width = NULL, na.rm = FALSE, orientation = NA, show.legend = NA,
    inherit.aes = TRUE)
{
    layer(data = data, mapping = mapping, stat = stat, geom = GeomBar,
        position = position, show.legend = show.legend, inherit.aes = inherit.aes,
        params = list(width = width, na.rm = na.rm, orientation = orientation,
            ...))
}
<bytecode: 0x0000000013112b80>
<environment: namespace:ggplot2>
```

geom_bar(stat = "count")の機能は、図4.2左のようなgeom_histogram()と似ており[注4.10]、X軸のみに変数をマッピングすれば、X軸の各水準に該当するデータの個数を、Y軸に表示してくれます。よって上記のコードmapping = aes(x = class, y = cty_m)のように、X軸とY軸の両方に変数をマッピングした状態では、geom_bar(stat = "count")はエラーになります。

今回はデータの個数ではなく値をそのままY軸に表示させたいので、stat = "identity"と変更します[注4.11]。この例からも分かるように、statという引数でデータをどのように統計的に処理するかを指定できます。したがって以下のように、データを平均化する前の素データを用いて、描画過程の中でデータを要約することで、まったく同じグラフを描くことができます。以下のコードでは、stat = "summary"でデータを要約することを指定し、fun = "mean"でY軸の変数にmean()という関数の使用を指定しています。もちろん既存の関数だけでなく、自作した関数も使用できます。

```
ggplot(data = mpg, mapping = aes(x = class, y = cty)) +
  geom_bar(stat = "summary", fun = "mean")
```

あるいはstat_summary()により、データを要約することを前提としたレイヤを重ねることで、同様の結果が得られます。stat = "summary"が不要となった代わりに、要約したデータをどのグラフで描画するかを、引数geomに指定する必要があります。

```
ggplot(data = mpg, mapping = aes(x = class, y = cty)) +
  stat_summary(geom = "bar", fun = "mean")
```

注4.10　似てはいますが同じではありません。geom_bar(stat = "bin")とgeom_histogram()が同じになります。

注4.11　棒グラフだけではなく、実はこれまで用いてきた散布図を描くgeom_point()にも、引数statは存在しています。ただしデフォルトでstat = "identity"の設定になっているので、わざわざ明記する必要がなかったのです。なお、geom_bar(stat = "identity")と同じ働きをするgeom_col()も存在します。

棒グラフには棒の高さを表す単一の値があればいいので、平均値を返すmean()を適用できました。しかし中には、可視化のために複数の値を指定する必要があるグラフも存在します。stat_summary()にデフォルトで設定されているgeom = "pointrange"は、ある値を点で示し、指定された上限と下限まで垂直線を伸ばして区間を示します。以下の**図4.14**では、引数funに平均値を返す関数を与えて点で描画させ、線分の上限を決める引数fun.maxに最大値を返す関数を、線分の下限を決める引数fun.minに最小値を返す関数を指定しています。

```
ggplot(data = mpg, mapping = aes(x = class, y = cty)) +
  # geom = "pointrange"はデフォルトの設定なので省略可能
  stat_summary(geom = "pointrange", fun = "mean", fun.max = "max", fun.min = "min")
```

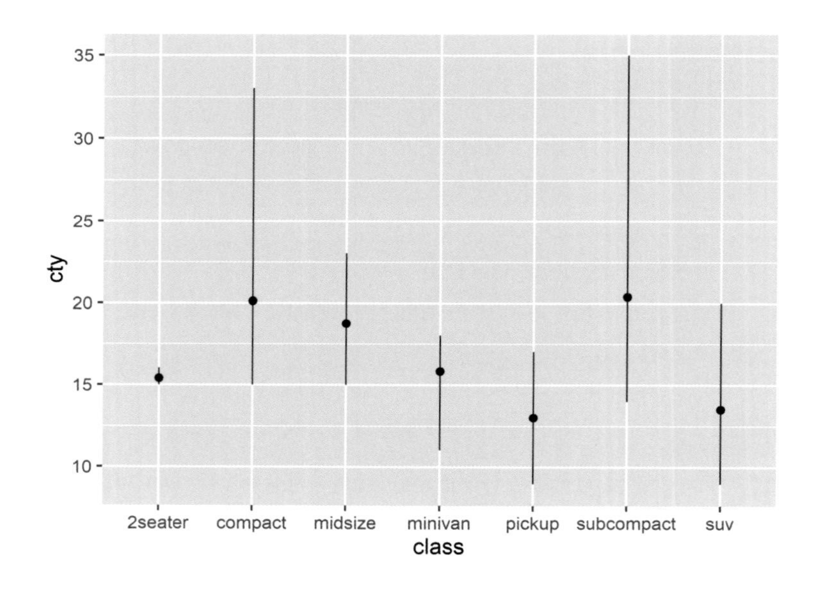

●図4.14 車種別の燃費の平均値とデータの範囲

ggplot2には、あるデータの(1)平均値、(2)特定の下限値、(3)特定の上限値の3つの値を、1つのデータフレームにまとめて返す関数がいくつかあります。たとえばmean_se()という関数は、平均値をy、平均-標準誤差の値をymin、平均+標準誤差の値をymaxという変数に格納した、1行3列のデータフレームを返します。このような関数を用いる場合は、次のようにしてfun.dataという引数に指定します。**図4.15**では、平均値を棒グラフで、平均±標準誤差の範囲を垂直線で表しています。

```
mean_se(mpg$cty)
```

出力
```
         y     ymin     ymax
1 16.85897 16.58075 17.13719
```

```
ggplot(data = mpg, mapping = aes(x = class, y = cty)) +
  stat_summary(geom = "bar", fun = "mean", fill = "grey") +
  # geom = "pointrange"はデフォルトの設定なので省略可能
  stat_summary(geom = "pointrange", fun.data = "mean_se")
```

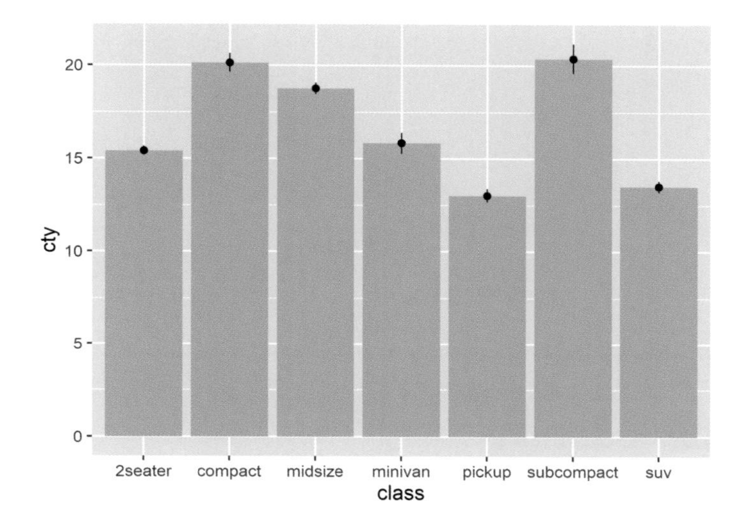

●図4.15 車種別の燃費の平均値と標準誤差

X軸に離散変数をマッピングした場合における折れ線グラフ

少し特殊な用例を紹介します。上述のとおり、mpgデータには1999年と2008年における車両の製造データが含まれています。この期間に、エンジンの大きさは平均的にどの程度変化したのでしょうか。時間的な推移を可視化する場合は、折れ線グラフが適しています（今回は2時点しかありませんが……）。ところが以下のようにコードを書いても、“Each group consists of only one observation. Do you need to adjust the group aesthetic?” という、X軸に離散変数がマッピングされていることを警告するエラーメッセージが出て実行されません。

```
ggplot(data = mpg, aes(x = factor(year), y = displ)) +
  stat_summary(fun = "mean", geom = "line")
```

この場合はgroup = 1を指定することで、図4.16のように折れ線を表示できます。

```
ggplot(data = mpg, mapping = aes(x = factor(year), y = displ)) +
  stat_summary(fun = "mean", geom = "line", group = 1)
```

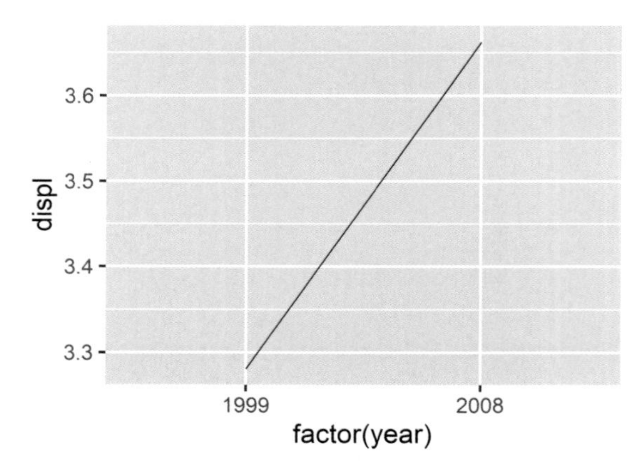

●図4.16　X軸に離散変数をマッピングした場合における折れ線グラフ

配置の指定：position

前項までは、「どのような値を可視化するか」について説明してきました。本項では「どこに可視化するか」を説明します。車種classごとの燃費の平均値を表す棒グラフの上に、要約前の素のデータを重ねてみましょう。geom_point()で散布図のレイヤを重ねると、**図4.17左**のようになります。mpgデータには234台の車両のデータが含まれていたはずですが、点の数は一致しません。これは、geom_point()の中身を見ると明らかなように、配置を決める引数positionがデフォルトでposition = "identity"という設定になっていることに起因します。

```
geom_point
```

```
function (mapping = NULL, data = NULL, stat = "identity", position = "identity",
    ..., na.rm = FALSE, show.legend = NA, inherit.aes = TRUE)
{
    layer(data = data, mapping = mapping, stat = stat, geom = GeomPoint,
        position = position, show.legend = show.legend, inherit.aes = inherit.aes,
        params = list(na.rm = na.rm, ...))
}
<bytecode: 0x00000000012157b40>
<environment: namespace:ggplot2>
```
出力

X軸上の配置が忠実に守られているため、似た値のデータが重なって表示されており、一見するといくつかのデータが消えてしまったように見えます。geom_violin()でヴァイオリンプロットを描いてみると、**図4.17右**のように点が密集している位置がよく分かります。ヴァイオリンプロットとは、**図4.17右**のようにgeom_density()で描けるデータの分布を背中合わせに貼り合わせたもので、データの分布形状を把握するのに役立ちます。さらにヴァイオリンプロットは、面積にも情報を持たせることができます。デフォルトでは`scale = "area"`という引数が設定されており、データの数によらず面積が同じになるように描画されますが、以下のように`scale = "count"`とすると、データの数を面積に反映させることができます。なお`show.legend = FALSE`は、各geomに備わっている、凡例を表示させないための引数です。

```
# 左図
ggplot(data = mpg, mapping = aes(x = class, y = cty)) +
  stat_summary(geom = "bar", fun = "mean") +
  geom_point(mapping = aes(colour = class), show.legend = FALSE)

# 右図
ggplot(data = mpg, mapping = aes(x = class, y = cty)) +
  geom_violin(scale = "count") +
  geom_point(mapping = aes(colour = class), show.legend = FALSE)
```

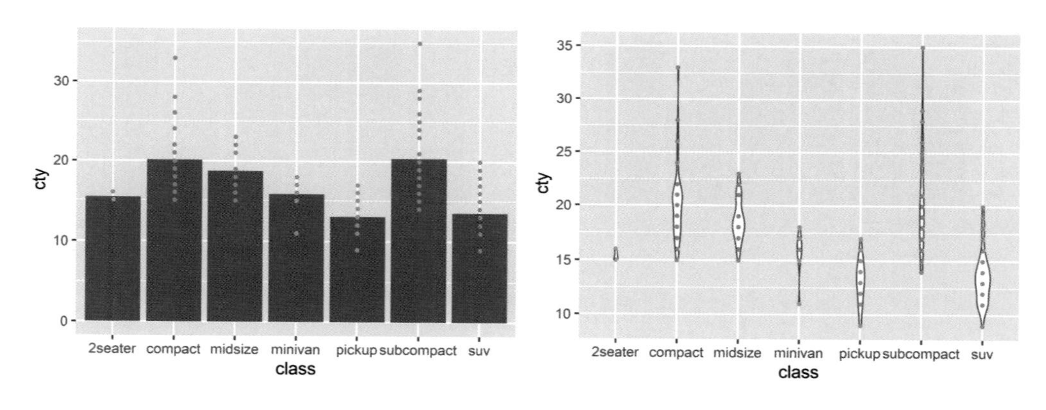

図4.17　車種別の燃費の平均値と素データ

重なりを防ぎ、すべての点を明示させたい場合には、`position = position_jitter()`と変更することにより、**図4.18**のように点をランダムに散らすことが有効です。あるいは、描画位置を散らした散布図を直接出力するgeomである、`geom_jitter()`を使用するといいでしょう。垂直方向と水平方向の散らばり度合は、それぞれ引数`height`と`width`に指定できます。あまり散らばりを大きくすると、元々どこに描画されるはずだったデータなのかが分かりにくくなるため、注意してください。データにもよりますが、指定する数値は最大でも0.5未満が望ましいでしょう。散らばり方は描画するたびにランダムに変わりますが、`position = position_jitter(seed = 123L)`のように[注4.12]、乱数のシード（seed）を指定すると、散らばり方を再現できます。

注4.12　`seed = 123`でも問題ありません。数字の末尾に「L」を付けるのは、整数であることを明示するためです。

```
# 左図:デフォルトの散らばりの設定
ggplot(data = mpg, mapping = aes(x = class, y = cty)) +
  stat_summary(geom = "bar", fun = mean) +
  geom_point(mapping = aes(colour = class),
             position = position_jitter(),
             show.legend = FALSE)

# 右図:水平方向のみ散らばりを与える
ggplot(data = mpg, mapping = aes(x = class, y = cty)) +
  stat_summary(geom = "bar", fun = mean) +
  geom_point(mapping = aes(colour = class),
             position = position_jitter(width = 0.2, height = 0, seed = 123L),
             show.legend = FALSE)
```

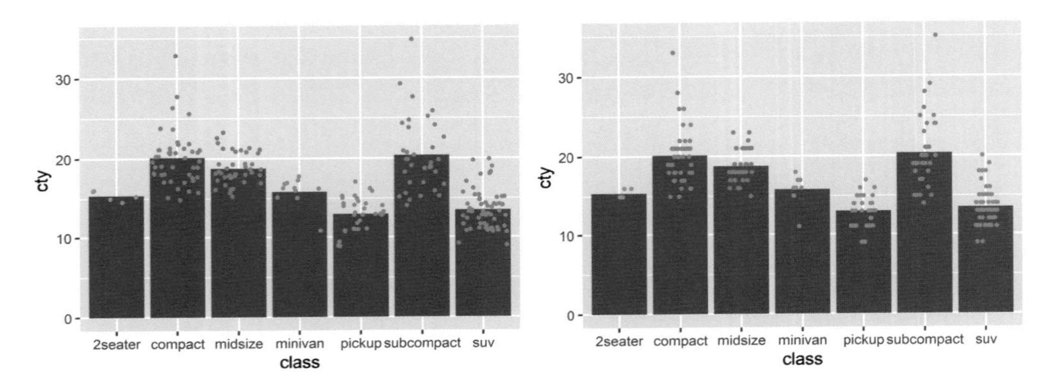

●図4.18　車種別の燃費の平均値と素データ（描画位置を散らした場合）

複数の水準の組み合わせを表現する場合には特に、positionの設定に注意してください。たとえば、車種と製造年の組み合わせ別に、市街地における燃費の平均値を棒グラフで表現してみましょう。製造年yearを引数fillにマッピングして、塗りつぶす色を変えてみます。

要約した値を描画するstat_summary()には、デフォルトではposition = "identity"という引数が与えられているため、stat_summary(geom = "bar", fun = "mean")という書き方をすると、**図4.19左**のようにいずれの製造年の棒も同じ位置に重ねられて表示されます。一方、棒グラフを出力するgeom_bar()には、デフォルトではposition = "stack"という引数が与えられているため、geom_bar(stat = "summary", fun = "mean")という書き方をすると、**図4.19中央**のように積み上げられて表示されます。今回は**図4.19右**のように、各棒を水平方向に並べて配置した方が分かりやすいので、引数をposition = position_dodge()と修正します。

```
# 左図:デフォルトのposition = "identity"
ggplot(data = mpg, mapping = aes(x = class, y = cty, fill = factor(year)))+
  stat_summary(geom = "bar", fun = "mean")+
  stat_summary(fun.data = "mean_se")
```

```
# 中央:position = "stack"
ggplot(data = mpg, mapping = aes(x = class, y = cty, fill = factor(year)))+
  geom_bar(stat = "summary", fun = "mean")+
  stat_summary(fun.data = "mean_se")

# 右図:position = "dodge"
ggplot(data = mpg, mapping = aes(x = class, y = cty, fill = factor(year)))+
  stat_summary(geom = "bar", fun = "mean", position = position_dodge())+
  stat_summary(fun.data = "mean_se", position = position_dodge(width = 0.9))
```

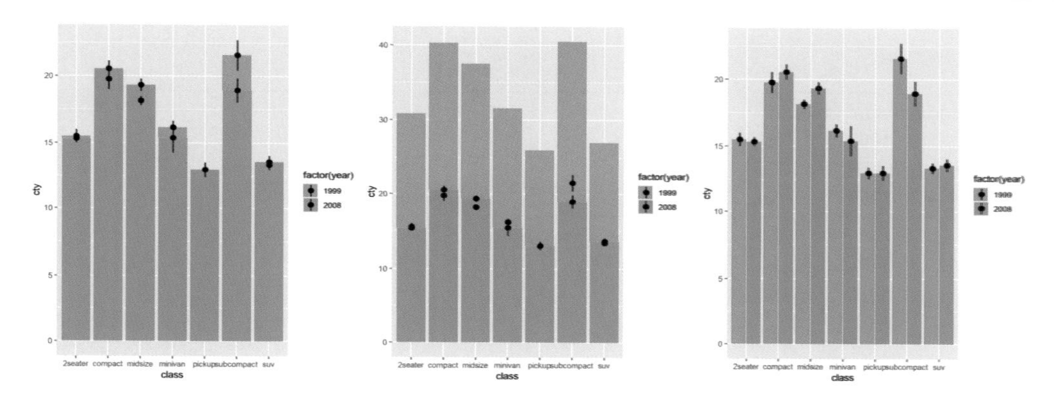

●図4.19　各製造年における車種別の燃費の平均値

positionの一覧を表4.2にまとめました。position = position_dodge()の代わりにposition = "dodge"のように略記を使用することも可能です。ただし略記した場合には、各positionのデフォルトの設定が適用されます。たとえばposition = "jitter"なら、position = position_jitter(width = 0.4, height = 0.4)の設定を受け入れることになります。もし任意の設定を行いたい場合には、略記を用いずに、上記のposition = position_dodge(width = 0.9)のように書いてください[注4.13]。

●表4.2　positionの一覧

position	略記	配置方法
position_identity	“identity”	配置を調整しない
position_dodge	“dodge”	横方向に並べる
position_stack	“stack”	奥行方向に並べる，または積み上げる（statにより変わる）
position_nudge	“nudge”	任意の程度，水平・垂直方向に位置をずらす
position_fill	“fill”	100%積み上げ
position_jitter	“jitter”	ランダムに配置を散らす
position_jitterdodge	“jitterdodge”	“jitter”と“dodge”の効果を併せ持つ

注4.13　図4.19右のコードでは（position = "dodge"）、なぜ2行目の引数はposition = position_dodge()でよく、なぜ3行目の引数はposition = position_dodge(width = 0.9)になるのでしょうか。これは、2行目ではgeom_bar()、3行目ではgeom_pointrange()という異なる幾何学的オブジェクトが使用されており、これらの幅（width）が異なるため、一方（今回はgeom_bar()）に合わせる必要があるからです。詳しくは、コンソールで?position_dodgeと入力し、Examples欄の解説をご参照ください。

COLUMN

position_dodge()とposition_dodge2()

以下のようなサンプルデータを用意しました。カテゴリーAの車両は1999年に8万台、2008年に12万台の売り上げがあり、カテゴリーBの車両は1999年に10万台の売り上げがあった、というような例です。

```
dodge_sample <- data.frame(category = c("A", "A", "B"),
                           year = as.factor(c(1999, 2008, 1999)),
                           amount = c(8, 12, 10))

dodge_sample
```

出力
```
  category year amount
1        A 1999      8
2        A 2008     12
3        B 1999     10
```

このサンプルデータには、カテゴリーBの車両が2008年に売り上げた台数が記録されていません。第3章でも説明した、暗黙の欠損値です。そのため、棒グラフを描くと以下の図4.20のようになってしまいます。

```
ggplot(data = dodge_sample, mapping = aes(x = category, y = amount, fill = year)) +
  # geom_bar(stat = "identity", position = position_dodge())と同じ
  geom_col(position = position_dodge())
```

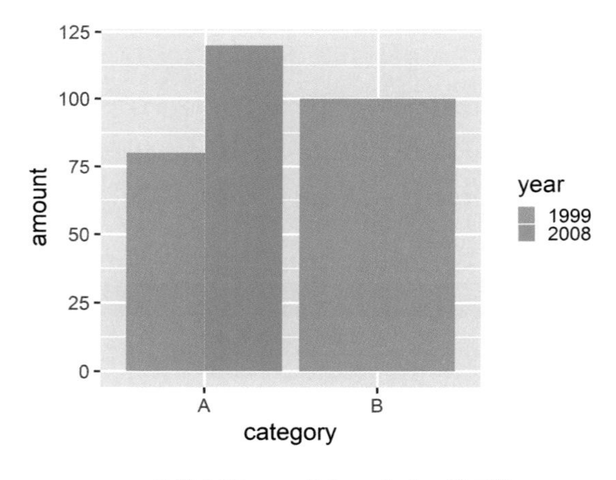

●図4.20　position_dodge()の例

これはなぜかというと、position_dodge()のデフォルトの引数がpreserve = c("total", "single")となっており、X軸のある水準における全要素(total)の合計分の幅が確保されているからです。つまり、カテゴリーAにおける1999年と2008年の棒の幅の合計が、カテゴリーBに確保される幅と一致するので、カテゴリーBでは幅広の棒が1本存在することになるのです。

第3章で紹介した方法を用いて、暗黙の欠損値を補完しても構いませんが、ggplot2のシステム内で対応することも可能です。水準の組み合わせが存在しない場合があっても気にせず、すべての個別の要素（single）の幅を揃えたければ、position_dodge(preserve = "single")と引数を変更しましょう。水準の組み合わせが存在しない場所が、空白になりました（図4.21左）。なお、position_dodge2()という関数も存在しますが、この関数を用いた場合には、存在する水準が中央に配置されるようになります（図4.21右）。また、position_dodge2()にはpaddingという引数が追加されており、棒同士の間にスペースを空けることができます（デフォルトは0.1）。

```
# 左図:position_dodge()
ggplot(data = dodge_sample, mapping = aes(x = category, y = amount, fill = year)) +
  geom_col(position = position_dodge(preserve = "single"))

# 右図:position_dodge2()
ggplot(data = dodge_sample, mapping = aes(x = category, y = amount, fill = year)) +
  geom_col(position = position_dodge2(preserve = "single", padding = 0.1))
```

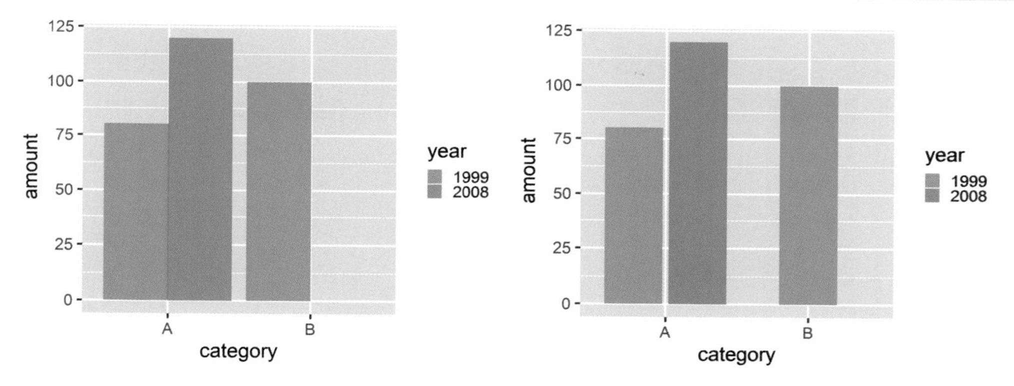

●図4.21　position_dodge()とposition_dodge2()の比較

軸の調整

ggplot2ではデータやグラフに応じて、X軸やY軸の表示範囲が自動的に調整されます。たとえば**図4.5**では、X軸とY軸にマッピングした変数は同じにもかかわらず、1999年と2008年で値が異なるため、X軸とY軸の表示範囲が異なっています。しかし、任意の表示範囲を指定したい場合もあるでしょう。たとえば「1：ほとんど当てはまらない」から「7：非常に当てはまる」までの7段階で回答されたアンケートの得点を可視化する際は、Y軸の下限は0ではなく1にした方が分かりやすいかもしれません。

ggplot2では、主に以下のいずれかの方法で軸を調整します。

- 一特定の範囲を切り出す
- 特定の範囲を拡大表示する

特定の範囲を切り出す

ふたたび、エンジンの大きさと燃費の関係を散布図と近似直線で表してみます。geom_vline()でX軸の値が4の位置に垂直線を、geom_hline()でY軸の値が15の位置に水平線を引きます。**図4.22左**を見ると、近似直線は、これらの交点の少し上で垂直線と交わっていることが分かります。

それでは次に、xlim()でX軸の表示範囲を1.5 ～ 4.5に、ylim()でY軸の表示範囲を10 ～ 35に変更してみましょう。すると**図4.22右**のように近似直線の傾きが変わり、交点の少し下で垂直線と交わるようになりました。これは、xlim()やylim()によって切り出された特定の範囲のデータから、近似直線が再計算されたためです。

```
# 左図:デフォルトの範囲
ggplot(data = mpg, mapping = aes(x = displ, y = cty)) +
  geom_point() +
  geom_vline(xintercept = 4) +
  geom_hline(yintercept = 15) +
  geom_smooth(method = "lm", se = FALSE)

# 右図:X軸、Y軸の特定の範囲を切り出した場合
ggplot(data = mpg, mapping = aes(x = displ, y = cty)) +
  geom_point() +
  xlim(1.5, 4.5) +
  ylim(10, 35) +
  geom_vline(xintercept = 4) +
  geom_hline(yintercept = 15) +
  geom_smooth(method = "lm", se = FALSE)
```

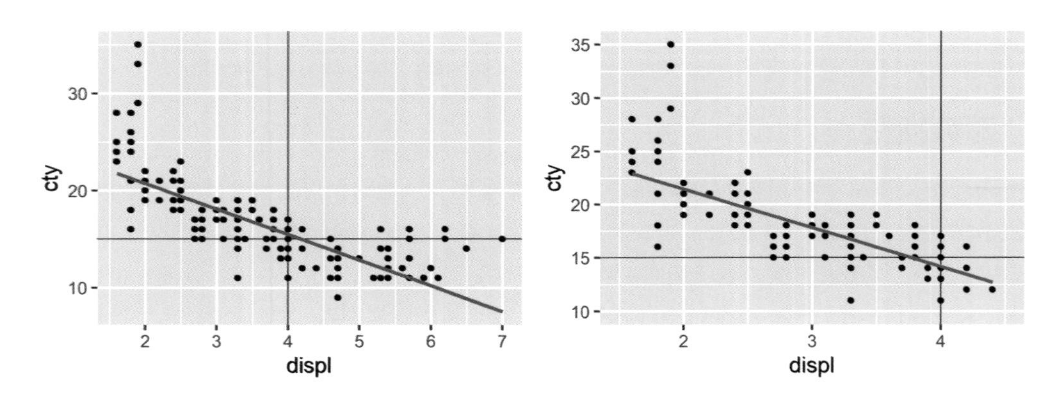

●図4.22　特定の範囲の切り出し

特定の範囲を拡大表示する

coord_cartesian()を用いると、**特定の範囲を拡大表示**できます。以下のようにして描いた**図4.23**の左右の図を見比べてみましょう。右図ではX軸とY軸の表示範囲が変わったのに、各点と近似直線の位置関係が保持されています。これは、coord_cartesian()は特定の範囲を拡大表示しただけで、全データが保持されているためです。

```
# 左図:デフォルトの範囲
ggplot(data = mpg, mapping = aes(x = displ, y = cty)) +
  geom_point() +
  geom_vline(xintercept = 4) +
  geom_hline(yintercept = 15) +
  geom_smooth(method = "lm", se = FALSE)

# 右図:X軸、Y軸の特定の範囲を拡大表示した場合
ggplot(data = mpg, mapping = aes(x = displ, y = cty)) +
  geom_point() +
  coord_cartesian(xlim = c(1.5, 4.5), ylim = c(10, 35)) +
  geom_vline(xintercept = 4) +
  geom_hline(yintercept = 15) +
  geom_smooth(method = "lm", se = FALSE)
```

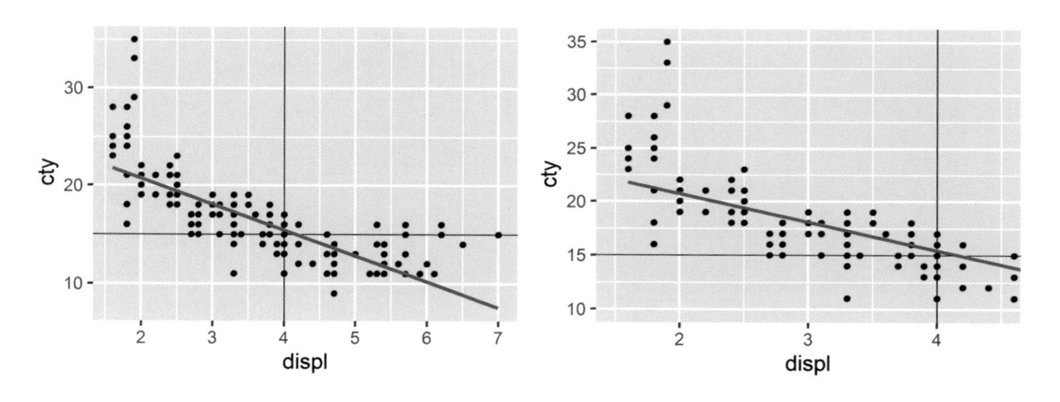

●図4.23 特定の範囲の拡大表示

今回例示した近似直線だけでなく、ヴァイオリンプロットのようにデータ全体を用いて描画を行うgeomを使用する場合や、stat_summary()で全データを要約する場合においても、特定の範囲を切り出すか拡大表示するかの違いが出力に影響するため、注意してください。特定の範囲を切り出した結果、削除されたデータが存在する場合には、「Removed ○○ rows」のような警告メッセージが表示されます。

X軸とY軸を入れ替える

このほかにもggplot2には、さまざまな用途に応じて軸を調整するためのしくみ（Coordinate

systems）が用意されています。たとえば`coord_flip()`を追記すると、以下の**図4.24右**のようにX軸とY軸が入れ替わります。上述のとおり、ヴァイオリンプロットの形状はデータの分布を表しているため、このように配置させると、**図4.2右**のように`goem_density()`を用いて分布を描画した場合と対応します。

あるいは`coord_flip()`を用いずとも、`mapping = aes(x = cty, y = drv)`のように、X軸とY軸にマッピングする変数を入れ替えるだけでも、同様の結果が得られます。

```
# 左図
ggplot(data = mpg, mapping = aes(x = drv, y = cty)) +
  geom_violin() +
  stat_summary(fun.data = "mean_se")

# 右図:X軸とY軸を反転
ggplot(data = mpg, mapping = aes(x = drv, y = cty)) +
  geom_violin() +
  stat_summary(fun.data = "mean_se") +
  coord_flip()
```

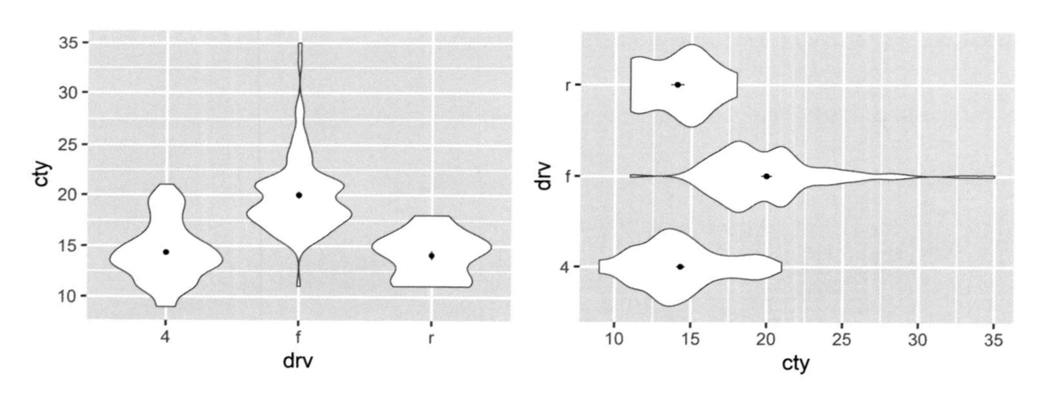

●図4.24　X軸とY軸の入れ替え

ほかにも軸を調整できる関数が用意されているので、データの特性や可視化の目的に応じて、使い分けてみてください。

グラフの保存

RStudioを用いると、作成したグラフをさまざまな方法で保存／利用できます。**図4.25**のようにPlotsペインの[Export]ボタンを押すと、さまざまな画像フォーマットやPDF形式で保存したり、クリップボードに格納できたりします。

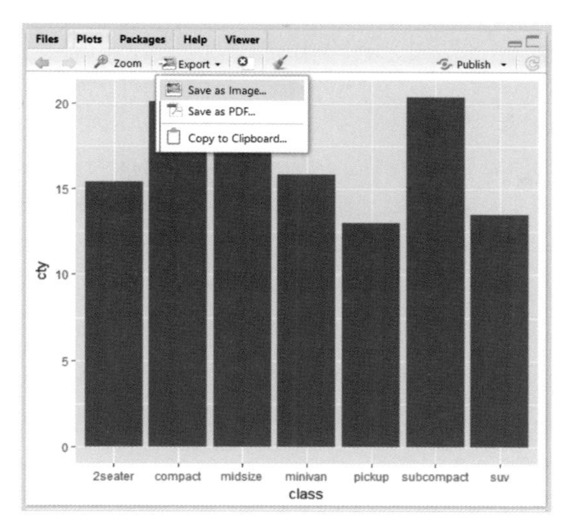

図4.25　RStudioでグラフを保存する方法

しかし**ggsave()**を使えば、より詳細な設定を行った上でグラフを保存できます。以下の例では、解像度（dpi）を300で、縦横20cmの大きさで、「cty_class」というファイル名を付けて、PNG形式で保存しています。このように、保存形式はファイル名の拡張子から自動で判断されます。その他にもラスタ形式（例：PNG、BMP、TIFF）やベクタ形式（例：SVG、EPS）のさまざまなファイル形式に対応しているので、状況に応じて適切な保存方法を選ぶことができます。

```
g <- ggplot(data = mpg, mapping = aes(x = class, y = cty)) +
  stat_summary(geom = "bar", fun = "mean")

ggsave(plot = g, filename = "cty_class.png",
       dpi = 300, height = 20, width = 20, units = "cm")
```

4-3 他者と共有可能な状態に仕上げる

これまで示してきたように、ggplot2では手軽にさまざまな種類のグラフを作成できます。なかでも水準ごとに自動で配色を割り当てる機能は、可視化の効率化に大きく貢献しています。一方で、配布資料や印刷物でグラフを示す場合には、モノクロやグレースケールが望ましいことも多いでしょう。本節では、出版物などで他者と共有可能な状態に仕上げる方法を例示します。

theme の変更

ggplot2のグラフの背景は、デフォルトでは白色の目盛線が付いた灰色の背景です。背景や目盛の色、ラベルなどの見栄えに関わる設定をテーマ（theme）と呼びます。ggplot2にはさまざまな「見栄えのテンプレート」が用意されており、いずれもtheme_から始まる名前が付けられています。ggplot2のグラフは、デフォルトでtheme_grey()が適用された結果、灰色の背景に白色の目盛線が重ねて描かれているのです。

ところが、このようなデフォルトの設定が望ましくない場合もあるでしょう。たとえば、公益社団法人日本心理学会が公開している、論文執筆におけるガイドライン「日本心理学会　執筆・投稿の手びき」に掲載されているグラフの例では[注4.14]、いずれも背景は真っ白で、X軸とY軸のみが黒色で描かれています。このようなテーマに変更するためには、theme_classic()が適しています。目盛り線を残したければtheme_bw()もいいでしょう。**図4.26左**が白い背景のテーマを適用したグラフで、**図4.26右**が白い背景に薄く目盛り線を追加したテーマのグラフです。

```
# 左図
ggplot(data = mpg, mapping = aes(x = displ, y = cty)) +
  theme_classic() +
  geom_point()

# 右図
ggplot(data = mpg, mapping = aes(x = displ, y = cty)) +
  theme_bw() +
  geom_point()
```

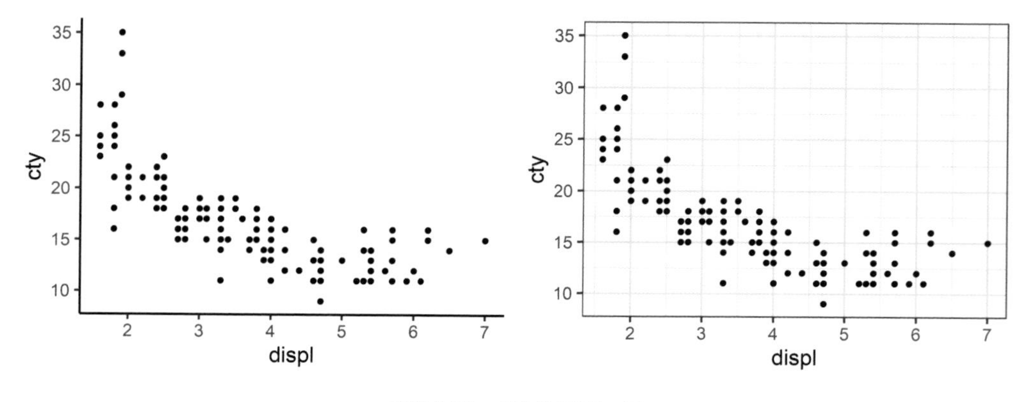

●図4.26　さまざまなテーマ

注4.14　URL https://psych.or.jp/publication/inst/

文字サイズやフォントの変更

背景のテーマを変更すると同時に、文字サイズやフォントを変更できます[注4.15]。theme_classic()の中でbase_size = 30, base_family = "serif"のように指定することで、図4.27のようなグラフを描画できます。グラフ内のあらゆる文字に変更が反映されることに注意してください。

```
# 左図:デフォルトの文字サイズとフォント
ggplot(data = mpg, mapping = aes(x = displ, y = cty)) +
  theme_classic() +
  geom_point()

# 右図:文字サイズとフォントを変更
ggplot(data = mpg, mapping = aes(x = displ, y = cty)) +
  theme_classic(base_size = 30, base_family = "serif") +
  geom_point()
```

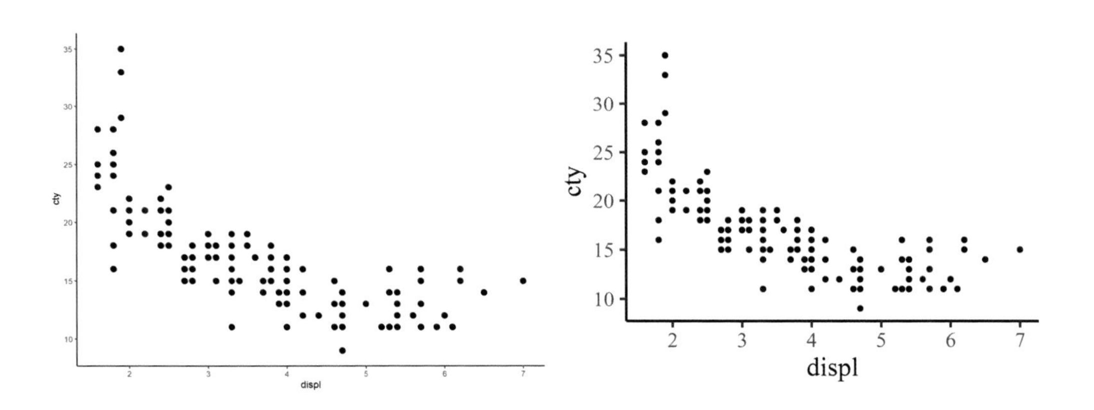

●図4.27 文字サイズとフォントを変更

ただし、ここで変更されるフォントと、geom_text()やgeom_label()で表示されるフォントは、連動していないことに注意してください。以下のサンプルデータを用いて例示します。

```
dat_text <- data.frame(ABC = 1:3, D = 2, names = LETTERS[1:3]) # サンプルデータ

dat_text
```

出力

```
  ABC D names
1   1 2     A
```

注4.15 macOSでは、グラフ内に日本語を表示させたいときに、文字化けしてしまうことがあるようです。対処方法の1つは、base_family = "HiraKakuPro-W3"のように、フォントファミリーを指定することです。しかしRStudio version 1.4以降では、メニューバーの「Tools」から「Global Options…」を選び、一番上の「General」の中で「Graphics」のタブを選び、「Backend」の中で「AGG」というグラフィックデバイスを指定すると、特にフォントファミリーを指定せずとも日本語が正しく表示されるようです。

```
2   2 2    B
3   3 2    C
```

theme_classic()の中でフォントサイズやフォントファミリーを変更しているのに、**図4.28左**ではgeom_text()で描画された文字にそれらが反映されていません。フォントサイズやフォントファミリーを変更するためには、geom_text()やgeom_label()の中で、引数sizeやfamilyを指定する必要があります（**図4.28右**）。

```
# 左図
ggplot(data = dat_text, mapping = aes(x = ABC, y = D, label = names)) +
  theme_classic(base_size = 20, base_family = "serif") +
  geom_text()

# 右図
ggplot(data = dat_text, mapping = aes(x = ABC, y = D, label = names)) +
  theme_classic(base_size = 20, base_family = "serif") +
  geom_text(size = 15, family = "serif")
```

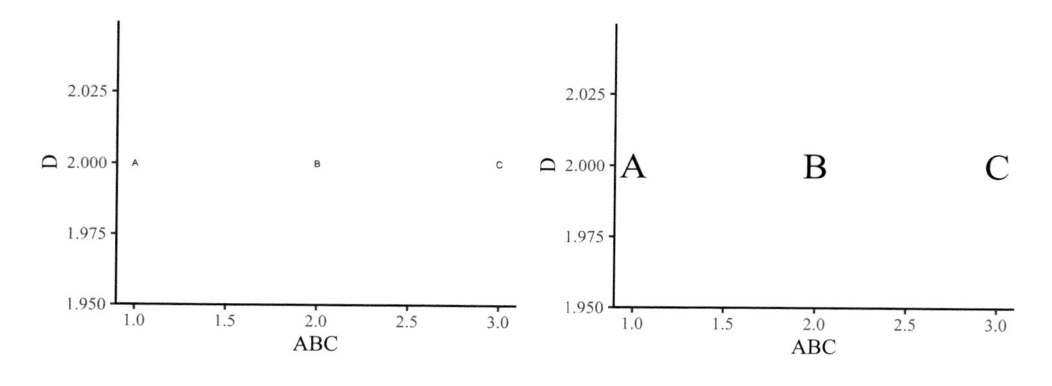

●図4.28　geom_text()やgeom_label()でフォントを変更

実はtheme_grey()やtheme_bw()などのテンプレートの内部では、theme()という関数により、軸や背景、文字などに関して、詳細な設定が行われています。コンソールに以下を入力して、theme_bw()の設定を確認してみましょう。

```
theme_bw
```

出力

```
function (base_size = 11, base_family = "", base_line_size = base_size/22,
    base_rect_size = base_size/22)
{
    theme_grey(base_size = base_size, base_family = base_family,
        base_line_size = base_line_size, base_rect_size = base_rect_size) %+replace%
        theme(panel.background = element_rect(fill = "white",
```

```
            colour = NA), panel.border = element_rect(fill = NA,
            colour = "grey20"), panel.grid = element_line(colour = "grey92"),
            panel.grid.minor = element_line(size = rel(0.5)),
            strip.background = element_rect(fill = "grey85",
                colour = "grey20"), legend.key = element_rect(fill = "white",
                colour = NA), complete = TRUE)
}
<bytecode: 0x00000000173a92a0>
<environment: namespace:ggplot2>
```

デフォルトではフォントサイズは11に設定されていることが分かります。また、theme_grey()の設定を基本としながらも、一部の設定はtheme_bw()独自に変更していることも分かります。これらの出力を参考に、ユーザが独自のテーマを作成できます。またtheme_set()を用いることで、theme_set(theme_bw())のように、デフォルトのテーマをユーザが任意に上書きできます。

したがってtheme()を明記すれば、軸や背景、文字などに関して、既存のテンプレートの見栄えを事細かに変更することもできます。たとえば、X軸の各水準のラベル名が長いときに、ラベル同士が重なってしまうことがあります。このような場合にはtheme(axis.text.x = element_text(angle = 45, hjust = 1))と追記すると、ラベルを45度傾けて重複を防ぐことができます（図4.29）。

```
# 左図:X軸ラベルの回転
ggplot(data = mpg, mapping = aes(x = class, y = cty)) +
  geom_boxplot() +
  theme(axis.text.x = element_text(angle = 45, hjust = 1))

# 右図:デフォルトのテーマの上書き
theme_set(theme_bw() + theme(axis.text.x = element_text(angle = 45, hjust = 1)))

ggplot(data = mpg, mapping = aes(x = class, y = cty)) +
  geom_boxplot()
```

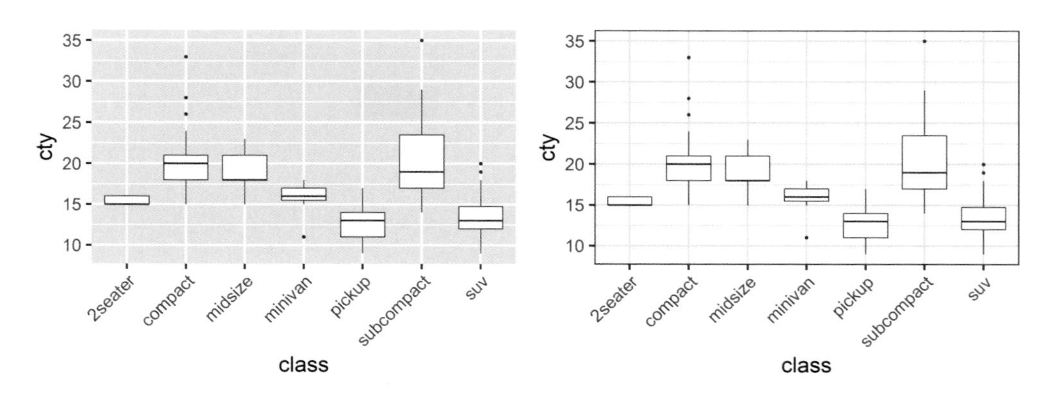

●図4.29　X軸ラベルの回転

配色の変更

次は、配色をグレースケールに変更する方法を説明します。主に3通りの方法があります。

- 手動で色を変更する
- 半自動で色を変更する
- カラーパレットを変更する

手動で色を変更する

まずは駆動方式drvと燃費ctyの関係を、箱ひげ図で表してみます。drvには4（四輪駆動）、f（前輪駆動）、r（後輪駆動）の3水準があります。次にこれらを異なる色で塗り分けるために、fill = drvとマッピングした上で[注4.16]、scale_fill_manual()を用いて手動で配色を指定しましょう。今回は図4.30のように黒、グレー、白の3色を指定しています。"black"のように色名を直接指定することも、#ffffffのようにカラーコードで指定することもできます。

```
# 左図:デフォルトの配色
ggplot(data = mpg, mapping = aes(x = drv, y = cty, fill = drv)) +
  geom_boxplot()

# 右図:手動で配色を変更
ggplot(data = mpg, mapping = aes(x = drv, y = cty, fill = drv)) +
  geom_boxplot() +
  scale_fill_manual(values = c("4" = "black", "f" = "grey", "r" = "#ffffff"))
```

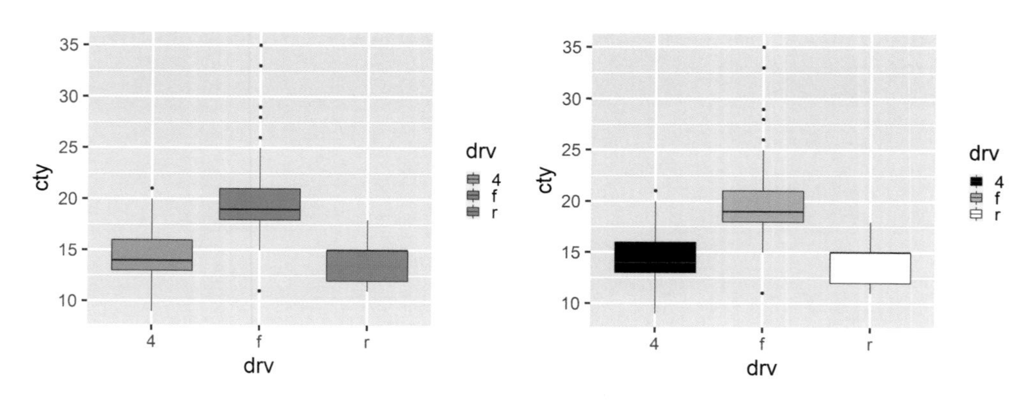

●図4.30　配色の変更（手動）

なお、輪郭の色も塗りつぶしの色も、ともに任意の色を指定したければ、以下のように書くか、

注4.16　色で識別するのだからcolour = drvではないかと思うかもしれませんが、colourは輪郭の色を変えるときに指定し、fillは塗りつぶしの色を変えるときに指定します。したがって、塗りつぶしではなく輪郭の色を手動で変えたい場合にはscale_colour_manual()を使用します。

```
ggplot(data = mpg, mapping = aes(x = drv, y = cty, colour = drv, fill = drv)) +
  geom_boxplot() +
  scale_colour_manual(values = c("4" = "black", "f" = "grey", "r" = "#ffffff")) +
  scale_fill_manual(values = c("4" = "black", "f" = "grey", "r" = "#ffffff"))
```

あるいは、scale_から始まるすべての関数が持っているaestheticsという引数を利用して、以下のように簡便に書くことができます。

```
ggplot(data = mpg, mapping = aes(x = drv, y = cty, colour = drv, fill = drv)) +
  geom_boxplot() +
  scale_colour_manual(values = c("4" = "black", "f" = "grey", "r" = "#ffffff"),
                      aesthetics = c("colour", "fill")) # scale_fill_manual()の働きも兼ねる
```

半自動で色を変更する

drvは水準が3つしかありませんでしたが、水準が多くなると逐一配色を指定するのは大変です。そこで、scale_fill_grey()やscale_colour_grey()を用いると、ほぼ自動で色を割り当てることができます。引数startとendにそれぞれ0.0（黒）～1.0（白）の間の任意の数字を与えると、水準数を考慮して、**図4.31**のように範囲内の色を各水準に割り当ててくれます。

```
# 左図
ggplot(data = mpg, mapping = aes(x = drv, y = cty, fill = drv)) +
  geom_boxplot() +
  scale_fill_grey(start = 0.4, end = 0.9)

# 右図
ggplot(data = mpg, mapping = aes(x = drv, y = cty, fill = drv)) +
  geom_boxplot() +
  scale_fill_grey(start = 1, end = 0)
```

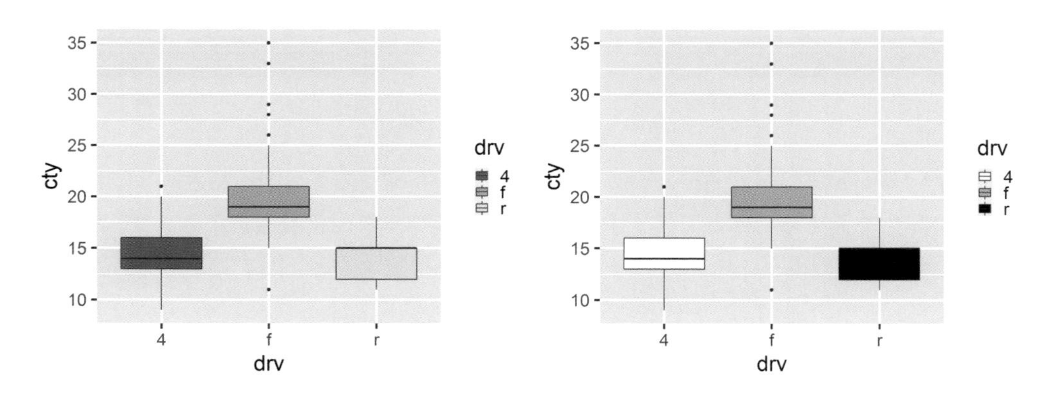

●図4.31　配色の変更（半自動）

カラーパレットを変更する

ggplot2では、さまざまな色の絵の具が並べられたパレットから1色ずつ拾い上げるように、各水準に自動的に色を割り当てていきます。`scale_fill_brewer()`や`scale_colour_brewer()`を用いて、ColorBrewer[注4.17]に含まれる任意のカラーパレットを指定することで、割り当てる色のパターンを変えることができます。以下を実行することで、**図4.32**のようにColorBrewerに含まれるカラーパレットの一覧を確認できます。

```
# インストールされていない場合
install.packages("RColorBrewer")
library(RColorBrewer)

display.brewer.all()
```

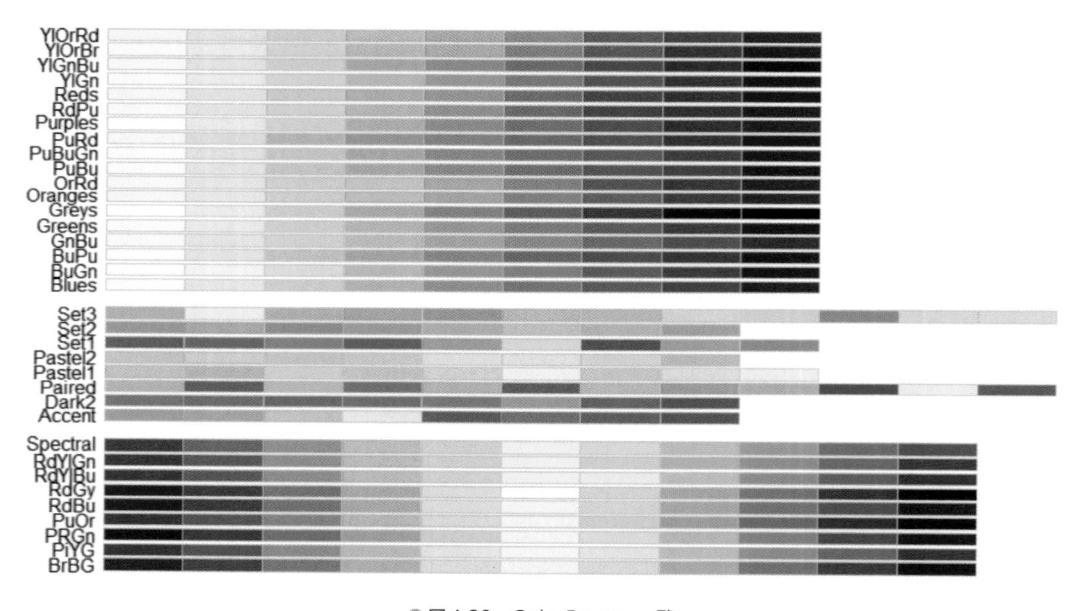

●図4.32 ColorBrewer一覧

`palette = "Greys"`のようにGreysのカラーパレットを指定すると、**図4.33左**のようにグレースケールで配色を揃えることができます。もちろんカラフルな配色も選択できます。たとえば`palette = "Paired"`のようにPairedのカラーパレットを指定すると、**図4.33右**のような配色に変更できます。

```
# 左図
ggplot(data = mpg, mapping = aes(x = drv, y = cty, fill = drv)) +
  geom_boxplot() +
```

注4.17 URL https://colorbrewer2.org/#

```
  scale_fill_brewer(palette = "Greys")

# 右図
ggplot(data = mpg, mapping = aes(x = drv, y = cty, fill = drv)) +
  geom_boxplot() +
  scale_fill_brewer(palette = "Paired")
```

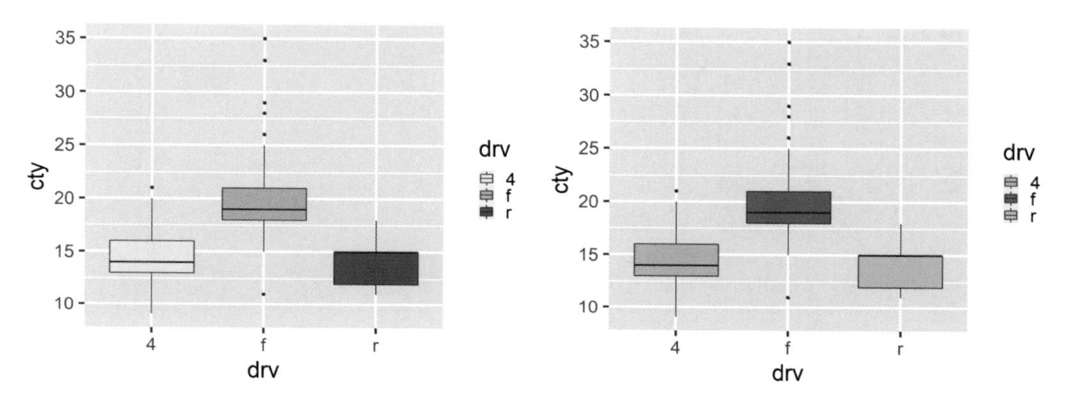

●図4.33　配色の変更（カラーパレットの変更）

また、色覚多様性に配慮した、Pythonのmatplotlibライブラリと同じ色空間も使用できます。連続変数で色を識別する場合は`scale_colour_viridis_c()`や`scale_fill_viridis_c()`、離散変数で色を識別する場合は`scale_colour_viridis_d()`や`scale_fill_viridis_d()`を追記してみてください（**図4.34**）。

```
# 左図:色を識別する基準が連続変数である場合
ggplot(data = mpg, mapping = aes(x = displ, y = cty, colour = cyl)) +
  geom_point() +
  scale_colour_viridis_c()

# 右図:色を識別する基準が離散変数である場合
ggplot(data = mpg, mapping = aes(x = class, y = cty, fill = class)) +
  geom_boxplot(show.legend = FALSE) +
  scale_fill_viridis_d()
```

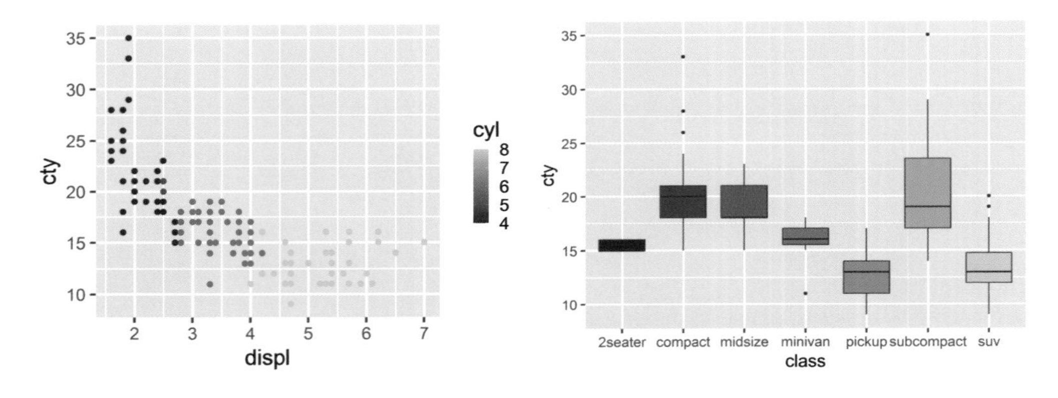

●図4.34　色覚多様性に配慮した配色（viridis系）

あるいは**ggthemes**パッケージをロードすると、同じく色覚多様性にも配慮したカラーパレット[注4.18]が適用される`scale_fill_colorblind()`や`scale_colour_colorblind()`が使用できるようになります。以下の出力で確認できる8色が用意されています（**図4.35**）。これらは離散変数にしか適用できないものの、**図4.36**のように隣接する水準との色の違いが際立つというメリットがあるでしょう。

```
# install.packages("ggthemes")
library(ggthemes)
library(scales)
show_col(colorblind_pal()(8))
```

#000000	#E69F00	#56B4E9
#009E73	#F0E442	#0072B2
#D55E00	#CC79A7	

●図4.35　色覚多様性に配慮した配色（ggthemesパッケージ）

```
ggplot(data = mpg, mapping = aes(x = class, y = cty, fill = class)) +
  geom_boxplot() +
  scale_fill_colorblind()
```

注 4.18　http://jfly.iam.u-tokyo.ac.jp/color/

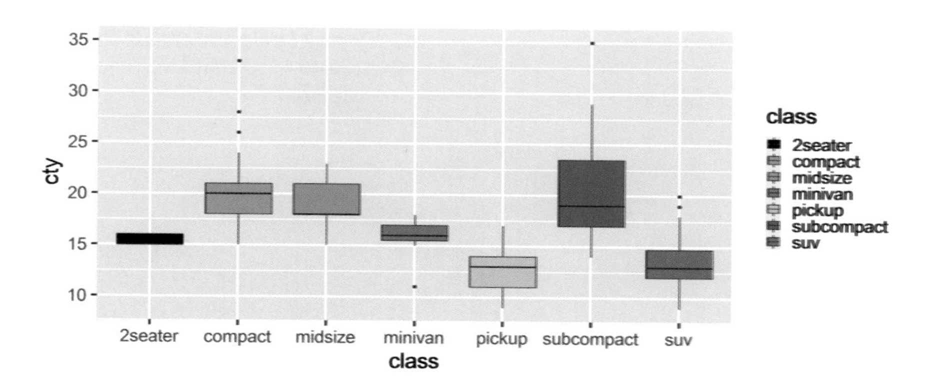

●図4.36 色覚多様性に配慮した配色（ggthemesパッケージ）の利用例

ラベルを変更する

これまで用いてきたmpgデータセット内の変数ctyやdrvのように、一見して何を指しているか分かりづらい名前の変数もあります。配布資料などでグラフを共有する際には、分かりやすい表示名に変更した方が親切です。たとえばX軸やY軸にmpgデータセットのcylやctyをマッピングしたい場合は、それぞれのラベルを「number of cylinders」や「city miles per gallon」などと変更する方が分かりやすそうです。その他にも、グラフのタイトルや凡例のラベル、キャプションなどを追記／変更したい場合もあるでしょう。ggplot2では、次のようにいずれもlabs()で一括して指定できます。**図4.37**の左右を見比べてください。

```
# 左図
ggplot(data = mpg, mapping = aes(x = displ, y = cty, group = factor(cyl), colour =
factor(cyl))) +
  geom_point()

# 右図
ggplot(data = mpg, mapping = aes(x = displ, y = cty, group = factor(cyl), colour =
factor(cyl))) +
  geom_point() +
  labs(title = "エンジンの大きさと市街地における燃費の関係",
       subtitle = "1999年と2008年のデータを用いて",
       caption = "出典:xxx",
       x = "エンジンの大きさ(L)",
       y = "市街地における燃費(mpg)",
       colour = "シリンダー数")
```

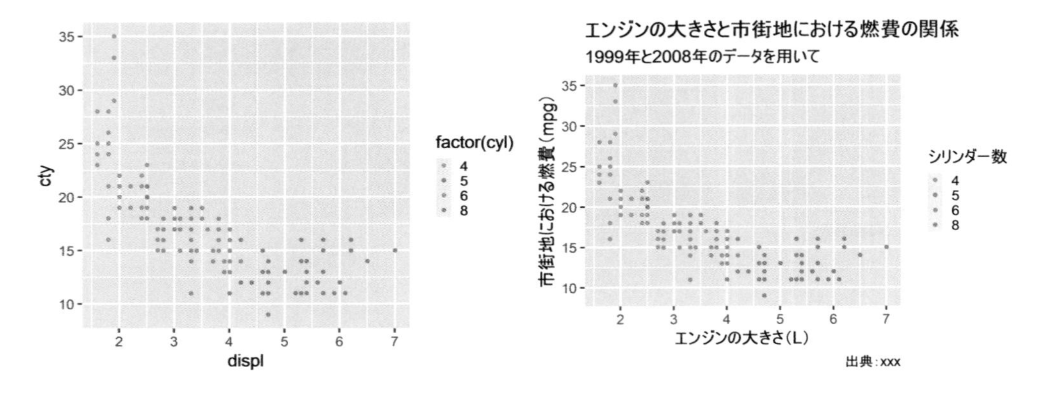

●図 4.37　ラベルの変更

4-4 便利なパッケージ

次々に新たなパッケージが開発され、ggplot2の機能は拡張され続けています。また、ggplot2と併用することで、可視化の効率を向上してくれるパッケージの開発も進んでいます。

複数のグラフを並べる

複数のグラフを並べて、1枚の大きなグラフを作成したい場合もあるでしょう。そのような場合には、以下のパッケージに含まれる関数が有効です。

- gridExtraパッケージの`grid.arrange()`
- cowplotパッケージの`plot_grid()`
- ggpubrパッケージの`ggarrange()`
- patchworkパッケージ

たとえばggpubrパッケージの`ggarange()`を用いた場合は、次のような書き方になります。ここでは、エンジンの大きさ`displ`と燃費の関係を示してみます。**図4.38**では市街地における燃費`cty`と高速道路における燃費`hwy`で区別して、それぞれ別のパネルで示しています。同時に、それぞれのパネルにラベルも表示しています。

```
library(ggpubr)

g1 <- ggplot(data = mpg, aes(x = displ, y = cty)) +
  theme_classic() +
```

```
  geom_point(colour = "seagreen", size = 2.5)

g2 <- ggplot(data = mpg, aes(x = displ, y = hwy)) +
  theme_classic() +
  geom_point(colour = "lightskyblue", size = 2.5)

ggarrange(g1, g2, labels = c("市街地", "高速道路"), ncol = 2, hjust = -1.5)
```

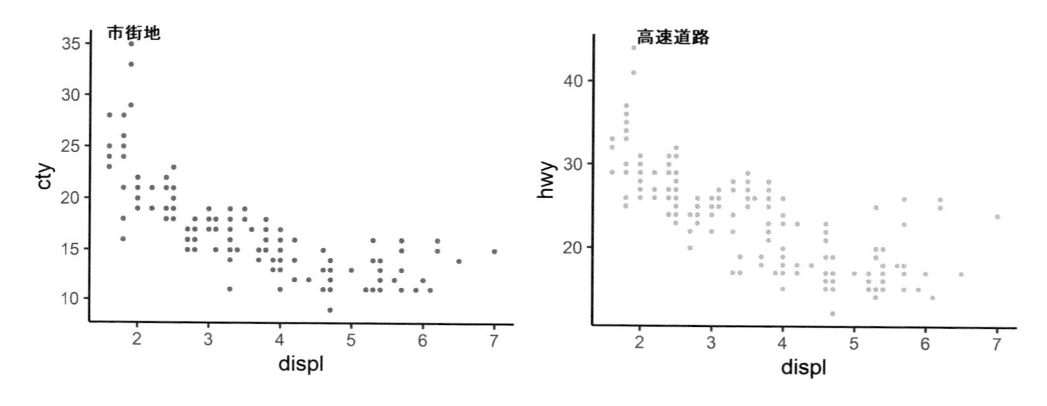

●図4.38　パネルの並列表示（ggpubrパッケージ

中でも、近年注目されているのが**patchworkパッケージ**です。このパッケージの優れているところは、グラフの情報が格納されたオブジェクトを+などの演算子で結合するだけで、パネルの配置を容易に、かつ柔軟に変更できる点です。

```
# install.packages("patchwork")
library(patchwork)

g1 + g2 # 出力は、図4.38と同様
```

複数のグラフを横一列、縦一列、行列形式に並べるだけでなく、以下の**図4.39**のような配置も容易に実現できます。

```
g3 <- ggplot(data = mpg, aes(x = displ, y = drv)) +
  theme_classic() +
  geom_boxplot()

(g1 + g2) / g3 # g1, g2, g3を図4.39のレイアウトで描画
```

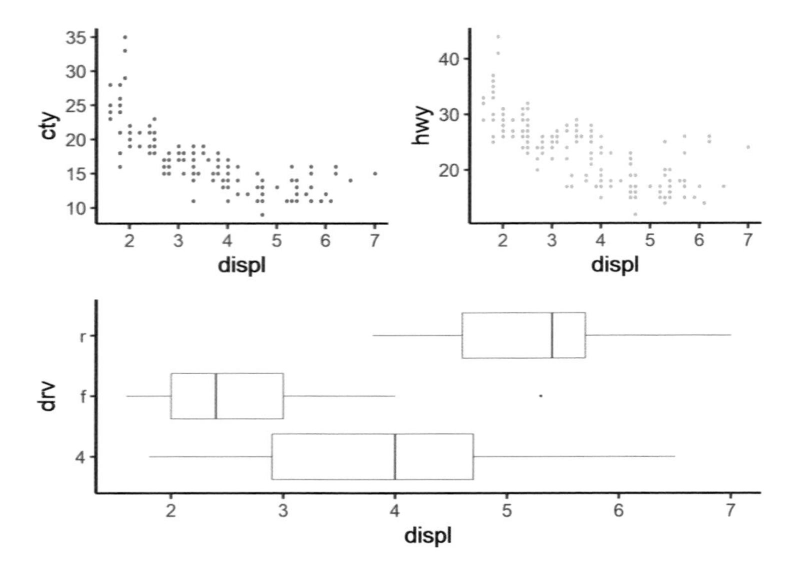

●図4.39　パネルの並列表示（patchworkパッケージ）

この他にも、patchworkパッケージは多くの機能を備えているので、公式サイト[注4.19]のガイドを参考にしてみてください。

表示される水準の順番を変更したい

以下のような架空の体重データを作成しました。

- ダイエット開始前（pre）
- ダイエット開始から2日後（post_2days）
- ダイエット開始から10日後（post_10days）
- ダイエット開始から20日後（post_20days）

これらのデータを可視化すると、データセットに現れた順番ではなく、数字やアルファベットの順に配置されてしまいます（図4.40左）。

```
weight_change <- data.frame(time = c("pre", "post_2days", "post_10days", "post_20days"),
                            weight = c(60, 60, 57, 55))

# 左図
ggplot(data = weight_change, mapping = aes(x = time, y = weight)) +
  geom_point() +
  geom_line(group = 1) +
```

注4.19　URL https://patchwork.data-imaginist.com/

```
  coord_cartesian(ylim = c(50, 65))

# 右図
weight_change$time <- fct_relevel(weight_change$time, "pre", "post_2days")
# またはfct_inorder(weight_change$time)


ggplot(data = weight_change, mapping = aes(x = time, y = weight)) +
  geom_point() +
  geom_line(group = 1) +
  coord_cartesian(ylim = c(50, 65))
```

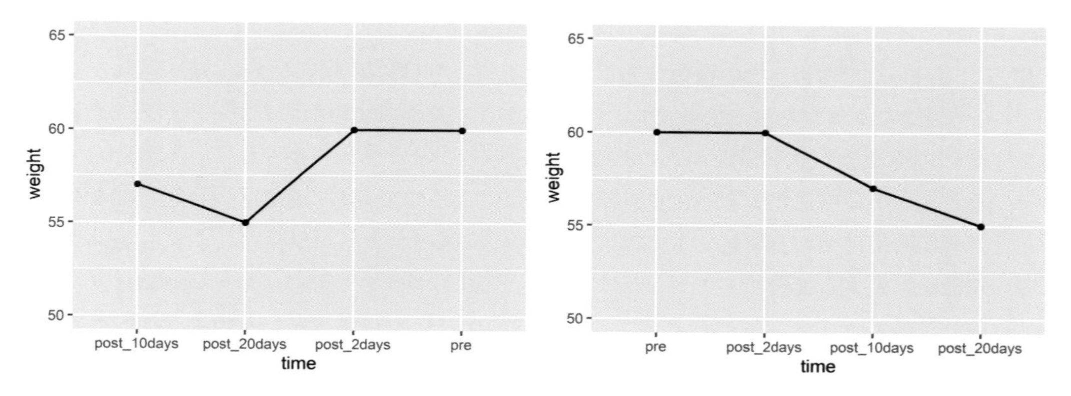

●図4.40　水準の並び替え

このような問題に対して、tidyverseパッケージに内包されている**forcatsパッケージ**を使用した対処法を紹介します。`fct_inorder()`はデータセット内に現れた順番を反映させる関数です。今回はサンプルデータを作る際に、`time = c("pre", "post_2days", "post_10days", "post_20days")`という順番で水準を指定しているので、可視化する際にもX軸の左から順に、`"pre"`, `"post_2days"`, `"post_10days"`, `"post_20days"`と表示されるはずです。

あるいは上のコードのように`fct_relevel()`を用いると、任意の順番を指定できます。すべての水準の順番を指定してもいいですし、上のコードのように一部の水準だけ順番を指定して、残りの水準の順番は自動的に並び替えられる結果に従ってもいいでしょう。これらを併用すると、**図4.40右**のように想定どおりの出力が得られます。tidyverseに含まれるさまざまなパッケージを併用してこそ、ggplot2の真価が発揮されるといえるでしょう。

4-5 まとめ

以上のように、ggplot2やその拡張パッケージを用いることで、データを手軽に可視化し、より多くの情報を引き出し、伝えることができるようになります。ggplot2の利点を以下にまとめます。

1. 統一された文法
2. グラフの再現可能性
3. 豊富な拡張パッケージ

第1に、ggplot2ではグラフの種類に応じて記法を覚え分ける労力が小さく、統一された文法の下で、さまざまなグラフを生み出せます。第2に、グラフを作成するためのコードが残るため、出力を完全に再現できます（もちろんggplot2に限らず、プリインストールされているgraphicsパッケージなどを用いて可視化する場合も同様です）。これは5章で詳しく述べる「再現可能なレポーティング」と密接に関わる問題です。第3に、多くの拡張パッケージが存在します。ggplot2そのものの機能を拡張する拡張パッケージだけでなく、統計的データ分析の結果をggplotオブジェクトで可視化するパッケージも存在します。ggplot2の記法を習得すると、そのような既存のパッケージの描画結果を事後に改善することもできます。たとえば配色をモノクロやグレースケールに変更したり、文字サイズを大きくしたりすることは、配布資料やプレゼンテーション資料でグラフを利用する際に重要なことでしょう。

参考文献

ggplot2は多機能であるがゆえに、慣れるまでは少し大変かもしれません。本書で紹介した内容はほんの一部にすぎないので、実際にさまざまなデータを可視化しようとすると、最初のうちは思いどおりにいかないこともあるでしょう。以下の書籍を参考にしてください（本章の参考文献でもあります）。1冊まるまる可視化についてまとめた、あらゆる痒い所に手が届く徹底攻略本です。

『Rグラフィックスクックブック 第2版―ggplot2によるグラフ作成のレシピ集』／Winston Chang（著）、石井 弓美子、河内 崇、瀬戸山 雅人（訳）／オライリー・ジャパン／2019年／ISBN978-4-87311-892-5

同様に、以下の書籍もお勧めです。可視化の重要性を丁寧に述べたあとで、基本的な描画技術から高度な技法まで網羅的に紹介しています。本書では紹介しきれなかった、地理空間システム（GIS）のデータを描画する方法も、しっかりと説明されています。端的にいえば、ggplot2で地図を描画する方法が紹介されています。

『実践Data Scienceシリーズ　データ分析のためのデータ可視化入門』／Kieran Healy（著）、瓜生真也・江口哲史・三村喬生（訳）／講談社サイエンティフィク／2021年／978-4-06-516404-4

以下は、3章のdplyrやtidyrも含む、tidyverseに関する書籍です。Hadley Wickham氏自身が執筆したこともあり、非常に体系的に解説されています。

『Rではじめるデータサイエンス』／Hadley Wickham、Garrett Grolemund（著）、黒川 利明（訳）、大橋 真也（技術監修）／オライリー・ジャパン／2017年／ISBN978-4-87311-814-7

また、Web上にも参考になるソースがたくさんあります。当然ながら公式サイト[注4.20]や公式チートシート[注4.21]にはあらゆる機能が解説されています。本章で紹介しきれなかった機能も網羅されているので、困ったらまずはこれらを参考にするといいでしょう。**ggplot2逆引き**には、よくある悩みの中でも、少し書き方に工夫が必要な事例が集められています。

URL http://yutannihilation.github.io/ggplot2-gyakubiki/

r-wakalangは、Rに関連する話題を交わし合う、Slackのチームです。アカウント登録が必要になりますが、ggplot2に限らずRに関する悩みをポストすると、全国のRユーザがさまざまな提案を行ってくれることでしょう。r-wakalangの詳細については、以下の記事が参考になります。

URL https://qiita.com/uri/items/5583e91bb5301ed5a4ba

ggplot2は海外のユーザが多いため、悩みをGoogleなどで検索する場合には、英語で検索すると解決策が見つかることが多いです。なかでも、Stack Overflowというコミュニティ上でのやりとりがヒットすることが多いでしょう。さまざまなソースを参考にして、ぜひ可視化を楽しんでください。

注4.20 URL https://ggplot2.tidyverse.org/reference/index.html

注4.21 URL https://www.rstudio.com/resources/cheatsheets/

第5章

R Markdownによるレポート生成

本章ではrmarkdownパッケージを用いて、Rによる処理をシームレスにドキュメント・レポートへ出力できるようになることを目指します。基本的な設定方法を説明し、多様な出力フォーマットへの対応、および日本語利用における注意点なども解説します。

本章の内容

5-1 分析結果のレポーティング

ドキュメント作成の現場

分析を実施して何かしらの結果が得られたとします。そして、得られた結果は通常誰かにレポーティング（報告）します。このレポーティングは、報告書の提出やプレゼンテーションを実施するという形で行われ、ドキュメントやスライドを作成することになります。現在ドキュメントやスライドの作成にはそれぞれ専用のソフトウェアを利用することが多く、分析を実行するソフトウェアと切り離されているのは想像に難くないでしょう。

それではここで、とある事例を挙げます。

本書で扱ってきた手法を駆使し、Rで分析・可視化を行い、その成果を報告書としてドキュメントにまとめることとなりました。Rで集計した結果を**ドキュメント作成ソフトウェアに手作業で入力またはコピー／ペースト**します。またRで作成したプロットを画像ファイルに出力し、それを**ドキュメント作成ソフトウェアに手作業で挿入**します。そうやって無事にドキュメントが完成しました（**図5.1**）。

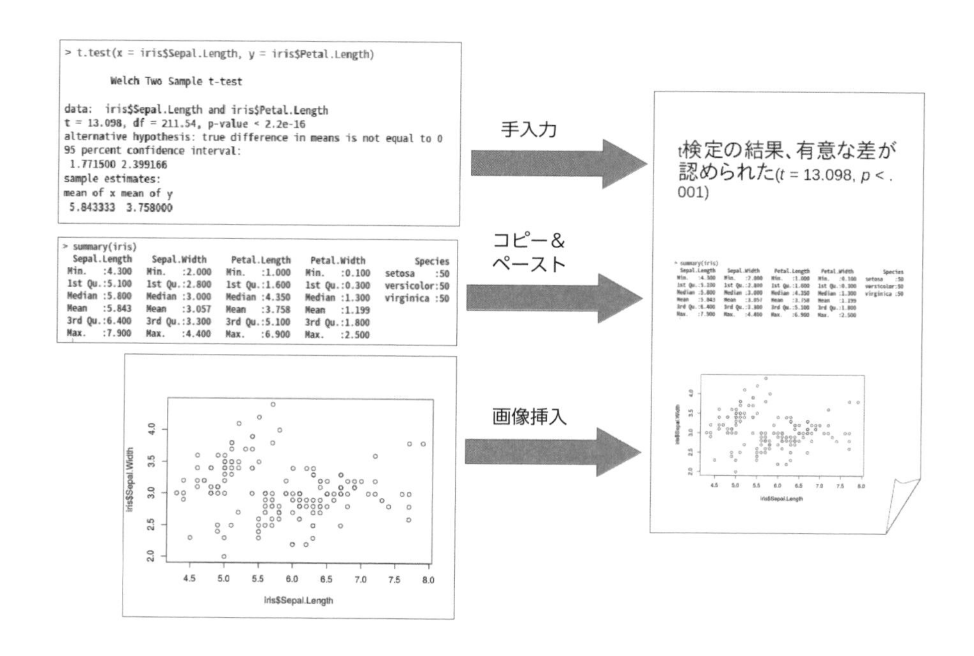

図5.1　よくある分析ドキュメント作成事例

これは実際によくある手続きで、いたるところで目にすると思います。しかし、この手続きには大きく2つの問題が潜んでいます。1つ目は「ミスがあった場合、あとから確認できないこと」、2つ目は「分析を再び実行したり他で再利用したりするのが難しいこと」です。

手作業によるドキュメント作成の問題点

1つ目の問題について説明します。先ほどのドキュメント作成の事例では、分析結果やプロットを手作業でドキュメントに組み込んでいます。ここでもし人為的なミスが発生した場合、「どこでミスが混入したか」を検証できなくなります。たとえば「誤って間違った図を差し込んでしまった」や「実際の結果とは違う数値を入力していた」というミスは（あってはならないですが）あり得ます。分析結果の報告では致命的な問題なのですが、手作業で行われる以上は常にこのリスクを抱えることになるのです。

2つ目の問題について説明します。ドキュメントに埋め込むプロットが1つや2つであれば、手作業で挿入してしまおうと考えるかもしれません。ですが「この100項目について、それぞれ集計した表とグラフを報告書にまとめてくれ」という指示がきたらどうでしょう。100個の表とグラフをひたすら手作業で、それもミスが絶対ないよう細心の注意を払いながら作成していくのですから、大変な労力となるのは間違いありません。さらに「先ほどのプロットはデータに問題があったので、新しいデータに差し替えて作り直してくれ」という指示がきたらどうでしょう。すべての作業が振り出しに戻り、また一から作ることになります。これは修正が入るたびに繰り返されることになるのです。

これらの深刻な問題を解決するためには「ドキュメントへ自動的に分析結果を組み込んで手作業を排除」し、「記録／再利用が可能なコードによるドキュメント生成」を採用する必要があります。実は、RにはすでにこれらをR解決するシステムとして**R Markdown**があります。またR MarkdownはWebやPDF、Wordなど、さまざまなドキュメント形式への出力にも対応しています。本章では、このR Markdownによるドキュメント生成について、主に以下の内容について解説します。

- R MarkdownのしくみとMarkdown記法
- Rチャンクの使い方
- ドキュメントの全体設定
- RStudio上での便利なTips
- 主なドキュメント形式に関する解説

本章の内容を理解すれば、R Markdownによる基本的な使い方をマスターできるでしょう。

5-2 R Markdown入門

R MarkdownとはR上でドキュメントを生成するシステムで、主にRStudioのメンバーが中心となって開発しています。**rmarkdownパッケージ**を中心に、関連するパッケージや外部アプリケーションにより構築されています。難しそうに感じるかもしれませんが、RStudioとrmarkdownパッケージをインストールすれば、誰でも簡単に使うことができます[注5.1]。

“rmarkdown”という言葉は、Rでドキュメントを生成するシステム全体を指す場合と、そのコアを担うrmarkdownパッケージを指す場合とがあります。これらは明確に区別しておかないと混乱してしまいます。そこで本書では、rmarkdownパッケージを指す場合にはパッケージ名である“rmarkdown”を用い、このrmarkdownを中心としたドキュメント生成システム全体を指す場合には“R Markdown”を用いることにします。

Hello, R Markdown

それではさっそく使ってみましょう。RStudioのメニューボタンの一番左にある新規ファイル作成ボタンをクリックし、[R Markdown...]をクリックします（**図5.2**）。

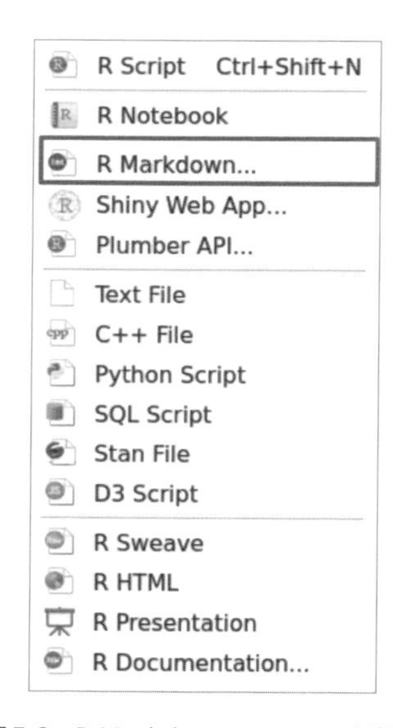

●図5.2　R Markdownファイルの新規作成

注5.1　R MarkdownはRStudio上でなくても使用できます。ただし、Rにrmarkdownと関連するパッケージをインストールし、Rを実行するシステムでPandocというアプリケーションへのPATHを通す必要があります。本書はRStudio上でRを利用することを前提としておりますので、これらの環境構築に関しては省略します。

“New R Markdown” というダイアログボックスが表示されるので、今回はそのまま[OK]をクリックしましょう（**図5.3**）。

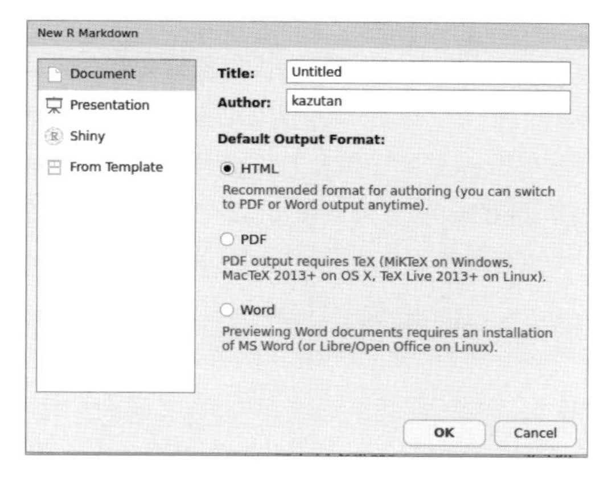

● 図5.3　R Markdownダイアログボックス

すると**図5.4**のように「Untitled1」というファイルが生成されます。これがRmdファイルというR Markdownで扱うファイルです。拡張子は**.Rmd**ですが、**.rmd**とすべて小文字にしてもかまいません。

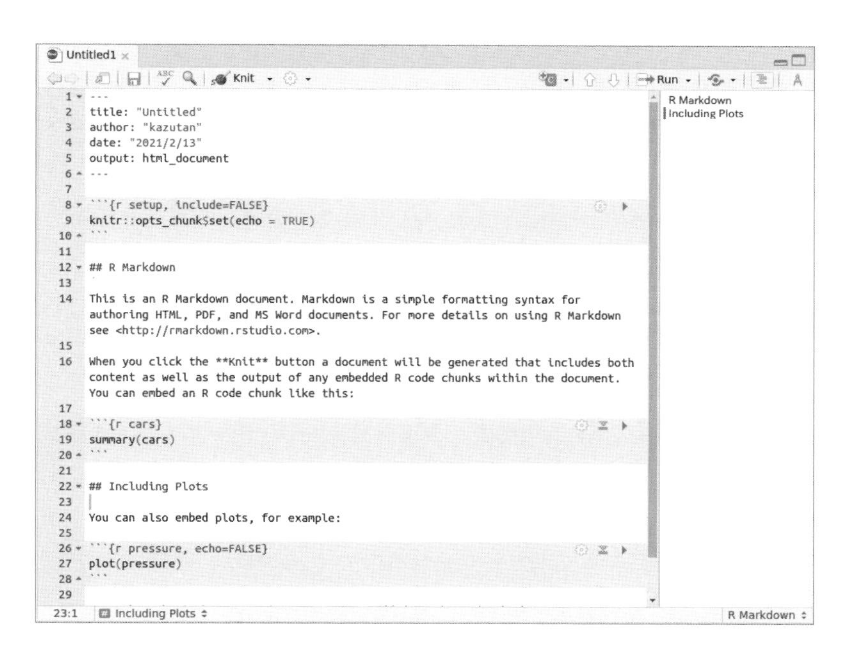

● 図5.4　新規作成されたRmdファイル

作成されたRmdファイルを見てみると、最初に**---**で挟まれた部分があり、そのあとに文章や、

```{r cars} ```と```で挟まれたRのコードが組み込まれているのが分かります。

それではこのRmdファイルをドキュメントに変換しましょう。ウィンドウ上部にある[Knit]（ニット）ボタンをクリックします。まだRmdファイルを保存していないのであれば、Rmdファイルを保存するためのダイアログボックスが出てきます。今回は特に指定することなく“Untitled1.Rmd”で保存することにします。ファイル名を指定して保存すると自動的に処理が進み、“Untitled1.html”のようにhtml形式で保存されます。処理が終わるとViewerペインもしくは別ウィンドウが立ち上がり、**図5.5**のようなドキュメントが表示されます。このようにRmdファイルを処理してドキュメントを生成することをレンダリング[注5.2]といいます。

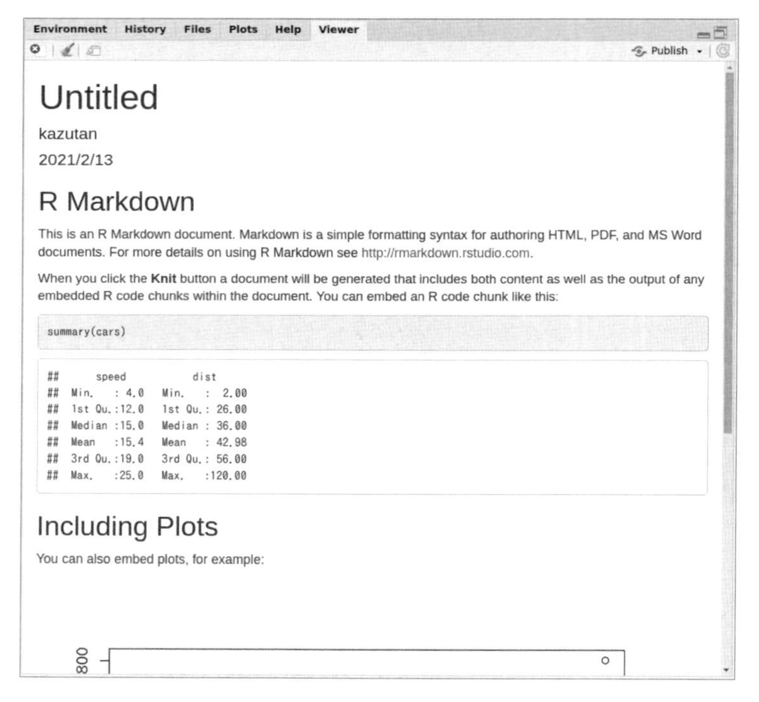

●図5.5　ドキュメント生成結果

これだけであっという間に、Webで閲覧できるhtml形式のドキュメントが生成されました。この生成されたドキュメントを眺めてみると、組み込まれていたRのコードの結果が自動的に差し込まれています。このように、R Markdownではドキュメント内にRのコードを組み込めば、自動的にそのコードの結果を含めて出力してくれるのです。これは、前節で取り上げた再現性の問題を解決する有力な手段となるでしょう。

注5.2　具体的な処理の流れは後述しますが、R上ではrmarkdownパッケージの`render()`が使われています。
```

Rmd ファイルと処理フロー

Rmdファイルには、冒頭の---で挟まれた**フロントマター**という設定部分と、ドキュメント部分で構成されています。ドキュメント部分はMarkdownと呼ばれる記法で記述します。さらにドキュメント部分の中に**Rチャンク**というRのコードを記述して実行させるブロックを組み込んでいきます（**図5.6**）。

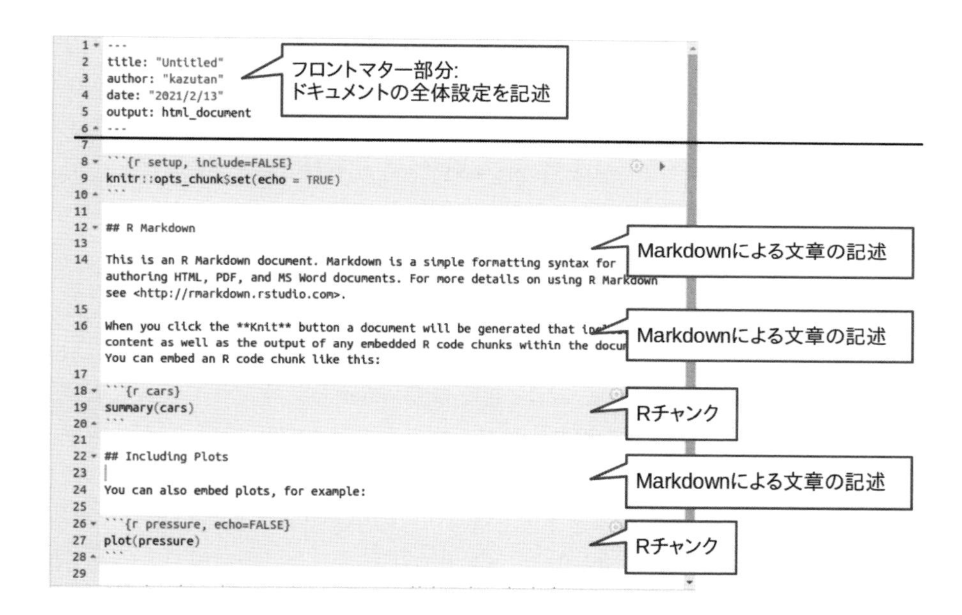

●図5.6　Rmdファイルの構造

R Markdownを活用したドキュメント生成は以下の手順で進めていきます。

1. Rmdファイルを準備
2. 文章（Markdown）やRチャンクを書く
3. Knitしてレンダリング
4. 出力されたドキュメントをチェック

以降、完成するまで2から4を繰り返していきます。Rのコードによる分析と文章作成を並行して進行できるため、効率的にドキュメントを作成できます。

Rmdファイルからレンダリングしてドキュメントを生成するしくみは**図5.7**のとおりです。

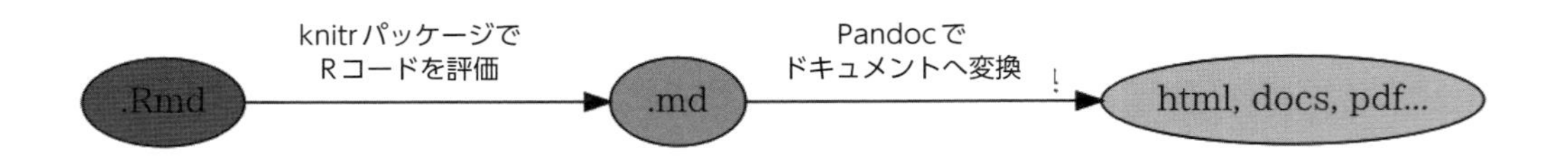

図5.7　R Markdownの処理フロー

Rmdファイルのレンダリングは、主に2つのステップで進みます。1つ目は、Rmdファイル内にあるRチャンクをRで評価して、その出力結果をMarkdownで出力できるような形式で埋め込むステップです。これはknitrパッケージが中心となって処理をします。2つ目は、この処理により出力されたMarkdownファイルを、Pandocというアプリケーションで各種ドキュメントへ自動変換[注5.3]するステップです。この一連の処理について、それぞれ設定をしながら1つずつ行うのはとても大変です。しかしR Markdownはこれを簡単に処理してくれます。ある程度の設定を習得すれば、自由にドキュメントを作成できるようになります[注5.4]。

Markdownの基本

前節でふれたように、R Markdownでは文書を**Markdown**という記法を用いて記述します。Markdownとは「ドキュメント構造を記述する簡易マークアップ言語」で、ドキュメント構造を意識しながらシンプルに書けます。通常はこのMarkdownで記述した内容をhtml形式など他のファイル形式へ変換してドキュメントを生成します。その手軽さから最近ではブログやGitHubといった各種サービスで対応していますので、本書の読者でもすでに利用している人は多いでしょう。

R Markdownを使ってドキュメントを生成するには、まずMarkdownの記法を理解する必要があります。ここではMarkdown記法の基本を説明します。

なお、RStudioにはMarkdownのクイック・リファレンスが用意してあります。RStudioのメニューにある[Help]から[Markdown Quick Reference]へ進むと、ViewerにR Markdownで使える基本的なMarkdown記法が表示されます。まだMarkdownに慣れていない間は、これを表示したまま作業すると良いでしょう。

見出し

行頭に#がある行は、見出しとして判断します。

注5.3　このPandocというアプリケーションはオープンソースで、現在も活発に開発されています。本来ならPandocを自分の環境にインストールする必要があるのですが、RStudioの内部にPandocは組み込まれていて、R Markdownのデフォルトではそれを利用するようになっています。そのためRStudioを利用するのであれば別途インストールする必要はありません。

注5.4　本章で紹介する設定を活用するだけでもいろいろなことができるようになります。もし、より踏み込んだカスタマイズを行いたいのであれば、それぞれの出力ファイル形式に関する知識（htmlならCSSやJavaScript、pdfならTeX）について勉強することが求められます。

```
# 見出しレベル1(h1)

## 見出しレベル2(h2)

### 見出しレベル3(h3)

### 見出しレベル4(h4)
```

この#をいくつ並べるかで、見出しレベルを指定します。通常、見出しレベル1はhtml記法でh1タグに相当し、文書タイトルや章クラスの見出しとなります。見出しレベル2はhtml記法ではh2タグに相当し、節クラスの見出しとなります。以降、上記のように#の数に準じて見出しレベルは下がっていきます。見出しレベルはあまり細かいレベルまで使用すると文書構造が分かりにくくなるので、レベル4くらいまでにするのがお勧めです。

また読みやすさを考慮して、見出し行の前後に空行を入れておくといいでしょう。

5

段落と強制改行

前後に空行がある地の文は段落（html記法ではpタグ要素）となります。また、改行はそのままでは改行されません。html記法でbrタグに相当する強制改行は、行末に半角スペース2つ以上を挿入します。たとえば、以下のようなMarkdown記法の文書があるとします。

```
これは1つの段落として機能します。

この文は文末で改行していますが、実際には改行されません。
そのためこの文は前の文とつながります。

この文は(見えませんが)文末に半角スペース2つ挿入されています。
そのためこの文は強制改行されます。
```

これをレンダリングすると、以下のようになります。

```
これは1つの段落として機能します。

この文は文末で改行していますが、実際には改行されません。そのためこの文は前の文とつながります。

この文は(見えませんが)文末に半角スペース2つ挿入されています。
そのためこの文は強制改行されます。
```

箇条書き

番号なしの箇条書き（html記法ではulとli）は、-や*と半角スペースのあとに項目内容を記述します。

```
箇条書き1
    - 箇条書き1-1
箇条書き2
    * 箇条書き2-1
    * 箇条書き2-2
```

記号が混在しても自動的に同じリストとして判断されます。項目レベルを下げる場合は、上述のように行頭に半角スペース4つを入れます。箇条書きリスト内では空行を入れず、リストの前後にそれぞれ空行を入れるようにしてください。

番号あり箇条書き（html記法では`ol`と`li`）は、数字とピリオドとスペースのあとに項目内容を記述します。

```
1. 番号1
    1. 番号1-1
2. 番号2
    1. 番号2-1
    2. 番号2-2
```

項目レベルを下げる場合は、番号なしのときと同様に行頭に半角スペース4つを入れてください。また番号なしのときと同様、箇条書きリスト内では空行を入れず、リストの前後にそれぞれ空行を入れるようにしてください。

リンク

リンク先のURLを直接入力すると、それを自動的にリンクとして判断するようになります。

```
https://www.r-project.org/
```

これではどこまでがURLなのか判別できないので、最近は`<>`で囲む記法がよく使われます。

```
<https://www.r-project.org/>
```

特定の文字列にリンクを設定したい場合は、以下のように記述してください。

```
[リンクを当てたい文字列](リンク先のURL)
```

たとえば、以下のように記述します。

```
[Rの本家サイト](https://www.r-project.org)
```

リンク先のURLは相対パスでもOKです。このURLやパスはダブルクォーテーション`""`で囲まずに、そのまま記述するようにしてください。

画像ファイル

画像ファイルを挿入したい場合は、以下のように記述します。

```
![代替テキスト](画像へのパス)
```

代替テキストは画像が表示できない（指定先に画像ファイルが見つからないなど）ときに表示され、html記法だと`img`タグの`alt=`で指定する文字列と同じ役割となります。画像へのパスはURLでも相対パスでもOKです。ただし、このURLやパスはリンクと同様にダブルクォーテーション""で囲まずにそのまま記述してください。

引用

引用ブロックは、行頭に>と半角スペースのあとに内容を記述してください。

```
> 引用する文章を記述します。

> 複数行にまたがる場合は、
> このようにそれぞれの行頭に記してください。
```

引用ブロックの前後には空行を入れるようにしてください。

強調

斜体にしたい場合、対象の文字列を*で挟むようにします。

```
この文では *ここ* が*斜体*となります。
```

太字にしたい場合、対象の文字列を**で挟むようにします。

```
この文では **ここ** が**太字**となります。
```

コードブロック

文章中で、Rおよび他言語のコードを他の文章と区別するように見せたい場合は、以下のように記述します。

```
文章中に`i = i++`と記述
```

このように、`でコード部分を挟むことでコード用の文字列として判断します。複数行になるコードを記述する部分は以下のようにします。

````
```
x <- "ビールうめぇ"
print(x)
```
````

このように、```でコード部分を挟み込むことで、記述した内容をコードとして判断します。なお、この中にRのコードを記述してもRのコード自体は処理されません。処理／実行させたいRのコードは次項で解説する**Rチャンク**内に記述します。

数式

文章中に数式を挿入したい場合は、$で挟み込みます。

```
よって、$\theta=0.25$となる。
```

数式の記法には、TeXの記法が利用できます。文章中ではなく、まとまった数式ブロックとして挿入したい場合は、以下のように記述します。

```
$$
\frac{\partial f(x,y)}{\partial x} =\partial_{x}f(x,y)=f_{x}(x,y)
$$
```

表

表をMarkdownで表現するにはいくつかの書き方があります。一番シンプルな方法は、以下のような書き方です。

```
担当箇所　　　|執筆者
------------|--------
第1章、第2章|松村
第3章　　　　|湯谷
```

列の区切りを|で与え、見出しと値の間は----のように連続するハイフンで区切ります。ただし、Markdownで表を記述するのはかなり手間がかかりますし、可読性が良いとは言えません。Rで作成した内容であれば簡単に表として出力できますので、後述する方法をお勧めします。

Rチャンク

R Markdownの最大の特徴は、「Markdownのドキュメント内にRのコードを埋め込んで実行できること」です。このRのコードを埋め込むのが**Rチャンク**と呼ばれるブロックです。ここでは、このRチャンクの使い方について説明します。

Rチャンクは、以下のようなブロックを挿入します。

````
```{r}
iris[1:2, 2:3]
```
````

Markdown記法のコードブロックに似ていますが、上端が```{r}となっているのがポイントです。R Markdownでは、この`{r}`があることでコードブロックではなくRチャンクとして処理するようになります。なお、このチャンクを含むRmdファイルをレンダリング（Knit）すると、この箇所に以下のような出力が差し込まれます。

```
iris[1:2, 2:3]
```

```
##   Sepal.Width Petal.Length
## 1         3.5          1.4
## 2         3.0          1.4
```
出力

デフォルトの設定であれば、実行したコードと実行結果の出力がドキュメント内に組み込まれます。このようにして、Markdown記法で記述した文章とRの実行結果を組み合わせて、ドキュメントを作成していきます。

このRチャンクには、以下のような特徴があります。

1. Rチャンクはドキュメント内にいくつでも設置できる
2. パッケージ読み込みなど、スクリプトによるコーディングと同じようにRを使える
3. 前のチャンクで実行した内容を、以降のチャンクに継承できる
4. コードの評価や表示、出力の表示などはチャンクオプションで制御できる

1つのドキュメント内に複数のチャンクを設置できますし、前のチャンクで作成した変数やオブジェクトは保持され、そのまま使用できます。4のチャンクオプションについては以降で解説します。

Rチャンクによって Rの実行や出力を柔軟に制御できるため、設定内容は多岐にわたります。しかし、基礎的な部分をきっちりとおさえておくだけで、十分な効果を発揮できるでしょう。

チャンクラベルとチャンクオプション

Rチャンクの基本構造は以下のようになっています。

```
```{r チャンクラベル, チャンクオプション}
(Rのコード)
```
```

各チャンクブロックにはラベルを付けることができます。チャンクラベルはそのチャンクブロックに付与する一意の文字列で、`r`の文字列と半角スペースのあとに記述します。これは省略でき、省略した場合のドキュメントには、通し番号が振られたラベルが自動的に付与されます。

チャンクラベルを付けると、あとからRmdファイルを読む際に分かりやすくなるため、極力付けることをお勧めします。ただし、**チャンクラベルはドキュメントで同一のものがないようにしてください。**

チャンクオプションには、そのRチャンクに対する設定を指定します。たとえば、「このチャンク内のコードは実行するけどコードは表示させたくない」ときは、以下のように記述します。

```
```{r plotting, eval=TRUE, echo=FALSE}
# eval=TRUEで「コードを実行」
# echo=FALSEで「ドキュメント内にはこのコードを表示させない」
plot(1:10)
```
```

このチャンクでは、eval=TRUEが指定されていますので、内部のplot(1:10)は実行され、出力結果のプロットはドキュメントに差し込まれます。一方でecho=FALSEが指定されていますので、このコードはドキュメントに差し込まれません。このように、チャンクオプションは,（カンマ）で区切って続けることができます。ここで主要なチャンクオプションを**表5.1**にまとめます。

●表5.1　主要なチャンクオプション

オプション名	デフォルト	内容
eval	TRUE	チャンク内のコードを評価するかどうかを指定
echo	TRUE	チャンク内のコードをドキュメントに表示させるかどうかを指定
include	TRUE	実行後にチャンクの内容をドキュメントに含めるかどうかを指定
results	'markup'	実行結果をどう出力するかを指定。'markup'はマークアップ処理。'asis'はそのまま出力。'hold'はチャンク内の実行を終えたあとに、その結果をまとめて出力。'hide'は結果を出力しない
cache	FALSE	実行した結果をキャッシュするかどうかを指定。キャッシュすると、次回以降コード内容に変化がなければ実行をスキップしてキャッシュを利用する
error	FALSE	Rコードの実行時のエラーをどうするか指定。TRUEならエラーメッセージをドキュメントに表示。FALSEならレンダリングを停止
warning	TRUE	Rコードを実行した際のwarning（警告）をドキュメントに表示させるかどうかを指定
message	TRUE	Rコードを実行した際のmessageをドキュメントに表示させるかどうかを指定

この他にも、出力した図に関する設定（dev, dpi, fig.widthなど）や実行結果のテキスト処理に関するオプション（collapse, commentなど）のように豊富な用意があります。まずは基本的なオプションに慣れましょう。

インラインチャンク

また、文章中にRの実行結果を出力させるためにインラインチャンクを差し込むことができます。以下のように、`r (コード)`という形式で差し込みます。

```
円周率は `r pi` です。
```

ここでチャンクオプションを指定することはできませんが、Rmdファイル内でこのインラインチャンクより前に実行した内容であればオブジェクトを継承させることができます。分析結果の統計量などを文章内に組み込むのに便利です。

ドキュメントの設定

R Markdownでは、ドキュメント全体に関する設定をファイル内に記述します。ここでもう一度、RStudioで新規に作成したファイルの最初の部分を確認しましょう。

```
---
title: "Untitled"
author: "kazutan"
date: "2021/02/13"
output: html_document
---
```

フロントマター

この---と---で挟まれた部分は**フロントマター（front matter）**、または**YAMLヘッダ**と呼ばれ、そのドキュメント全体の設定をYAMLという記法で記述します。基本的には、以下のように設定項目と設定内容を記述します。

```
設定項目: 設定内容
```

このように、項目と内容を:で区切り、1項目につき1行で記述します。行頭に#を記述することでコメントアウトとなり、一時的に設定を外したいときに利用します。また、YAMLにおいて、行頭のインデントは設定項目のレベルを表現するため重要ですので注意してください。レベルを1つ下げるには半角スペース2つを行頭に追加します。次の例では、output:に"html_document"を指定し、その下位オプションとしてtoc: true（文書の先頭にコンテンツ一覧表を表示）という設定をしています。

```
output:
  html_document:
    toc: true
```

上記は作成するドキュメントの出力形式を設定しています。output以下のレベルに設定する項目には、html_document形式やpdf_document形式といった出力形式に依存する項目と、ほぼ共通して使える項目があります。RStudioにおいてRmdファイルを新規で作成した際、フロントマターに標準で組み込まれている項目は**表5.2**のとおりです。

5

●表5.2　標準で組み込まれるフロントマターの設定項目

項目	内容
title:	ドキュメントのタイトル
author:	ドキュメントの著者
date:	ドキュメントの日付
output:	出力形式を指定

出力形式とテンプレート

outputによる出力形式について補足します。html_documentならば通常のhtmlドキュメント形式、pdf_documentならばpdfドキュメント形式といったように指定します。rmarkdownパッケージは、このoutputで指定できるドキュメント形式が豊富に用意してあります（**表5.3**）

●表5.3　rmarkdownパッケージに用意されている出力形式

出力形式	ファイル形式	特徴
html_document	*.html	html形式のドキュメントを生成。Webブラウザで閲覧でき、CSSによるスタイル設定やJavaScriptを活用した動的なコンテンツも活用できる
pdf_document	*.pdf	pdf形式のドキュメントを生成。pdfファイルへ出力するには、実行するマシンにTeX環境が必要
word_document	*.docx	Microsoft Wordのdocx形式のドキュメントを生成。生成されたdocxファイルはWordで開いて編集できる
odt_document	*.odt	Open Documentフォーマットのドキュメントを生成。生成されたodtファイルはLibreOfficeなどのアプリケーションで開いて編集できる
md_document	*.md	Markdown形式のドキュメントを生成。生成されたmdファイルは各種エディタやビューワソフトで編集／閲覧できる
ioslides_presentation	*.html	ioslidesというJavaScriptライブラリを利用したhtml形式スライドを生成。htmlファイルで出力され、ブラウザでスライドを提示できる
slidy_presentation	*.html	slidyというJavaScriptライブラリを利用したhtml形式スライドを生成。htmlファイルで出力され、ブラウザでスライドを提示できる
beamer_presentation	*.pdf	texのbeamerクラスを利用したpdf形式スライドを生成。pdfファイルで出力される。生成には実行するマシンにTeX環境が必要となる
powerpoint_presentation	*.pptx	Microsoft PowerPointのpptx形式スライドを生成。生成されたpptxファイルはPowerPointで開いて編集できる

この他にも、R Markdown向けのフォーマット（出力形式）を含むパッケージがインストールしてあれば、そのフォーマットを利用できます[注5.5]。たとえば、R Markdownでダッシュボードを作成するflexdashboardパッケージが用意している`flex_dashboard`フォーマットを利用する場合の設定は、以下のようにします。

```
---
title: "Untitled"
```

注5.5　すでにR Markdown向けにさまざまなテンプレートが開発され、公開されています。たとえば、論文用に設計されたrticlesパッケージ、reveal.jsを利用したhtmlスライドを生成するrevealjsパッケージ、remark.jsを利用したhtmlスライドを生成するxaringanパッケージなどがあります。主なものについては「5.3 出力形式」の節で紹介します。

```
output:
  flexdashboard::flex_dashboard:
    orientation: columns
    vertical_layout: fill
---
```

このように、output:の下の階層にパッケージ名::フォーマット名という形式で指定します。なぜこのような指定方法をするかというと、R Markdownのフォーマットはパッケージの関数として用意されているからです。Rmdファイルをレンダリングすると、output:に指定したフォーマット名の関数に、その引数として設定項目を引き渡します。html_documentなどはrmarkdownパッケージ内に存在するため、パッケージ名を省略しているのです。各出力形式で使用できるオプションはヘルプで確認でき、html_document形式の場合はConsoleで?html_documentと入力してください。

RStudioで使える便利なTips

RStudioはR Markdownに関する機能が豊富に組み込まれています。その中でも特に便利なものを紹介します。

Knitボタン

Sourceペインの[Knit]ボタンをクリックすると、現在フォーカスしているRmdファイルを、output:で指定した出力形式でレンダリングします。このボタンの右側にあるプルダウンをクリックすると、**図5.8**のようなメニューリストが表示されます。

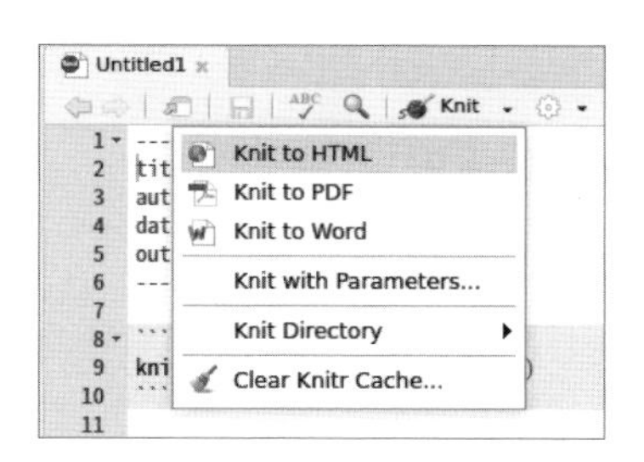

図5.8 Knitボタンのメニュー

このメニューにある「Knit to PDF」などをクリックすると、output:に関係なく自動的にその出力形式でレンダリングします[注5.6]。[Knit to HTML]でプレビューしながらドキュメントを作成し、最終的にはdocx形式やpdf形式のファイルに出力して微調整することが多いでしょう。

注5.6 ここでoutput:に記述されていない出力形式を選択した場合、フロントマターに新たに追記されます。すでに記述してある出力形式を選択した場合は、フロントマターに記述されてあるオプション設定を読み込んでレンダリングが行われます。

設定ボタン

[Knit]ボタンの右隣にある歯車ボタンをクリックすると、出力後のプレビューに関する設定が確認できます（**図5.9**）。

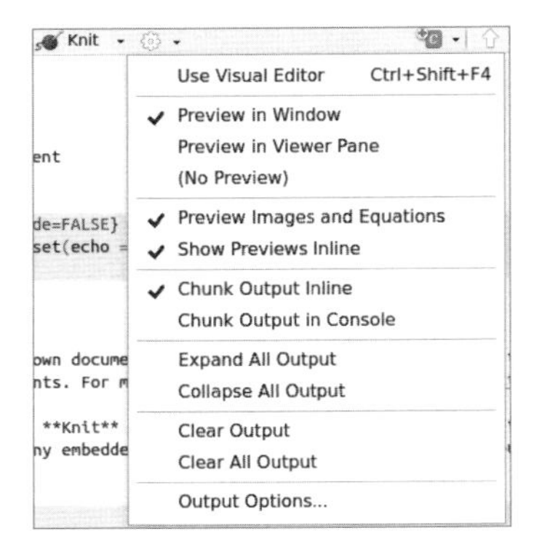

図5.9　プレビューに関するメニュー

設定ボタンの内容は**表5.4**のとおりです。

表5.4　設定ボタンのメニューと説明

項目	説明
Use Visual Editor	Visual Editorを利用するかどうかを指定[注5.7]
Preview in Window, Preview in Viewer Pane, (No Preview)	Knitして出力したファイルをプレビューするかどうかを指定[注5.8]。**Window**はKnitするたびに別ウィンドウでプレビューが表示される。**Viewer Pane**はKnitするたびにViewerにプレビューが表示される。**(No Preview)**ならKnitしてもプレビューされない
Preview Images and Equations	Markdownで挿入されている画像や数式にカーソルをあわせたときに、そのプレビューを表示させるかどうかを指定
Show Previews Inline	Markdownで挿入されている画像や数式を、すぐ下にインラインで表示させるかどうかを指定
Chunk Output Inline, Chunk Output in Console	チャンク内のコードを実行した際の出力先を指定。**Inline**を指定した場合、そのチャンクのすぐ下にインラインで表示。**in Console**を選択すると、実行結果はConsoleに出力される
Expand All Output, Collapse All Output	インラインとして表示させているRチャンク出力の折りたたみ（**Collapse**）/展開（**Expand**）を切り替える
Clear Output, Clear All Output	インラインとして表示させているRチャンク出力を消去/全消去
Output Options…	Outputオプションのダイアログボックスを表示

また、[Output Options...]をクリックすると表示されるダイアログボックスでは、さまざまな設定ができます（**図5.10**）。

注5.7　RStudio v1.4から組み込まれた新機能で、Markdownを使わずにRmdファイルを編集できる機能です。詳細は後述します。

注5.8　Viewer Paneに指定していたとしても、出力形式によっては別ウィンドウで表示される場合があります（PDFなど）。

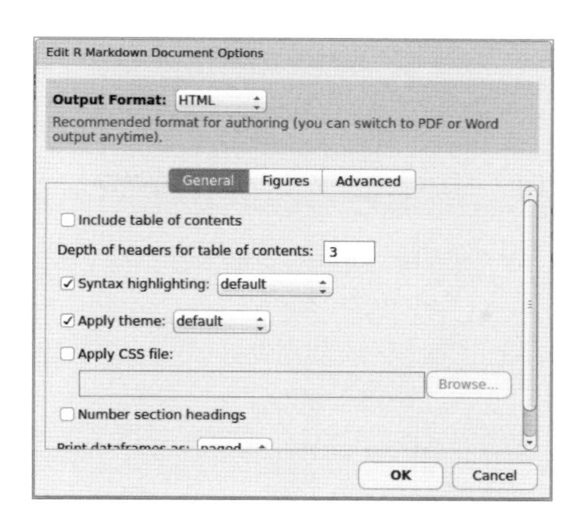

●図5.10 Output Optionsダイアログボックス

ここでは、フロントマターに記述するような出力形式オプションが設定できます。ここで設定した内容は、ファイル内のフロントマターに自動的に記述されます。また、ファイル内のフロントマターを編集したあとにこのダイアログボックスを開いても、編集したあとの設定を読み込んで反映されます。

チャンク挿入・コード実行・アウトライン表示

チャンクを挿入するには、右上の[Insert]ボタンをクリックします（**図5.11**）。

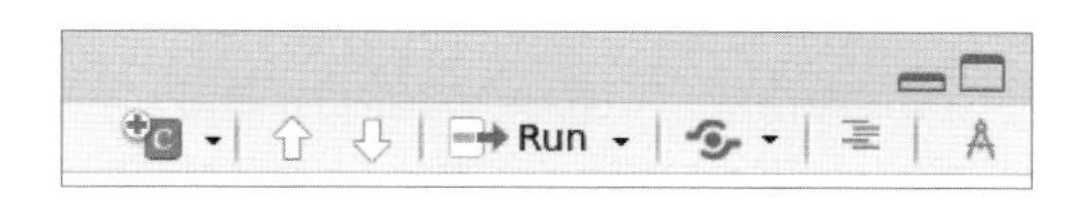

●図5.11 チャンク挿入とコード実行のボタン

このボタンをクリックすると、カーソルのある位置にRチャンクが挿入されます。また、チャンク内のコードを選択して[Run]ボタンをクリックすると、選択範囲のコードが実行されます。このチャンク内のコード実行は、通常のRスクリプトと同じように実行されます。

右端から2番目にあるボタンは現在フォーカスしているファイルのアウトラインです。このボタンをクリックするとMarkdownの見出しを自動的に検出し、見出しレベルにあわせてインデントされたアウトラインが表示されます。このアウトライン上の見出しをクリックすれば、当該箇所へカーソルが移動します。ドキュメント構造を意識しつつ作業を進めるのには必須の機能です。

キーボードショートカット

RStudioにはさまざまなキーボードショートカットやスニペット[注5.9]が組み込まれていますが、

注5.9　よく使うような記述内容を登録して、簡単な記述と操作で展開する機能です。

R Markdown向けにもいくつか用意があります。その中から便利なものを**表5.5**でいくつか紹介します。

● 表5.5　キーボードショートカット

キー（macOS）	キー（Windows）	内容	備考
⌘ + shift + K	Ctrl + Shift + K	レンダリングを実行（Knitボタンと同じ）	現在フォーカスしているファイルが対象
control + option + I	Ctrl + Alt + I	Rチャンクを挿入	
rと入力し、shift + tab	rと入力し、Shift + Tab	Rチャンクに展開	スニペット
コードを選択し、⌘/control + enter	コードを選択し、Ctrl + Enter	選択した部分のコードを実行	Consoleで実行される
⌘/control + shift + enter	Ctrl + Shift + Enter	Rチャンク内のコードを全実行	現在カーソルが置かれているチャンクが対象
⌘/control + shift + C	Ctrl + Shift + C	選択行をコメント／非コメント	Rチャンク内ならRのコメントに、Markdown部分ならMarkdown(html)のコメントとなる

R Markdownでドキュメントを作成すると、Rチャンクを何度も挿入します。また、Rチャンク内に記述したコードがうまく実行できるかを繰り返し確認するとともに、レンダリングして意図したようにドキュメントが生成されるか試すことになります。頻繁に行う作業については、キーボード・ショートカットを利用して効率を上げるようにしましょう。

COLUMN

Visual ModeによるRmdファイルの編集

RStudio v1.4からRmdファイルの編集に「Visual Mode」が搭載されました。これはWYSIWYG (What You See Is What You Get,「見たままが得られる」という意味) と呼ばれるもので、Rmdファイルの編集画面でも見出しや表などが視覚的に分かるようになり、またアイコンなどで簡単に表や図が挿入できるモードです。

Visual Modeへの切り替え

現在編集中のRmdファイルでVisual Modeを利用するには、Sourceペインの一番右にあるボタン（図5.11の一番右のボタン）をクリックします。すると図5.12のように切り替わります。

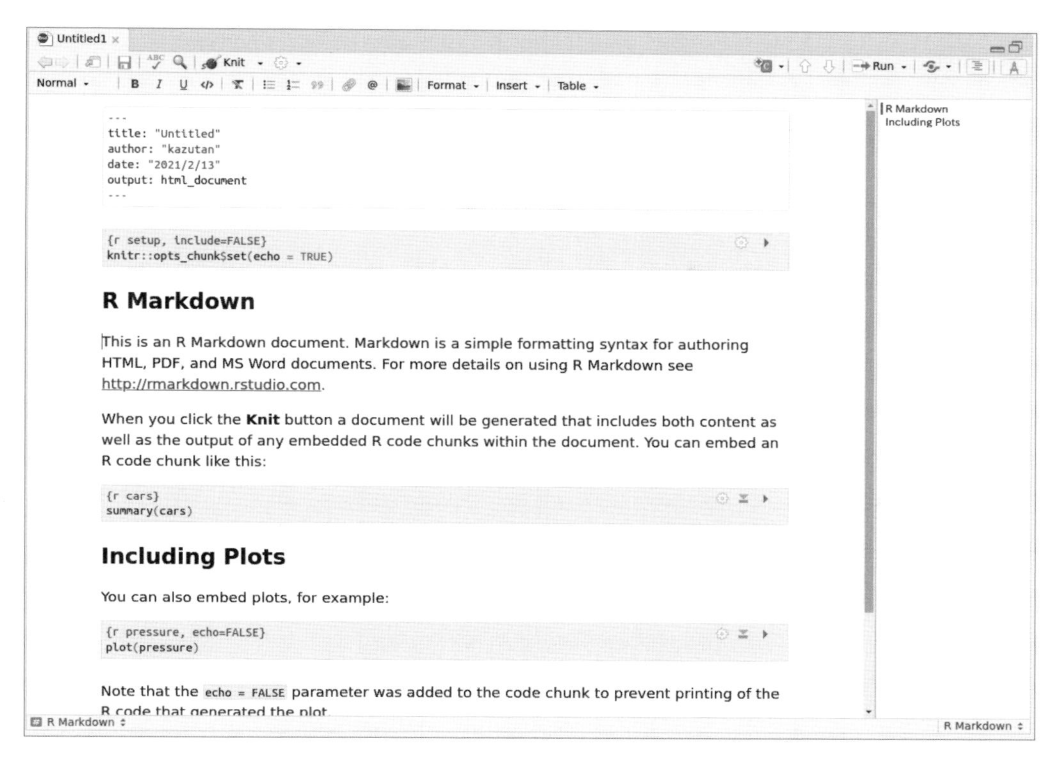

●図5.12　Visual Modeでの編集画面

Sourceペイン上部のボタンエリアに、新たに編集用ボタンの段が追加されています。これらは他のワードプロセッサアプリケーションなどで馴染みのあるボタンたちなので、直感的に分かりやすいでしょう。
通常のRmdファイル編集モード（Source mode）に戻すときは、再度モード切替ボタンをクリックします。なお、Visual Modeで加えた編集は、Markdown記法に変換されてRmdファイルに書き加えられます[注5.10]。そのため、両方のモードを切り替えながら作業を進めていくといいでしょう。

Visual Modeの利用

ためしに表を挿入してみます[注5.11]。表は[Table]ボタンから[Insert Table...]をクリックします（図5.13）。

注5.10　Visual Modeでの編集はMarkdownに変換されてRmdファイルに書き込まれますが、その規則などについては公式サイトの資料を参照してください。URL https://rstudio.github.io/visual-markdown-editing/#/markdown

注5.11　Markdownで表を記述するのは非常に大変です。しかし今回紹介する機能を使えば非常に簡単にMarkdown上の表を作成／編集できるようになります。ぜひ積極的に試してみてください。

●図5.13　Tableのメニュー

Insert Tableダイアログボックスが表示されるので、今回はそのままOKをクリックします（**図5.14**）。

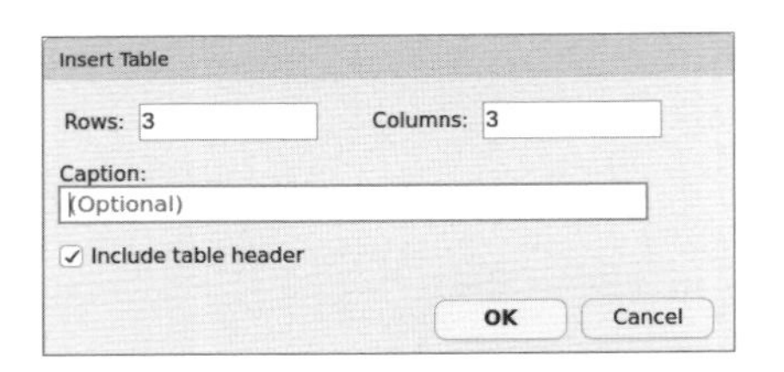

●図5.14　Insert Tableダイアログボックス

するとカーソルがあった位置に、自動的に表が挿入されます。セルを直感的な操作で編集できますし、右クリックで便利なメニューも出すことができます（**図5.15**）。

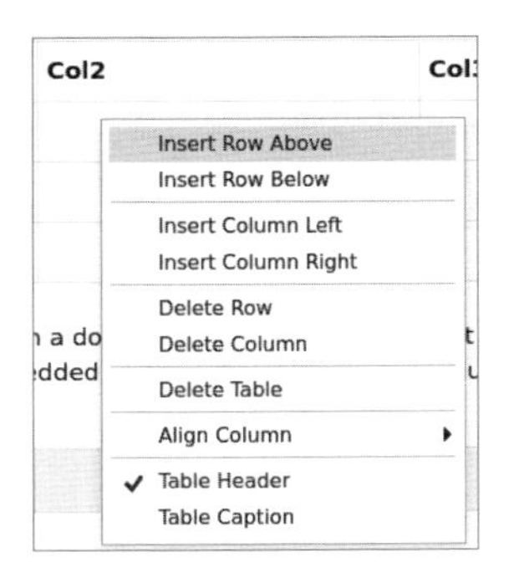

●図5.15　Visual Mode上の表

今回はこの表に関する機能のみ紹介しますが、他にも専用のキーボードショートカットなど豊富な機能が実装されています。ぜひ一度公式サイト[注5.12]を訪れて確認してみてください。

注5.12　URL https://rstudio.github.io/visual-markdown-editing/#/

5-3 出力形式

前節ではR Markdown全般に関わる基礎的な知識を解説してきました。本節では、以下の各出力形式ごとに実践的な解説をします。

- html_document形式
- pdf_document形式
- word_document形式

その他の有用なhtmlテンプレートも紹介します。また、R Markdownでスライドを生成する方法についてもかんたんに紹介します。

html_document形式

html_document形式の概要

ファイル形式がhtmlとなるドキュメントを生成します。R Markdownの標準的な出力形式であり、ドキュメント作成で最も基本となる形式です。html_document形式の主な特徴として以下が挙げられます。

1. Webブラウザで閲覧できる
2. html、CSS、JavaScriptのファイルによって構成
3. 単一ファイル（スタンドアロン）に組み上げることができる
4. JavaScriptのライブラリを利用したhtmlwidgets系パッケージの出力に対応
5. Shinyを利用したインタラクティブなドキュメントを生成できる
6. サイドメニューといったhtml形式のみに対応したさまざまな機能が利用できる

htmlファイルはWebブラウザさえあれば読むことができるので、読む側のプラットフォームを気にしなくて済みます。また動的なコンテンツを組み込むことができるため、非常にリッチなドキュメントを作成できます。R Markdownでドキュメントを生成するなら、後述するpdf形式やdocx形式ではなくhtml形式をまず候補にしましょう。

スタンドアロン

html形式の出力には、主に次の要素が必要です。

- 本体のhtmlファイル
- プロットなどの画像ファイル
- スタイル設定のためのcssファイル

- 動的なコンテンツを実現するJavaScriptファイルやライブラリ

通常のWebページであれば、これらの画像ファイルなどはhtmlファイルとは別に作成し、各ファイルへのパスを管理する必要があります。これはドキュメントを他へ配布するには不都合です。R Markdownではこれらの関連するファイル群をhtmlファイル内部に組み込むことで、htmlファイル1つにまとめる（スタンドアロン）ことができます[注5.13]。次のようにフロントマターに`self_contained:`という項目を追加することで設定します。

```
output:
  html_document:
    self_contained: true
```

なお、デフォルトでは`true`でオンになっています。`false`にすると、使用する外部ファイル群は**ファイル名**`_files`というフォルダにまとめて格納されます[注5.14]。ドキュメントを受け渡したいときは単一ファイルにしておき、Web上に設置したいときは`false`にして、関連するファイルもあわせてアップロードするといいでしょう。

見出しの一覧

ドキュメントを閲覧する際に見出しの一覧があると便利です。この見出し一覧を自動で生成する“Table of Contents”という機能を利用できます。

```
output:
  html_docuemnt:
    toc: true
```

このように設定すると、Rmdファイル内の見出しを自動的に取得します。そして、各見出しへのリンク付きリストとして、ドキュメントの冒頭に挿入します（**図5.16**）。

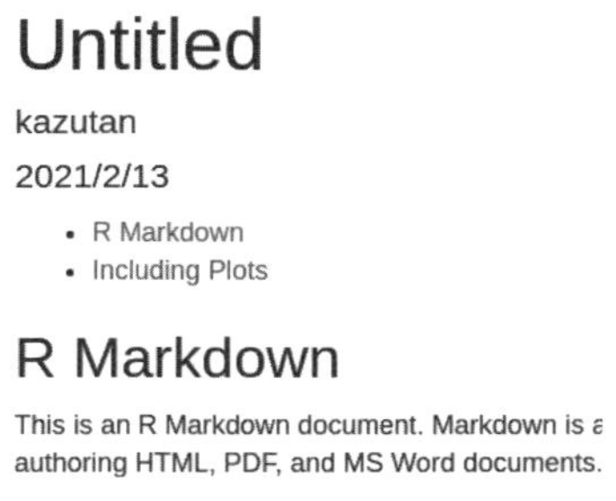

Untitled

kazutan

2021/2/13

- R Markdown
- Including Plots

R Markdown

This is an R Markdown document. Markdown is a
authoring HTML, PDF, and MS Word documents.

●図5.16　tocの出力

注5.13　スタンドアロンはPandocの機能で実現しています。使用する画像ファイルやjsファイルをbase64エンコーディングで文字列に変換し、それをhtmlファイルに埋め込んで表示／実行できるようにしています。そのためhtmlファイルが大きくなり、通常のテキストエディタでhtmlファイルを開くと大変なことになります。また、ドキュメントを読み込む際にbase64からデコードするため、スタンドアロンの方が読み込みが遅くなります。

注5.14　このフォルダ名を指定することも可能ですが、混乱や不具合の元となる場合があるので明確な理由がない限りそのままで良いでしょう。

標準では見出しレベル2まで取得しますが、どの深さまで取得するかを指定できます。たとえば見出しレベル3まで取得したい場合は、次のように`toc: true`と同じ階層で`toc_depth: 3`と指定します。

```
output:
  html_document:
    toc: true
    toc_depth: 3
```

これらの見出しリストはドキュメントの冒頭に挿入されますが、Webページなどでよく見られるサイドメニューとして表示させることもできます。

```
output:
  html_document:
    toc: true
    toc_float: true
```

このように設定すると、見出し一覧がページ左に常に表示されます（**図5.17**）。ドキュメントのコンテンツ幅が少し狭くなりますが、ドキュメントが長いときは積極的に利用するといいでしょう。

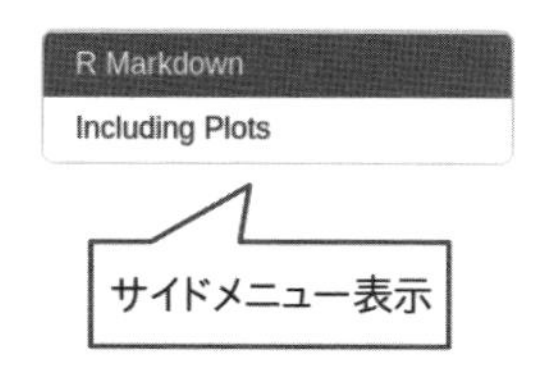

●図5.17 toc_float設定

data.frameの表示方法

Rで処理して作成したdata.frameをドキュメントの表として出力する際、標準では通常のR出力結果として表示されます。たとえば、次のようなRチャンクでは、ドキュメントに**図5.18**のように表示されます。

```
```{r}
head(iris)
```
```

```
head(iris)
```

```
##   Sepal.Length Sepal.Width Petal.Length Petal.Width Species
## 1          5.1         3.5          1.4         0.2  setosa
## 2          4.9         3.0          1.4         0.2  setosa
## 3          4.7         3.2          1.3         0.2  setosa
## 4          4.6         3.1          1.5         0.2  setosa
## 5          5.0         3.6          1.4         0.2  setosa
## 6          5.4         3.9          1.7         0.4  setosa
```

●図5.18　標準のdata.frame出力

data.frameをhtml形式のtableとして出力するにはknitrパッケージの`kable()`関数が便利です。次のようなチャンクでは、ドキュメントに**図5.19**のように表示されます。

```
```{r}
df <- head(iris)
knitr::kable(df)
```
```

```
df <- head(iris)
knitr::kable(df)
```

Sepal.Length	Sepal.Width	Petal.Length	Petal.Width	Species
5.1	3.5	1.4	0.2	setosa
4.9	3.0	1.4	0.2	setosa
4.7	3.2	1.3	0.2	setosa
4.6	3.1	1.5	0.2	setosa
5.0	3.6	1.4	0.2	setosa
5.4	3.9	1.7	0.4	setosa

●図5.19　knitrパッケージのkable()関数を用いた出力結果

`kable()`で作成した表は自動的にhtml記法のtable要素として変換されますので、html形式のドキュメントによくなじみます。ただし、列数が多いと列幅が短くなりますし、行数が多いと縦に長くなりますので注意してください。

data.frameを`head(iris)`のようにそのまま出力すると、**図5.18**のように表示されます。R Markdownではdata.frameの表示方法がいくつか用意されており、変更するにはフロントマターに`df_print:`を設定します。たとえば以下のようにフロントマターを設定します。

```
¥output:
  html_document:
    df_print: "paged"
```

このように設定すると、`head(iris)`などのdata.frameは**図5.20**のように表示されます。この出力ではdata.frameをページに区切って表示します。そのためデータ数が大きいdata.frameであってもある程度コンパクトに表示でき、またマウスクリックによって表示を切り替えることができます。

```
head(iris)
```

	Sepal.Length <dbl>	Sepal.Width <dbl>	Petal.Length <dbl>	Petal.Width <dbl>
1	5.1	3.5	1.4	0.2
2	4.9	3.0	1.4	0.2
3	4.7	3.2	1.3	0.2
4	4.6	3.1	1.5	0.2
5	5.0	3.6	1.4	0.2
6	5.4	3.9	1.7	0.4

6 rows | 1-5 of 6 columns

図5.20 df_printに "paged" を設定した出力結果

`df_print:`で指定できる内容は**表5.6**のとおりです（data.frameを`df`としています）。

表5-6 `df_print:`で指定できる内容

内容	説明
`default`	通常の出力（`print(df)`もしくは`df`）を表示
`kable`	knitrパッケージの`kable(df)`での出力を表示
`tibble`	tibble形式での要約を出力
`paged`	ページネーション付きのhtml形式のtableを出力

`default`と`tibble`を指定すると、通常のR出力結果としてドキュメントに表示されます。`kable`を指定すると、自動的にhtml形式のtableとしてドキュメントに表示されます。表示したいdata.frameが小さい場合には`default`か`kable`でも十分ですが、大きい場合には`tibble`や`paged`の利用を検討しましょう。

htmlwidgets系パッケージによる可視化

最近ではJavaScriptの可視化ライブラリがRへと移植され、これらはhtmlwidgetsパッケージの機能を利用してパッケージ化されています。JavaScriptの可視化ライブラリを利用しているため、html形式での出力に視覚的な効果を与えることができます。R Markdownでは、Rチャンクの内容をそのまま評価することで自動的にドキュメント内に挿入します。ここでは、plotlyパッケージを利用してインタラクティブなプロットを挿入してみましょう。plotlyパッケージをインストールしたあとに、以下のようなRチャンクを含むRmdファイルを作成します。

```
```{r}
library(plotly)
```
```

````
plot_ly(iris, x = ~Species, y = ~Sepal.Length, type = "box")
```
````

このRmdファイルをレンダリングすると、ドキュメント内の該当箇所に**図5.21**のようなプロットが挿入されます。

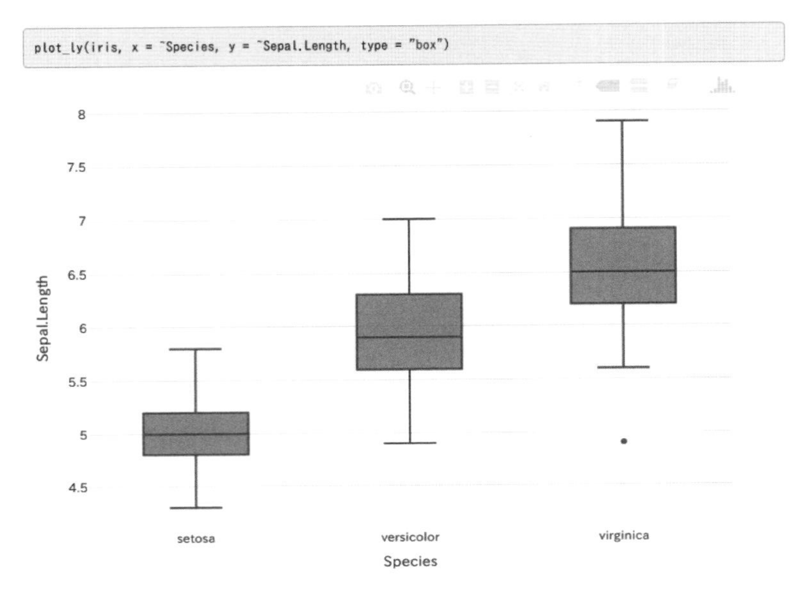

図5.21　plotlyによるプロットの挿入

この出力されたプロットにマウスを重ねると、その地点にあるデータの説明が表示されます。また縦軸や横軸を操作することで、データ範囲を変更できます。このように、ドキュメントを作成したあとでもプロットの内容を変化できるインタラクティブなプロットを組み込むことができます。この例ではplotlyというパッケージを用いましたが、この他にも地図を作成するleafletパッケージや時系列データを可視化するdygraphsパッケージなどたくさんありますので、ぜひ活用してみてください。

外部ファイルによるヘッダやフッタの差し込み

フロントマターに`includes:`オプションを設定することで、htmlの<head>部分、<body>部分の冒頭、あるいは最後に外部ファイルの内容を追加できます。たとえば、以下のようにyamlヘッダに記述したとします。

```
---
output:
  html_document:
    includes:
```
```

```
      in_header: "head.html"
      before_body: "header.html"
      after_body: "footer.html"
---
```

これをレンダリングすると、htmlファイルの`<head>...</head>`内にhead.htmlの内容が挿入されます。同様に、header.htmlの内容は`<body>...</body>`内の、R Markdownのコンテンツの前に挿入され、footer.htmlの内容はR Markdownのコンテンツのあとに挿入されます。`in_header:`オプションでは事前に読み込ませたいCSSやJavaScriptライブラリを差し込みたいときに便利です。`before_body:`オプションはWebページのヘッダやメニュー等を挿入したいときに、`after_body:`オプションはWebページのフッタや最後に実行させたいJavaScriptコードなどを設置するのに便利でしょう。

テーマ設定とデザイン編集

ここまで、R Markdownのデザインについてはふれてきませんでしたが、html_document形式ではテーマを変更できます。テーマを変更するには、冒頭のフロントマターの`theme:`オプションで指定します。

```
---
output:
  html_document:
    theme: cosmo
---
```

テーマを変更するとフォントやカラーパレットが変更されます。html_document形式での標準テーマは`default`です。選択可能なテーマは、`default(bootstrap)`, `cerulean`, `journal`, `flatly`, `darkly`, `readable`, `spacelab`, `united`, `cosmo`, `lumen`, `paper`, `sandstone`, `simplex`, `yeti`です。どのような感じになるかは、実際に切り替えて確認してみるといいでしょう。個人的な好みですが、`default`や`cosmo`, `flatly`は落ち着いて見やすいのでよく使っています。これらのテーマはBootstrap 3というCSSフレームワークをベースにしています。このBootstrapによるスタイル設定を解除してプレーンな状態にしたい場合は、`theme: NULL`としてください。また、現在ではBootstrap 4という新しいcssフレームワークを選択することもできます。詳しくは`?rmarkdown::html_document`で確認してみてください。

テーマ変更ではなく、自分でcssファイルを作成してデザインを変更するには、フロントマターに`css:`オプションでcssファイルを指定してください。

```
---
output:
  html_document:
```

```
    css: "style.css"
---
```

css:オプションには組み込みたいcssファイルのパスを指定してください。これでhtml_documentをレンダリングする際に独自のスタイル設定を組み込むようになります[注5.15]。

Markdownファイルの保存

html_documentをレンダリングする際に生成されるMarkdownファイルは、標準設定ではレンダリングが完了したあとに削除されます。この途中で生成されたMarkdownもあわせて保存したい場合には、keep_md:オプションを設定します。

```
---
output:
  html_document:
    keep_md: true
---
```

Markdown出力用の設定もあるのですが、簡易的であればこれでも十分でしょう。

pdf_document形式

pdf_documentの概要

ファイル形式がpdfのドキュメントを出力します。pdf_documentを指定すると、以下のような処理を行います。

1. Rmdファイル内のRコードを実行してmdファイル生成
2. mdファイルからtexファイルを出力
3. texファイルからLaTeXエンジンを用いてpdfファイルを生成

一度texファイルを経由してpdfファイルを出力するので、実行する環境にTeXが必要です[注5.16]。多くはhtml_documentと同様ですが、以下のような特徴があります。

- pdf_document専用のオプションを利用できる
- LaTeXのパッケージも読み込ませて利用できる

ただし、pdfで出力されるため、html_documentで利用していたJavaScriptライブラリやCSSの機能は利用できない、もしくは制約を受けます。主な点は以下のとおりです。

注5.15　cssファイルを作成する際には、特にこだわりがないのであればRStudioで作成すると便利です。RStudioはcssのコードハイライトやスニペットが標準で備わっています。

注5.16　pdf_document形式を使いこなすにはLaTeXに関する知識がある程度必要となります。本書ではLaTeX自体の解説については省略します。

- htmlwidgetsを利用したパッケージの出力が利用できない場合がある[注5.17]
- `df_print:` オプションで`paged`が設定できない
- `toc_float:` オプションが使用できない
- `theme:` が選択できない
- `css:` によるスタイル設定ができない

設定した場合はエラーもしくは無視されますので注意してください。

LaTeXエンジンの指定

LaTeXには様々なエンジンがありますが、R Markdownの標準では`pdflatex`が使用されます。この他にも`xelatex`と`lualatex`が利用でき、フロントマターに`latex_engine:`オプションで設定できます。

```
---
output:
  pdf_document:
    latex_engine: xelatex
---
```

また、LaTeX向けのオプションが用意されています（表5.7）。

●表5.7　pdf_documentのLaTeX向けオプション

項目	内容
`lang`	ドキュメントの言語コードを指定
`fontsize`	フォントサイズを`12pt`のように指定
`documentclass`	LaTeXのdocumentclassを`article`のように指定
`classoption`	指定したdocumentclassへ設定するオプションを指定
`geometory`	geometryクラスへのオプションを`margin=1in`のように指定
`mainfont`, `sansfont`, `monofont`, `mathfont`	ドキュメントで使用するフォントを指定[注5.18]
`linkcolor`, `urlcolor`, `citecolor`	各種リンクの色を指定

これらのLaTeX固有のオプションをフロントマターに設定するには、**行頭にスペースを挿入せずトップレベルで記述**する必要があります。たとえば、以下のようにフロントマターを記述したとします。

```
---
output:
  pdf_document:
    latex_engine: xelatex
```

注5.17　JavaScriptの可視化ライブラリを利用するようなパッケージ（plotlyなど）による出力を組み込んだ場合、パッケージによっては画像ファイルとして挿入してくれる場合もあります。ただ、残念ながら対応しないパッケージも多く、インタラクティブにできないのであれば、これらのコンテンツをpdf_documentに組み込む意義は少ないでしょう。

注5.18　この設定項目は、`latex_engine:`としてxelatexまたはlualatexを指定したときのみ有効となります。

```
documentclass: report
classoption: [landscape, notitlepage]
---
```

この場合、以下の設定をしたことになります。

1. LaTexエンジンとしてxelatexを使用
2. documentclassにreportを指定
3. classoptionとしてlandscapeとnotitlepageを指定[注5.19]

また、pdf_document形式でも`includes:`オプションでヘッダ要素やフッタ要素を組み込むことができます。設定の仕方はhtml_documentと同じですが、指定するファイルはtex形式となります。以下のフロントマターの場合、premable.texというファイルにドキュメント設定や使いたいパッケージを記述しておけば、自動的に組み込むことができます。

```
----
output:
  pdf_document:
    latex_engine: xelatex
    includes:
      in_header: premable.tex
---
```

texファイルの保存

html_documentでは作成中のMarkdownファイルを別途出力できましたが、pdf_documentの場合は途中のtexファイルを別途出力できます。

```
---
output:
  pdf_document:
    keep_tex: true
---
```

word_document形式

word_document形式の概要

Microsoft Wordで使用するdocx形式のファイルを出力します。docx形式は静的なドキュメントなので、pdf形式同様に動的なコンテンツには対応していません。また、このドキュメントは他

注5.19　フロントマターの1つの項目に複数の値を指定したい場合、[]で囲んで,で区切るように記述します。これはYAMLの記法がもとになっています。

の形式と同じくPandocにより生成しますので、実行する環境にMicrosoft Wordがインストールされていなくても生成できます[注5.20]。

word_document形式の制約

word_document形式での出力は、次の制約を受けます。

- 動的なコンテンツを組み込めない
- 拡張的要素が組み込めない
- Rmdファイル上で書式設定が難しい

「動的なコンテンツを組み込めない」というのはpdf_document形式と同様の制約です。たとえば`toc_float:`は設定できず、`df_print:`では`paged`を指定できません。htmlwidgets系パッケージによる出力やShinyといったインタラクティブな要素にも対応できません。

次に「拡張的要素が組み込めない」についてです。word_document形式では`includes:`オプションがありません。元々docx自体が拡張機能を組み込むものではなく、ヘッダやフッタを利用することはないためでしょう。

最後に「Rmdファイル上で書式設定が難しい」という制約についてです。書式設定については、html形式であればcssで設定できますし、pdf形式であればLaTeXによる設定ができますが、word_document形式ではcssファイルもLaTeXも利用できません。

書式設定の取り込み

いま「書式設定が難しいこと」にふれましたが、以下のようにすることでword_documentでは他のdocxファイルから書式設定を取得して、出力するファイルに反映できます。

```
---
output:
  word_document:
    reference_docx: mystyle.docx
---
```

ここで反映される書式は、Wordの[ホーム]タブにある**スタイル**のエリアにある設定です。R Markdownから作成したdocxファイルは、Markdownで指定した文書構造（表題、見出し、箇条書きなど）がそのまま保持されています。書式設定を反映する方法について簡単に手順を示します。

1. Markdownの構成要素や表・図を出力するRチャンクを含んだRmdファイルを準備
2. そのRmdファイルをword_documentでレンダリング
3. 生成されたdocxファイルをWordで開き、Word上でスタイルを設定

注5.20 そのため、macOSやLinuxであってもdocxファイルを生成できます。また、生成後はdocxの拡張子に紐付けられたアプリケーションでそのファイルを開こうとします。LibreOfficeなどのOffice系アプリケーションがインストールしてあれば、それらでファイルを開けるでしょう。

4. 設定したdocxファイルを「mystyle.docx」などのファイル名で保存
5. 出力結果にmystyle.docxのスタイルを設定させたいRmdファイルに、上述のようにreference_docx:を指定する

4で準備したファイルは、再度word_document形式で出力するときに使えます。またスタイルを変更したいのであれば、3で適宜修正しながら利用すれば効率的にできるでしょう。

現在でもレポートとしてdocxフォーマットで要求されることは多く、その際にword_documentは効果を発揮します。しかし、多くの場合、書式を細かく設定する必要があります。そのためレンダリング後に、生成された出力ファイル（docxファイル）を開き、編集する工程が発生します。生成したあとの出力ファイルを編集することは、上述したように再生産性を低下させ効率を悪くするばかりでなく、あとからトレース（追跡）できない人為的ミスが混入するリスクを高めます。インタラクティブなプロットなどのコンテンツへの制約もありますので、できればhtml形式への出力を第一候補とすることをお勧めします。word_documentを使用する際にはそのリスクを意識しつつ運用するべきでしょう。

スライド出力

R Markdownはドキュメントだけではなく、スライドも出力として生成することができます。Rmdファイルのフロントマターにある`output:`で、スライド用の出力形式を指定します。例として、rmarkdownパッケージに標準で組み込まれている`ioslides_presentation`を`output`に指定したRmdファイルの内容を示します。

````
---
title: "タイトル"
author: "kazutan"
date: "2021/2/13"
output: ioslides_presentation
---

# セクションタイトル

## スライドタイトル

```{r}
knitr::kable(head(iris, 3))
```

## スライドタイトル

- 項目3
- 項目4
```
````
````

このRmdファイルをレンダリングすると、**図5.22**や**図5.23**のようなスライドが生成されます。

図5.22 ioslidesによるタイトルスライド

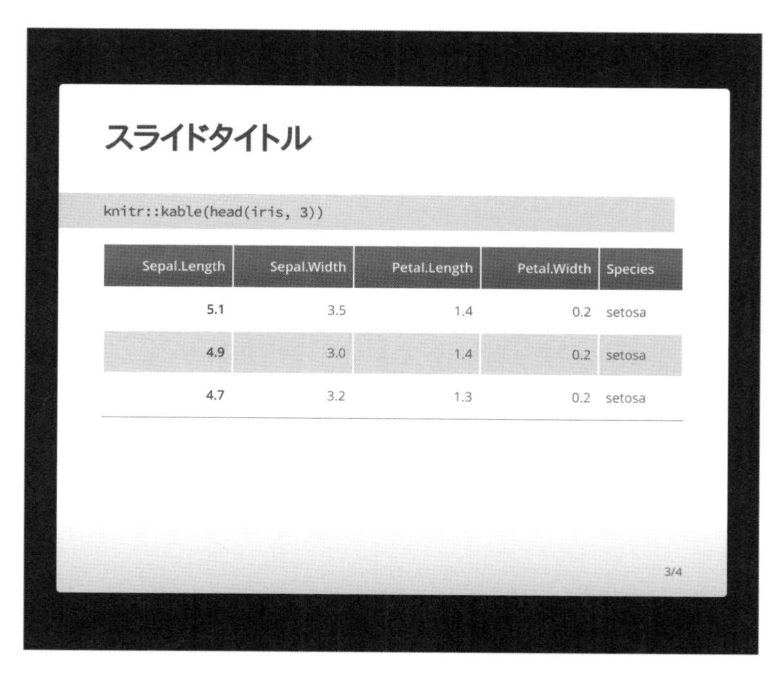

図5.23 ioslidesによるスライド例

ioslides_presentationを用いた出力形式の場合、見出しレベル1(#)であればセクションとして、見出しレベル2（##）であればスライドとして下位要素を処理します。一般的にプレゼンテーション用スライドを作成する場合はMicrosoft PowerPointなどの専用のソフトウェアが利用されると思います。しかし、R Markdownでスライドを作成するメリットは以下のようにたくさんあります。

- アウトラインベースでスライドを作成できるため、Markdownでアウトラインを作成すればそのままスライドの構成が作成できる
- テンプレートへコンテンツを流し込むため、細かい調整をしなくても自然と統一感のあるデザインが実現できる
- Rの出力がそのまま評価されて組み込めるため、コードの変更に対応しやすい
- テキスト形式であるRmdファイルで作成するので、バージョン管理や差分チェックが容易になる
- 生成ファイルがhtml形式もしくはpdf形式なので、ブラウザが利用できるデバイスであれば表示できる

特にドキュメント作成のRチャンクのように、Rのコードをスライドに組み込むことができる点は、R Markdown最大のメリットを享受できているといえます。

逆にデメリットとしては以下の点が挙げられます。

- レンダリングしなければスライドがどのように表示されるか把握しにくく、その度にレンダリングする必要がある
- スライド内でコンテンツを複雑にアニメーションさせたい場合には、かなりの工夫が必要

はじめは敷居が高いように感じますが、R Markdownに慣れてくれば比較的スムーズにスライドが作成できます。ぜひ試してみてください。

R Markdownの出力形式を提供するパッケージ

R Markdownの出力形式は自作でき、独自の出力形式を収めたパッケージが次々と開発され公開されています。主なパッケージを**表5.8**に示します。

表5.8 パッケージにより提供されている出力形式

output:による指定	パッケージ名	タイプ	ファイル形式	特徴
`rticles::pnas_article`	rticle	ドキュメント	pdf	PNAS[注5.21]投稿用に整備された出力形式。テンプレートを選択して作成するとRmdによる論文執筆の方法が記述してあるので作成が楽になる
`tufte::tufte_html`	tufte	ドキュメント	html	"tufte"と呼ばれる配布資料（ハンドアウト）向けhtmlドキュメントを生成する出力形式。右側に大きな余白があるレイアウトが特徴。**tufte::tufte_handout**で生成されるpdfファイルにほぼ近い仕上がりになる
`tufte::tufte_handout`	tufte	ドキュメント	pdf	"tufte"と呼ばれる配布資料（ハンドアウト）向けpdfドキュメントを生成する出力形式。右側に大きな余白があるレイアウトが特徴。**tufte::tufte_html**で生成されるhtmlファイルにほぼ近い仕上がりになる
`prettydoc::html_pretty`	prettydoc	ドキュメント	html	ちょっとポップでカラフルなテーマが組み込まれたhtmlドキュメントを生成する出力形式。**cayman**, **tactile**, **architext**など複数のテーマが選択できる
`rmdformats::readthedown`	rmdformats	ドキュメント	html	org-html-themesプロジェクトの"readtheorg"というテーマに適合したhtmlドキュメントを生成する出力形式。左側にサイドメニューが表示されるのが特徴
`flexdashboard::flex_dashboard`	flexdashboard	ダッシュボード	html	R Markdownで簡単にダッシュボードを生成する出力形式で、フレキシブルなレイアウト構成が可能
`revealjs::revealjs_presentation`	revealjs	スライド	html	"reveal.js"というライブラリを利用したhtmlスライドを生成する出力形式。縦／横方向へのスライドに対応
`xaringan::moon_reader`	xaringan	スライド	html	"remark.js"というライブラリを利用したhtmlスライドを生成。軽量・シンプルで便利な機能が組み込まれている

ここで紹介したパッケージおよび出力形式はほんの一部です。また紹介したパッケージの中には他の出力形式が組み込まれているものもあります。いろいろ試してみてお気に入りの出力形式を探してみてはいかがでしょうか。なおこれらのパッケージを用いた出力形式では、実際に作りやすいようにテンプレートが用意してあります。テンプレートを利用してRmdファイルを作成する手順は以下のとおりです。

1. RStudioでRmdファイルを新規作成するダイアログボックスを開く
2. [Template]に切り替えて利用したい出力形式を選択（**図5.24**）

注5.21 米国科学アカデミー発行の機関誌「Proceedings of the National Academy of Sciences of the United States of America」のこと。

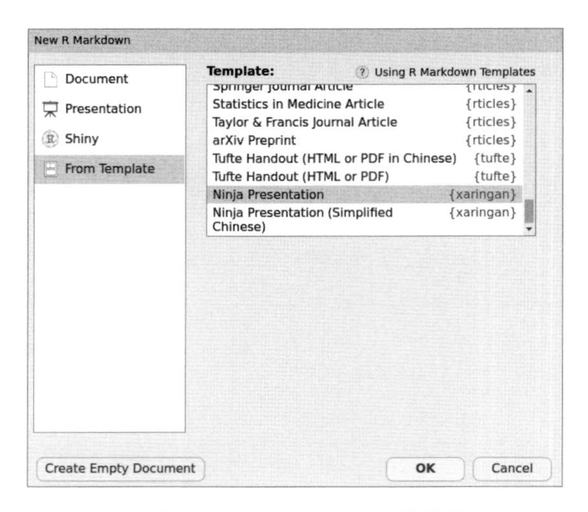

図5.24　Templateからの新規作成

テンプレートから作成したRmdファイルには、その出力形式の機能を使うようなMarkdownの記述例が含まれていることがあります。まずはそのままKnitを実行して出力結果を確認するといいでしょう。

日本語環境での注意点

R Markdownは、日本語はもちろんマルチバイト文字に対応しています。しかし日本語環境で作業をしているとうまくいかないことがよくあります。ここではよくある問題・トラブルについて紹介します。

文字コード

これはR Markdownに限った問題ではないのですが、RStudioではutf-8を念頭に設計されています。しかしながらWindows日本語版ではShift-JIS（CP932）が利用されており、そのために文字化けやエラーが発生することがあります。もし文字コードに関するトラブルが発生したときには、以下の点をチェックしてみてください。

1. レンダリングするRmdファイルの文字コードを確認
2. 使用しているプロジェクトで設定されている文字コードをProject Optionで確認
3. RStudioのGlobal Optionsで設定されている文字コードを確認

これらの文字コードに関する設定が統一されていないため、トラブルになっていることがあります。統一されていない場合は、設定を変更するかファイルの文字コードを変換してください[注5.22]。

注 5.22　基本的には utf-8 に統一させていくのが望ましいと思いますが、ユースケースにより最適解が異なります。どうしてもうまくいかない場合は、Windows 上で仮想環境を構築して RStudioServer を利用する手もあります。

pdf出力での日本語の利用

pdf_document出力形式など、出力されるファイルがpdfの場合、LaTeX環境を通じてドキュメントが生成されます。このとき、ドキュメント内に日本語が含まれる場合は注意が必要です。
RStudioでは標準で利用するLaTeXエンジンとして`pdfLaTeX`が指定されています。pdfLaTeXではフロントマターでフォントを指定できないため、日本語が表示されなくなります。そのため、日本語を含むドキュメントでは`latex_engine:`オプションで`xelatex`もしくは`lualatex`を指定してください。その上で`mainfont:`などで日本語に対応したフォントを設定するようにしてください。

見出しへの日本語の利用

見出しに日本語が含まれる場合、tocでのリンクやスライドにおいて予期しない挙動が発生することがあります。具体的には「tocの内容をクリックしても違う場所に飛ぶ」、「スライドを進めると突然違う場所に飛ぶ」などです。R Markdownのテンプレートを提供するパッケージ内での設定とPandocの仕様によって引き起こされます[注5.23]。
これを解決する方法はいくつかありますが、そのうまく動かない見出しに対して個別に識別子を指定するのがスムーズです。

```
## 日本語の見出し {#hogehoge}
```

このように、見出しの行末に{}で囲んでhtmlの識別子を付与します。ここでは## 日本語の見出しのブロック#hogehogeという識別子が適用されます。この識別子を一意に割り当てておけば、上記の問題は解決できるでしょう。

5-4 まとめ

本章では、Rによるドキュメント生成の基礎を解説しました。「報告するまでが分析」で、そのためにはこのR Markdownを活用することが近道となるでしょう。ここではhtmlドキュメントをはじめ、よく利用されているpdfやdocxファイル形式のドキュメントを紹介しましたが、R Markdownにはまだ多くの機能と可能性があります。最近ではR Markdownのシステムを利用してWebサイトの構築やブログ、そして書籍も作成することもできます。これだけでなくShinyを組み込むことでインタラクティブなWebアプリケーションを作成することもできます。

このようにR Markdownはさまざまなことに利用できるのですが、使いはじめたばかりの方に

注5.23　rmarkdownがレンダリングする際、PandocはHTMLのsectionやdivのidとして、見出しの文字列を自動的に取得してそのままセットします。rmarkdown v1.6より前ではここで日本語での対応が不十分な箇所がありましたが、現在では解消しています。しかし、他のパッケージで提供されているR Markdownテンプレートでは日本語など非asciiではない文字への対応が不十分なものがあります。紹介した方法で解決しない場合はかなり根が深いケースなので、その日本語見出しを英語にするなどの対応をしたほうがいいでしょう。

とっては「使いこなすのが大変」や「どれから手を付けたらいいか分からない」といった印象を持たれることが多いようです。しかし、導入はそれほど難しくありません。まずはこれまで切り離されていたドキュメント作成をRStudioに組み込みましょう。基本となるhtml_documentでシンプルな設定からはじめ、いろいろな出力形式へのレンダリングに慣れてきたら豊富な機能・詳細な設定にチャレンジしていきましょう。

参考URL・参考文献

- R Markdown　URL https://rmarkdown.rstudio.com/
- R Markdown: The Definitive Guide　URL https://bookdown.org/yihui/rmarkdown/
- 高橋 康介（著）「再現可能性のすゝめ―RStudioによるデータ解析とレポート作成―」（2018, 共立出版）
- 江口 哲史（著）「自然科学研究のためのR入門―再現可能なレポート執筆実践―」（2018, 共立出版）

付録A stringrによる文字列データの処理

本章では、主にstringrパッケージを用いて文字列データを扱う方法を概説します。特定の文字列を含むデータの抽出や、文字列の置換、文字列の結合と分割など、文字列を含むデータを扱う際に頻繁に直面する問題を取り上げます。

本章の内容

A-1 文字列データとstringrパッケージ

すでに解説したように、データ分析を行うためには、分析を行いやすい形式にデータを整理する必要があります。そのような作業を「前処理」と呼ぶのでした。文字列を含むデータを扱う場合は、前処理に頭を悩ませることも多いです。たとえば以下のような文字列データからなるベクトルがあるとしましょう。

```
authors <- c("松村さん", "湯谷さん", "紀ノ定", "前田さん")
authors
```

```
[1] "松村さん" "湯谷さん" "紀ノ定"   "前田さん"
```
出力

気を遣って、自分（紀ノ定）以外のお名前に「さん」を付けたはいいものの、いざ分析する際には「さん」が付いているデータと付いていないデータが混在しているのは、混乱のもとです。分析上、特に支障がないのならば、すべてのデータから「さん」を削除してしまってもいいでしょう。

Rにはデフォルトで、文字列処理を行うためのさまざまな関数があります。たとえばもしすべての名字が2文字だと分かっていたなら、substr()という関数で、名字が含まれる位置だけを切り出すこともできます。もっとも、今回の例では3文字からなる名字（紀ノ定）が存在するので、このやり方ではうまくいきません。

```
substr(x = authors, start = 1, stop = 2)
```

```
[1] "松村" "湯谷" "紀ノ" "前田"
```
出力

特定の文字列を、別の文字列に置換するためには、gsub()という関数を利用できます。上記の例では、すべてのデータに含まれる「さん」を、文字列がないという情報で置換すれば、「さん」を削除できます。

```
gsub(pattern = "さん", replacement = "", x = authors)
```

```
[1] "松村"   "湯谷"   "紀ノ定" "前田"
```
出力

しかし**stringrパッケージ**を用いれば、より効率的に文字列処理ができます。stringrパッケージは、**stringi**という別のパッケージを基としています。stringiパッケージは多くの文字列処理用の関数を備えているのですが、その中で現実的なデータ処理において必要であろう機能をまとめたものが、stringrパッケージです。もしstringrパッケージでは対処できない問題に直面したら、stringiパッケージの関数を探してみるといいでしょう。

stringrパッケージは、dplyrやggplot2などと同じく、tidyverseパッケージ群に内包されているので、`library(tidyverse)`で読み込むことができます。

```
library(tidyverse)
#または、library(stringr)
```

stringrパッケージは、stringiパッケージの関数のうち主要な関数をまとめたもの、と説明しましたが、それでも多くの関数が存在します。ここでは、その中でも特に使用頻度が高いと思われる関数の説明に注力します。

なおstringrパッケージ内の、文字列を直接操作する関数は、以下の特徴を備えています。

- 関数名が`str_`から始まる
- 第1引数に、処理の対象となる文字列ベクトルを指定する

Rにデフォルトで用意されている文字列処理用の関数`substr()`や`gsub()`では、文字列ベクトルを指定する引数の位置がバラバラでした（`substr()`では第1引数、`gsub()`では第3引数）。それと対して stringrパッケージの関数は、規則的で理解しやすいように設計されています。

A-2 文字列処理の例

str_c()による文字列の連結

以下のようなデータフレームがあるとします。名字(family_name)と名前(first_name)が、別々の変数として記録されています（**表A.1**）。

```
names <- data.frame(family_name = c("Matsumura", "Yutani", "Kinosada", "Maeda"),
                    first_name = c("Yuya", "Hiroaki", "Yasunori", "Kazuhiro"))
```

●表A.1　名字 (family_name) と名前 (first_name)

family_name	first_name
Matsumura	Yuya
Yutani	Hiroaki
Kinosada	Yasunori
Maeda	Kazuhiro

このデータフレームを用いて、氏名を表す文字列ベクトルを得たいとしましょう（例：Matsumura Yuya)。Rにデフォルトで用意されているpaste()を用いて以下のように書くこともできますが、

```
paste(names$family_name, names$first_name)
```

stringrパッケージではstr_c()を用いて、結合したい複数の文字列ベクトルを引数に指定すると、文字列を連結できます。str_c()はデフォルトでcollapse = NULLという引数をとっており、この状態では、複数の文字列ベクトルの、同じ位置の要素同士を結合します。上記の例では、names$family_name[1]とnames$first_name[1]の結合、names$family_name[2]とnames$first_name[2]の結合、ということになります。また、引数sepを指定すれば、結合する文字列同士の間に、任意の文字列を挿入できます。以下のコードでは、姓名の間に半角スペースの挿入を指定しています。

```
names_join <- str_c(names$family_name, names$first_name, sep = " ")
names_join
```

```
[1] "Matsumura Yuya"    "Yutani Hiroaki"    "Kinosada Yasunori"
[4] "Maeda Kazuhiro"
```
出力

引数collapseに任意の文字を指定すると、文字列ベクトルの要素同士を結合したあとで、すべての要素を指定した文字で区切ったうえで、全体を1つの文字列とみなした出力を返します。

```
str_c(names$family_name, names$first_name, sep = " ", collapse = ",")
```

```
[1] "Matsumura Yuya,Yutani Hiroaki,Kinosada Yasunori,Maeda Kazuhiro"
```
出力

引数collapseを指定しなかった場合は、出力のベクトルは長さ4に、指定した場合は長さ1になります。

str_split()による文字列の分割

stringrパッケージを用いると、結合とは反対に、文字列の分割もできます。先ほどstr_c()を用いて、姓名の間に半角スペースを空けて結合した文字列ベクトルnames_joinを、今度は元に戻してみます。引数patternに分割する場所を示す情報を与えます。引数nには分割する個数を指定します。

```
# [1] "Matsumura Yuya"    "Yutani Hiroaki"    "Kinosada Yasunori" "Maeda Kazuhiro"

str_split(string = names_join, pattern = " ", n = 2)
```

```
[[1]]
[1] "Matsumura" "Yuya"

[[2]]
[1] "Yutani"  "Hiroaki"

[[3]]
[1] "Kinosada" "Yasunori"

[[4]]
[1] "Maeda"    "Kazuhiro"
```

上の例では、引数patternに半角スペースを指定したので、姓名それぞれに文字列を分割できました。それでは、文字列の中に複数存在する情報をpatternに指定したらどのように分割されるのでしょうか。4人の氏名には、それぞれ複数個の「a」が含まれているので、pattern = "a"と指定してみましょう。以下のように、**最初に出現した**「a」のところで、文字列が2つに分割されています。引数patternに指定した情報は、分割後に削除されてしまうことに注意してください。

```
# [1] "Matsumura Yuya"    "Yutani Hiroaki"    "Kinosada Yasunori" "Maeda Kazuhiro"

str_split(string = names_join, pattern = "a", n = 2)
```

```
[[1]]
[1] "M"             "tsumura Yuya"

[[2]]
[1] "Yut"         "ni Hiroaki"

[[3]]
[1] "Kinos"        "da Yasunori"

[[4]]
[1] "M"             "eda Kazuhiro"
```

引数nに与える数値を大きくして、分割数を増やすと、文字列の前から順番に分割する場所が決定されます。

```
# [1] "Matsumura Yuya"    "Yutani Hiroaki"    "Kinosada Yasunori" "Maeda Kazuhiro"

str_split(string = names_join, pattern = "a", n = 3)
```

```
[[1]]
[1] "M"      "tsumur" " Yuya"
```

```
[[2]]
[1] "Yut"      "ni Hiro" "ki"

[[3]]
[1] "Kinos"     "d"          " Yasunori"

[[4]]
[1] "M"         "ed"         " Kazuhiro"
```

str_split()の引数simplifyは、デフォルトでFALSEが設定されています。この場合、上記のようにリスト形式で出力されます。もしsimplify = TRUEにすると、以下のとおり行列形式で出力されます。

```
# [1] "Matsumura Yuya"    "Yutani Hiroaki"    "Kinosada Yasunori" "Maeda Kazuhiro"

str_split(string = names_join, pattern = "a", n = 3, simplify = TRUE)
```

```
     [,1]    [,2]      [,3]                                                  出力
[1,] "M"     "tsumur"  " Yuya"
[2,] "Yut"   "ni Hiro" "ki"
[3,] "Kinos" "d"       " Yasunori"
[4,] "M"     "ed"      " Kazuhiro"
```

str_split_fixed()を用いると、同様に行列形式で分割後の結果が返されます。

```
# [1] "Matsumura Yuya"    "Yutani Hiroaki"    "Kinosada Yasunori" "Maeda Kazuhiro"

str_split_fixed(string = names_join, pattern = "a", n = 3)
```

```
     [,1]    [,2]      [,3]                                                  出力
[1,] "M"     "tsumur"  " Yuya"
[2,] "Yut"   "ni Hiro" "ki"
[3,] "Kinos" "d"       " Yasunori"
[4,] "M"     "ed"      " Kazuhiro"
```

str_detect()による文字列の判定

str_detect()を用いることで、文字列ベクトルの各要素が、任意の条件に合致するかどうかを判定できます。4人の中に「hiro」という文字列を含む名前の持ち主がいるかどうかを調べてみましょう。

```
# [1] "Matsumura Yuya"    "Yutani Hiroaki"    "Kinosada Yasunori" "Maeda Kazuhiro"

str_detect(string = names_join, pattern = "hiro")
```

```
[1] FALSE FALSE FALSE  TRUE                                                  出力
```

names_joinという文字列ベクトルは、4番目の要素names_join[4]が「Maeda Kazuhiro」であり、たしかに「hiro」という文字が含まれているため、条件に合致する4番目の要素だけがTRUEとなり、他の要素はFALSEになっています。

逆に、それぞれの要素が特定の文字列を"含まない"かどうかを判定したければ、negate = TRUEと引数を追記しましょう。

```
# [1] "Matsumura Yuya"    "Yutani Hiroaki"    "Kinosada Yasunori" "Maeda Kazuhiro"

str_detect(string = names_join, pattern = "hiro", negate = TRUE)
```

```
[1]  TRUE  TRUE  TRUE FALSE
```
出力

よく見ると、names_joinという文字列ベクトルは、2番目の要素names_join[2]が「Yutani Hiroaki」です。「Hiroaki」という名前は、「H」が大文字になっているため、str_detect(string = names_join, pattern = "hiro")では判定結果がTRUEになりませんでした。しかし表記は違えど、音は同じです。大文字と小文字を区別せずに判定する方法はないのでしょうか。この問題を解決する方法は、次のコラムで説明します。

COLUMN

fixed()/coll()を用いた挙動の調整

stringrパッケージには、判定をサポートする関数（modifier functions）である、fixed()やcoll()などが存在します。たとえば以下のような文字列があるとします。「JIRO（次郎、二郎など）」、「JURI（樹里、朱里など）」、「J.R.（Jonathan Raymondなど）」のように、いずれも人名としてあり得る文字列です。

```
nicknames <- c("JIRO", "JURI", "J.R.", "j.r.")
nicknames
```

```
[1] "JIRO" "JURI" "J.R." "j.r."
```
出力

それではこれらの文字列の中に、「J.R.」という人物が存在するかどうかを判定してみましょう。なんと「JIRO」と「JURI」までもマッチしてしまいました。

```
# [1] "JIRO" "JURI" "J.R." "j.r."

str_detect(string = nicknames, pattern = "J.R.")
```

```
[1]  TRUE  TRUE  TRUE FALSE
```
出力

なぜこのようなことになるのかを理解するためには、正規表現（regular expressions）を理解する必要があります。正規表現とは、ある表記で複数の文字列を表現する方法です。詳しくは「A-3 正規表現」

の節で解説しますが、「.」は正規表現において、「任意の1文字」を表します。つまり「J.R.」は、「.」の位置にどんな文字が挿入されていてもかまわないことを意味するのです。
正規表現は、後述するように柔軟な検索を実現するので、重宝する技術です。しかし今回の事例のように、不必要な情報まで拾ってしまう場合もあります。そのような場合に、fixed()やcoll()が活躍します。これらの関数を用いることで、正規表現で特別な意味を持ってしまう文字が含まれていても、「見た目通り」に判定できます。

```
# [1] "JIRO" "JURI" "J.R." "j.r."

str_detect(string = nicknames, pattern = fixed(pattern = "J.R."))
str_detect(string = nicknames, pattern = coll(pattern = "J.R."))
```

```
[1] FALSE FALSE  TRUE FALSE
```
出力

これらの関数にはもう1つ便利な機能があります。ignore_case = TRUEと引数を指定することにより、大文字か小文字か（upper case / lower case）の違いを無視させることができます。よって以下のように、「j.r.」も検索対象としてマッチさせることができます。

```
# [1] "JIRO" "JURI" "J.R." "j.r."

str_detect(string = nicknames, pattern = fixed(pattern = "J.R.", ignore_case = TRUE))
str_detect(string = nicknames, pattern = coll(pattern = "J.R.", ignore_case = TRUE))
```

```
[1] FALSE FALSE  TRUE  TRUE
```
出力

それでは、fixed()とcoll()の違いは何なのでしょうか。実はfixed()の方が、文字コードの単位でより厳密な判定を行うのです。たとえばドイツ語には、ウムラウトと呼ばれる記号があり、「A」や「a」に加えて、「Ä」や「ä」などの表記があります。これらの文字を入力するためには、文字コードを指定する必要があるのですが、以下の2通りの方法で入力できます。

- 方法1: 直接「ä」を表す文字コードを指定する
- 方法2: まず「a」を記入し、そのあとで「¨」を追加するための文字コードを指定する

fixed()は検索対象の文字列を文字コードのレベルで厳格に照合するので、見た目は同じでも文字コードが異なる2つの文字は、検索してもマッチしません。

```
# 方法2("a\u0308")で書いた文字の中に、方法1("\u00e4")で書いた文字が存在するか判定

str_detect(string = "a\u0308", pattern = fixed(pattern = "\u00e4"))
```

```
[1] FALSE
```
出力

一方、coll()は標準的な照合規則（collation rules）に則って検索するので、fixed()ほど厳格ではなく、以下の判定結果はTRUEになります。

```
# 方法2("a\u0308")で書いた文字の中に、方法1("\u00e4")で書いた文字が存在するか判定
```

```
str_detect(string = "a\u0308", pattern = coll(pattern = "\u00e4"))
```

```
[1] TRUE
```
出力

str_count()による検索対象の計上

検索した文字列が、文字列ベクトルの各要素にいくつ含まれているかを検索するには、str_count()を使用します。たとえば以下のコードを実行すると、「hiro」という文字列が各要素にいくつ含まれているかが返されます。4人のうち、すべて小文字の「hiro」が含まれているのは、names_join[4]の「Maeda Kazuhiro」だけなので、たしかに正しく検索ができています。

```
# [1] "Matsumura Yuya"    "Yutani Hiroaki"    "Kinosada Yasunori" "Maeda Kazuhiro"

str_count(string = names_join, pattern = "hiro")
```

```
[1] 0 0 0 1
```
出力

str_count()についても、fixed()やcolls()を併用して、大文字と小文字を区別せずに検索できます。以下のコードを実行すると、各要素の中に大文字または小文字で表記された「hiro」が含まれている個数が返されます。

```
# [1] "Matsumura Yuya"    "Yutani Hiroaki"    "Kinosada Yasunori" "Maeda Kazuhiro"

str_count(string = names_join, pattern = coll(pattern = "hiro", ignore_case = TRUE))
```

```
[1] 0 1 0 1
```
出力

str_locate()による検索対象の位置の特定

検索された文字列が、各要素の中でどの位置に出現しているのかを取得するためには、str_locate()を使用します。結果は以下のように行列形式で出力されますが、各要素について1つずつしか結果が返されていないことに注意してください。たとえば、names_join[1]の「Matsumura Yuya」には、大文字の「Y」と小文字の「y」が合計2つ含まれていますが、返されているのは1つ目に検索された大文字の「Y」に関する結果です（11番目の文字が、大文字の「Y」）。

```
# [1] "Matsumura Yuya"    "Yutani Hiroaki"    "Kinosada Yasunori" "Maeda Kazuhiro"

str_locate(string = names_join, pattern = coll(pattern = "y", ignore_case = TRUE))
```

```
     start end
[1,]    11  11
[2,]     1   1
[3,]    10  10
[4,]    NA  NA
```

出力

もし、検索されたすべての結果について、各要素の中でどの位置に出現しているのかを取得するためには、str_locate_all()を使用します。この場合は、出力はリスト形式になります。

```
# [1] "Matsumura Yuya"    "Yutani Hiroaki"    "Kinosada Yasunori" "Maeda Kazuhiro"

str_locate_all(string = names_join, pattern = coll(pattern = "y", ignore_case = TRUE))
```

```
[[1]]
     start end
[1,]    11  11
[2,]    13  13

[[2]]
     start end
[1,]     1   1

[[3]]
     start end
[1,]    10  10

[[4]]
     start end
```

出力

str_subset()/str_extract()による文字列の抽出

str_detect()による文字列の検索機能を用いれば、第3章で学習したdplyrパッケージのfilter()関数と組み合わせることで、データフレームの中の、特定の行を抽出できます。

```
# 第3章で学習したdplyrパッケージのmutate()を用いて、
# データフレームnamesに、full_nameという列名で、
# 文字列ベクトルname_joinを追加

names <- names %>%
  mutate(full_name = names_join)

names %>%
  filter(
    str_detect(string = full_name, pattern = "hiro")
  )
```

```
  family_name first_name       full_name
1       Maeda   Kazuhiro Maeda Kazuhiro
```
出力

しかしstringrパッケージには、検索条件に合致する要素を直接抽出する関数str_subset()も用意されています。

```
# [1] "Matsumura Yuya"    "Yutani Hiroaki"    "Kinosada Yasunori" "Maeda Kazuhiro"

str_subset(string = names_join, pattern = "hiro")
```

```
[1] "Maeda Kazuhiro"
```
出力

str_subset()でも、coll()を併用して、大文字と小文字の違いを無視して検索できます。

```
# [1] "Matsumura Yuya"    "Yutani Hiroaki"    "Kinosada Yasunori" "Maeda Kazuhiro"

str_subset(string = names_join, pattern = coll(pattern = "hiro", ignore_case = TRUE))
```

```
[1] "Yutani Hiroaki" "Maeda Kazuhiro"
```
出力

またstr_subset()もstr_detect()と同様に、引数にnegate = TRUEを追記することで、条件に合致しない要素を抽出できます。

```
# [1] "Matsumura Yuya"    "Yutani Hiroaki"    "Kinosada Yasunori" "Maeda Kazuhiro"

str_subset(string = names_join,
           pattern = coll(pattern = "hiro", ignore_case = TRUE),
           negate = TRUE)
```

```
[1] "Matsumura Yuya"    "Kinosada Yasunori"
```
出力

条件に合致する要素"だけ"を抽出するのではなく、それぞれの要素から抽出できたかどうかの情報も取得したければ、str_extract()やstr_extract_all()が適しています。

```
# [1] "Matsumura Yuya"    "Yutani Hiroaki"    "Kinosada Yasunori" "Maeda Kazuhiro"

str_extract(string = names_join, pattern = coll(pattern = "hiro", ignore_case = TRUE))
```

```
[1] NA     "Hiro" NA     "hiro"
```
出力

str_sub()による文字列の抽出

str_subset()と似た名前の、str_sub()という関数もありますが、処理は異なるので注意してください。str_sub()は以下のように、「それぞれの要素の、何文字目から何文字目までを抽出するか」を制御する関数です。

```
# [1] "Matsumura Yuya"    "Yutani Hiroaki"    "Kinosada Yasunori" "Maeda Kazuhiro"

str_sub(string = names_join, start = 1, end = 3)
```

```
[1] "Mat" "Yut" "Kin" "Mae"
```
出力

マイナス記号（-）を数字に付けることで、抽出する範囲を逆順で指定することもできます。以下の例では、「末尾から3文字前」から「末尾」までを抽出するように指定しています。

```
# [1] "Matsumura Yuya"    "Yutani Hiroaki"    "Kinosada Yasunori" "Maeda Kazuhiro"

str_sub(string = names_join, start = -3, end = -1)
```

```
[1] "uya" "aki" "ori" "iro"
```
出力

str_replace()による文字列の置換

特定の文字列を、別の文字列に置換するためには、まず置換前の文字列を抽出する必要があります。上で紹介したstr_sub()は、文字列の抽出だけでなく、置換もできます。以下の例では、文字列ベクトルの各要素から、最初の3文字を抽出したあとで、それらを別の3文字「AAA」で上書きしています。上書きされた結果が保存されることに注意してください。つまりこの関数を実行したあとで、元々の文字列ベクトルの中身が変わることになります。

```
# [1] "Matsumura Yuya"    "Yutani Hiroaki"    "Kinosada Yasunori" "Maeda Kazuhiro"

tmp <- names_join # names_joinを、tmpにコピーしておく
str_sub(string = tmp, start = 1, end = 3) <- "AAA"

tmp
```

```
[1] "AAAsumura Yuya"    "AAAani Hiroaki"    "AAAosada Yasunori"
[4] "AAAda Kazuhiro"
```
出力

一方、str_replace()を用いても文字列を置換できます。以下の例では、名前に小文字の「y」

が含まれている人がいたら、その部分を「-」で置換しています。

```
# [1] "Matsumura Yuya"    "Yutani Hiroaki"    "Kinosada Yasunori" "Maeda Kazuhiro"

str_replace(string = names_join, pattern = "y", replacement = "-")
```

```
[1] "Matsumura Yu-a"    "Yutani Hiroaki"    "Kinosada Yasunori"
[4] "Maeda Kazuhiro"
```
出力

str_replace()で置換した結果をオブジェクトに保存させていないので、関数を実行しただけでnames_joinの中身が変化することはありません。

```
names_join
```

```
[1] "Matsumura Yuya"    "Yutani Hiroaki"    "Kinosada Yasunori"
[4] "Maeda Kazuhiro"
```
出力

ここでも、fixed(ignore_case = TRUE)やcoll(ignore_case = TRUE)を併用して、大文字と小文字の区別を無視した置換ができます。

```
# [1] "Matsumura Yuya"    "Yutani Hiroaki"    "Kinosada Yasunori" "Maeda Kazuhiro"

str_replace(string = names_join,
            pattern = coll(pattern = "y", ignore_case = TRUE),
            replacement = "-")
```

```
[1] "Matsumura -uya"    "-utani Hiroaki"    "Kinosada -asunori"
[4] "Maeda Kazuhiro"
```
出力

よく見ると、names_joinの1つ目の要素「Matsumura Yuya」には、大文字の「Y」と小文字の「y」が1つずつ含まれています。しかし上の例では、大文字と小文字の区別を無視させているにもかかわらず、「-」に置換されたのは1つ目の「Y」だけです。もし、すべての該当する文字列を置換したいならば、str_replace_all()が適しています。

```
# [1] "Matsumura Yuya"    "Yutani Hiroaki"    "Kinosada Yasunori" "Maeda Kazuhiro"

str_replace_all(string = names_join,
                pattern = coll(pattern = "y", ignore_case = TRUE),
                replacement = "-")
```

```
[1] "Matsumura -u-a"    "-utani Hiroaki"    "Kinosada -asunori"
[4] "Maeda Kazuhiro"
```
出力

A

文字列を除去したいならば、置換後の文字列をreplacement = ""として、「文字列が存在しない」という情報で置換してください。

```
# [1] "Matsumura Yuya"    "Yutani Hiroaki"    "Kinosada Yasunori" "Maeda Kazuhiro"

str_replace_all(string = names_join,
                pattern = coll(pattern = "y", ignore_case = TRUE),
                replacement = "")
```

```
[1] "Matsumura ua"     "utani Hiroaki"    "Kinosada asunori" "Maeda Kazuhiro"
```
出力

なお文字列の除去に特化したstr_remove()やstr_remove_all()という関数も存在しますが、コンソール上で以下を実行して内部の処理を見ると明らかなように、結局上記と同じ処理が実行されます。

```
str_remove
```

```
function (string, pattern)
{
    str_replace(string, pattern, "")
}
<bytecode: 0x0000000012b53478>
<environment: namespace:stringr>
```
出力

 str_trim()/str_squish()による空白の除去

文字列の中には、以下のように不要な空白（スペース）が混入してしまっているものがあります。

```
blanks <- c(" 北海道", "東京都 ", " 京都府 ", " 福  岡 県 ")
blanks
[1] " 北海道"     "東京都 "     " 京都府 "    " 福  岡 県 "
```

この例では前から順に、

- 文字列の左側に半角スペースが1つ挿入されているもの
- 文字列の右側に半角スペースが1つ挿入されているもの
- 文字列の左右に半角スペースが1つずつ挿入されているもの
- 文字列の左右に半角スペースが1つずつ挿入されていることに加えて、
  - 文字列の途中に半角スペースが2つ（「福」と「岡」の間）挿入されている
  - 文字列の途中に半角スペースが1つ（「岡」と「県」の間）挿入されている

という文字列が並んでいます。

str_trim()は、文字列の先頭（左端）や末尾（右端）に存在するスペースを除去するための関数です。

```
# [1] " 北海道"     "東京都 "     " 京都府 "     " 福　岡 県 "

str_trim(blanks)
```

出力

```
[1] "北海道"     "東京都"     "京都府"     "福　岡 県"
```

コンソール上で以下を実行して内部の処理を見ると、str_trim()はデフォルトでside = c("both", "left", "right")という引数をとっており、文字列の左右のスペースを除去する設定になっていることが分かります。

```
str_trim
```

出力

```
function (string, side = c("both", "left", "right"))
{
    side <- match.arg(side)
    switch(side, left = stri_trim_left(string), right = stri_trim_right(string),
        both = stri_trim_both(string))
}
<bytecode: 0x00000000111757b8>
<environment: namespace:stringr>
```

もし特定の方向（たとえば、左側）のみスペースを除去したいのであれば、引数sideを明記しましょう。

```
# [1] " 北海道"     "東京都 "     " 京都府 "     " 福　岡 県 "

str_trim(blanks, side = "left")
```

出力

```
[1] "北海道"     "東京都 "     "京都府 "     "福　岡 県 "
```

一方、str_squish()は、「文字列の左右両端」のスペースを除去することに加えて、文字列の途中で複数のスペースが連続している場合に、「重複したスペース」を除去します。

```
# [1] " 北海道"     "東京都 "     " 京都府 "     " 福　岡 県 "

str_squish(blanks)
```

出力

```
[1] "北海道"    "東京都"    "京都府"    "福 岡 県"
```

str_squish()を適用する前後で4つ目の要素を比較してみると、たしかに重複した半角スペース（「福」と「岡」の間）が除かれていることが分かります。この関数を用いると、日本語の文字列を扱う際に問題となる、**半角スペースと全角スペースの混在**に対応できます。全角スペース1つは、半角スペース2つに相当するため、str_squish()により全角スペースをすべて半角スペースに置換できます。

str_squish()は「重複したスペース」を除去するので、関数実行後も、依然として「福岡県」の各文字の間には半角スペースが1つずつ残っています。これらも除去したいならば、上述したstr_replace()を使用してください。

str_to_upper() / str_to_lower()による大文字や小文字への変換

Rにはデフォルトでtoupper()やtolower()という関数があり、文字列ベクトルのすべての要素を、一括で大文字または小文字に置換できます。stringrパッケージに含まれているstr_to_upper()やstr_to_lower()も同様に、元々の文字列ベクトルを大文字や小文字に置換します。

```
# [1] "Matsumura Yuya"    "Yutani Hiroaki"    "Kinosada Yasunori" "Maeda Kazuhiro"

str_to_upper(names_join) #大文字に変換
```

```
[1] "MATSUMURA YUYA"    "YUTANI HIROAKI"    "KINOSADA YASUNORI"
[4] "MAEDA KAZUHIRO"
```
出力

```
# [1] "Matsumura Yuya"    "Yutani Hiroaki"    "Kinosada Yasunori" "Maeda Kazuhiro"

str_to_lower(names_join) #小文字に変換
```

```
[1] "matsumura yuya"    "yutani hiroaki"    "kinosada yasunori"
[4] "maeda kazuhiro"
```
出力

str_to_upper()やstr_to_lower()が優れているのは、**ロケール**（locale）と呼ばれる、言語や地域ごとに異なる設定を反映させられる点です。前述のようにドイツ語には、ウムラウトと呼ばれる記号があり、「A」や「a」に加えて、「Ä」や「ä」などの表記があります。

Rにデフォルトで用意されているtoupper()やtolower()では、大文字と小文字の相互変換が上手くいかないことがあります。

```
umlaut <- c("\u00e4", "\u00f6", "\u00fc") # それぞれ、"ä", "ö", "ü"を表す

toupper(umlaut) # 大文字(それぞれ、"Ä", "Ö", "Ü")への変換に失敗することがある
```

一方、stringrパッケージのstr_to_upper()やstr_to_lower()では、これらを変換できます。

```
# [1] "ä" "ö" "ü"

str_to_upper(umlaut) # 大文字(それぞれ、"Ä", "Ö", "Ü")に変換可能
```

stringrパッケージの関数には、localeという引数を持つものがあり、ロケールを明示的に指定することもできます。

A-3 正規表現

ここまで説明してきたように、stringrパッケージには豊富な関数が用意されており、さまざまな用途に対応できます。かといって、あらゆる用途ごとに関数を用意すると覚えるのが大変で、結局使いにくくなってしまいます。たとえば「特定の文字（列）から始まる要素」を検索するための関数str_starts()や、

```
# [1] "Matsumura Yuya"    "Yutani Hiroaki"    "Kinosada Yasunori" "Maeda Kazuhiro"

# 「m」または「M」から始まる要素を検索
str_starts(string = names_join, pattern = coll(pattern = "m", ignore_case = TRUE))
```

```
[1]  TRUE FALSE FALSE  TRUE
```
出力

「特定の文字（列）で終わる要素」を検索するための関数str_ends()という関数もありますが、

```
# [1] "Matsumura Yuya"    "Yutani Hiroaki"    "Kinosada Yasunori" "Maeda Kazuhiro"

# 「i」または「I」で終わる要素を検索
str_ends(string = names_join, pattern = coll(pattern = "i", ignore_case = TRUE))
```

```
[1] FALSE  TRUE  TRUE FALSE
```
出力

覚える量が増えてしまうのは大変です。「検索するならstr_detect()を使えばよい」と割り切れたほうが楽な人もいるでしょう。実のところ、str_starts()やstr_ends()は、内部でstr_detect()を利用しています。str_detect()と**正規表現**（regular expressions）を組み合わせることで、「特定の文字（列）で始まる／終わる要素」を検索しているのです。正規表現については前述のコラムで紹介したように、柔軟な検索を実現する技術です。本節では代表的な正規表現を紹介し、これまで学習してきたstringrパッケージの関数と組み合わせる方法を解説します。

なお正規表現は、Rに限らずさまざまなプログラミング言語で利用されますが、Rでは一部で異なる書き方があることに注意してください。具体的には、バックスラッシュ（\）を1つ多く書くことがあります。

ここでは学術論文などでよく出現する、「"Simons et al. (2016)"」という文字列を例に説明します。これは、「Simonsさんおよびその他の人々が2016年に出版した論文」などの意味です。検索が成功したことを確認するために、str_locate_all()を用いて、何文字目の文字が検索されたかを出力します。文字列"Simons et al. (2016)"におけるそれぞれの文字番号は**表A.2**の通りです。

●表A.2　文字列中における各文字の出現位置

1	2	3	4	5	6	7	8	9	10	11	12	13	14	15	16	17	18	19	20
S	i	m	o	n	s		e	t		a	l	.		(	2	0	1	6	)

任意の文字や記号の検索

コラムで前述したように、正規表現では任意の文字を「.」で表すことができます。Rでは、正規表現も二重引用符（""）で囲んで表記します。よって以下のように検索すると、空白（スペース）も含み、20文字すべてが検索されます。

```
str_locate_all(string = "Simons et al. (2016)", pattern = ".")
```

出力

```
[[1]]
      start end
 [1,]     1   1
 [2,]     2   2
 [3,]     3   3
    （中略）
[18,]    18  18
[19,]    19  19
[20,]    20  20
```

文字列「"Simons et al. (2016)"」には、ドット（.）が含まれています。このドットを検索するためには、正規表現では\.と書く必要があります。このバックスラッシュ(\)を用いた書き方は、**エスケープシーケンス**と呼ばれ、多くのプログラミング言語で用いられます。ただしRでは、バックスラッシュをもう1つ増やして「\\.」と書きます。たしかに、13番目の文字である「.」だけが検索されました。

```
str_locate_all(string = "Simons et al. (2016)", pattern = "\\.")
```

```
[[1]]
        start end
[1,]     13  13
```

出力

同様に、半角括弧（(）を検索してみましょう。こちらも問題なく、15番目の文字である「(」だけが検索されました。

```
str_locate_all(string = "Simons et al. (2016)", pattern = "\\(")
```

```
[[1]]
        start end
[1,]     15  15
```

出力

「.」や「(」などの**記号以外の文字**（word）だけを検索したければ、「\\w」を使用します。文字には数字も含まれます。**wは小文字**であることに注意してください。

```
str_locate_all(string = "Simons et al. (2016)", pattern = "\\w")
```

```
[[1]]
      start end
 [1,]     1   1
 [2,]     2   2
 [3,]     3   3
    （中略）
[12,]    17  17
[13,]    18  18
[14,]    19  19
```

出力

大文字のWを用いると否定になり、「文字以外」が検索されます。

```
str_locate_all(string = "Simons et al. (2016)", pattern = "\\W")
```

```
[[1]]
     start end
[1,]     7   7
[2,]    10  10
[3,]    13  13
[4,]    14  14
[5,]    15  15
[6,]    20  20
```

出力

数字（digits）だけを検索したいなら、「\\d」を使用します。**dは小文字**であることに注意してください。

```
str_locate_all(string = "Simons et al. (2016)", pattern = "\\d")
```

```
[[1]]                                                             出力
     start end
[1,]    16  16
[2,]    17  17
[3,]    18  18
[4,]    19  19
```

同様に**数字**（digits）**以外**を検索したいなら、**大文字の**「`\\D`」を使用します。

```
str_locate_all(string = "Simons et al. (2016)", pattern = "\\D")
```

```
[[1]]                                                             出力
      start end
 [1,]     1   1
 [2,]     2   2
 [3,]     3   3
    （中略）
[14,]    14  14
[15,]    15  15
[16,]    20  20
```

正規表現は、バックスラッシュ（\）を用いるものばかりではありません。以下のような表現もできます。これらの表現を用いる場合も、二重引用符（""）で囲みます。

- `[:alpha:]`：数字を**除き**、文字だけを検索する
- `[:lower:]`：小文字だけを検索する
- `[:upper:]`：大文字だけを検索する
- `[:alnum:]`：数字を**含み**、文字を検索する
- `[:digit:]`：数字だけを検索する
- `[:punct:]`：記号だけを検索する
- `[:graph:]`：数字を**含み**、文字と記号を検索する
- `[:space:]`：スペースを検索する
- `[:blank:]`：スペースとタブ（改行は含まない）を検索する

```
# 文字だけを検索(数字は含まない)
str_locate_all(string = "Simons et al. (2016)", pattern = "[:alpha:]")
```

```
[[1]]                                                             出力
      start end
 [1,]     1   1
 [2,]     2   2
 [3,]     3   3
```

```
（中略）
 [8,]     9   9
 [9,]    11  11
[10,]    12  12
```

なお[:alpha:]は、「アルファベットだけを検索する」という意味ではありません。以下のように全角文字も検索できます。

```
# 文字だけを検索（数字は含まない）
str_locate_all(string = c("Rユーザ"), pattern = "[:alpha:]")
```

出力
```
[[1]]
     start end
[1,]     1   1
[2,]     2   2
[3,]     3   3
[4,]     4   4
```

ただしこれはあくまで、stringrパッケージを用いる場合の仕様であることに注意してください。Rにデフォルトで用意されている文字列処理用の関数（たとえばgrep()）では、[:alpha:]は半角英字だけを表します。

高度な検索

「あらゆる数字を検索」のような、単純な検索だけでなく、「1から3まで」のように、細かく条件を指定した検索もできます。範囲を表す正規表現は、「[始点-終点]」です。この記法は数字にも、数字以外の文字にも適用できます。

```
# 1から5までの数字を検索
str_locate_all(string = "Simons et al. (2016)", pattern = "[1-3]")
```

出力
```
[[1]]
     start end
[1,]    16  16
[2,]    18  18
```

```
# アルファベットのaからgまでを検索
str_locate_all(string = "Simons et al. (2016)", pattern = "[a-g]")
[[1]]
     start end
[1,]     8   8
[2,]    11  11
```

「または」を表す「|」を用いると、「1から3まで、または、6から8まで」のように、複数の条件を組み合わせて検索できます。

```
# 1から3まで、または、6から8までの数字を検索
str_locate_all(string = "Simons et al. (2016)", pattern = "[1-3]|[6-8]")
```

```
[[1]]                                                            出力
     start end
[1,]    16  16
[2,]    18  18
[3,]    19  19
```

```
# 「Si」、「mo」、「n」、「s」のいずれかを検索
str_locate_all(string = "Simons et al. (2016)", pattern = "Si|mo|n|s")
```

```
[[1]]                                                            出力
     start end
[1,]     1   2
[2,]     3   4
[3,]     5   5
[4,]     6   6
```

括弧（[]）内に検索対象の文字や記号を列挙すると、その中のどれか1つでもマッチすれば検索されます。ただしこの場合は、[]内に指定した一連の文字列が存在しても、あくまで一文字単位で検索が実行されることに注意してください。

```
# 「S」、「i」、「m」、「o」、「n」、「s」のいずれかを検索
# 「Simons」という文字列は検索されない
str_locate_all(string = "Simons et al. (2016)", pattern = "[Simons]")
```

```
[[1]]                                                            出力
     start end
[1,]     1   1
[2,]     2   2
[3,]     3   3
[4,]     4   4
[5,]     5   5
[6,]     6   6
```

反対に、[]内に指定した文字や記号を**含まずに**検索したければ、ハット（^）を先頭に付けます。

```
# 「S」、「i」、「m」、「o」、「n」、「s」のいずれも含まない対象を検索
str_locate_all(string = "Simons et al. (2016)", pattern = "[^Simons]")
```

```
[[1]]
     start end
 [1,]     7   7
 [2,]     8   8
 [3,]     9   9
   (中略)
[12,]    18  18
[13,]    19  19
[14,]    20  20
```
出力

ハット（^）は別の用途でも用いられるので、使い分けに注意してください。括弧（[]）を伴わずに、あるいは括弧の外でハット（^）を用いた場合は、「そのあとに書いた文字（列）や記号から始まる」、ということを意味します。

```
# 「Si」から始まる文字列が存在するかどうかを検索
str_detect(string = "Simons et al. (2016)", pattern = "^Si")
```

```
[1] TRUE
```
出力

```
# 「Sa」から始まる文字列が存在するかどうかを検索
str_detect(string = "Simons et al. (2016)", pattern = "^Sa")
```

```
[1] FALSE
```
出力

少しややこしいですが、以下のコードではハット（^）が括弧（[]）の外に書かれています。すると、大文字の「M」、小文字の「a」、小文字の「e」、小文字の「d」、のいずれかから始まる要素を検索します。よって、names_join[1]の「Matsumura Yuya」とnames_join[4]の「Maeda Kazuhiro」が両方マッチします。

```
# [1] "Matsumura Yuya"    "Yutani Hiroaki"    "Kinosada Yasunori" "Maeda Kazuhiro"

str_detect(string = names_join, pattern = "^[Maeda]")
```

```
[1]  TRUE FALSE FALSE  TRUE
```
出力

反対に、任意の文字（列）や記号で終わるものを検索したい場合には、ドルマーク（$）の前にそれらを指定します。

```
# 「(2016)」で終わる文字列が存在するかどうかを検索
# 前述の通り、括弧の前には\\が必要
str_detect(string = "Simons et al. (2016)", pattern = "\\(2016\\)$")
```

```
[1] TRUE
```
出力

```
# 「(2021)」で終わる文字列が存在するかどうかを検索
# 前述の通り、括弧の前には\\が必要
str_detect(string = "Simons et al. (2016)", pattern = "\\(2021\\)$")
```

```
[1] FALSE
```
出力

ここで、本節冒頭で紹介したstr_starts()やstr_ends()のことを思い出してみましょう。特定の文字列から始まる、もしくは特定の文字列で終わる対象を検索するためのこれらの関数は、内部でstr_detect()と正規表現を組み合わせて利用している、と述べました。実際に中身をのぞいてみると、たしかに正規表現^や$と、str_detect()が用いられています。

```
str_starts
```

出力
```
function (string, pattern, negate = FALSE)
{
    switch(type(pattern), empty = , bound = stop("boundary() patterns are not
supported."),
        fixed = stri_startswith_fixed(string, pattern, negate = negate,
            opts_fixed = opts(pattern)), coll = stri_startswith_coll(string,
            pattern, negate = negate, opts_collator = opts(pattern)),
        regex = {
            pattern2 <- paste0("^", pattern)
            attributes(pattern2) <- attributes(pattern)
            str_detect(string, pattern2, negate)
        })
}
<bytecode: 0x00000000128bbb00>
<environment: namespace:stringr>
```

```
str_ends
```

出力
```
function (string, pattern, negate = FALSE)
{
    switch(type(pattern), empty = , bound = stop("boundary() patterns are not supported."),
        fixed = stri_endswith_fixed(string, pattern, negate = negate,
            opts_fixed = opts(pattern)), coll = stri_endswith_coll(string,
            pattern, negate = negate, opts_collator = opts(pattern)),
        regex = {
            pattern2 <- paste0(pattern, "$")
            attributes(pattern2) <- attributes(pattern)
            str_detect(string, pattern2, negate)
        })
```

```
}
<bytecode: 0x000000010c15760>
<environment: namespace:stringr>
```

regex()

文字列「"Simons et al. (2016)"」の中に、大文字か小文字かを問わず、「Q, R, S」のいずれかのアルファベットが含まれているかどうかを検索してみましょう。これらは連番のアルファベットなので、正規表現を用いて[Q-S]と表せるはずです。大文字か小文字かを区別せずに検索するためには、fixed()やcoll()の中で、ignore_case = TRUEと引数を指定すればよいのでした。ところが、以下のように書いても、1文字目と6文字目に存在するはずの大文字の「S」や小文字の「s」が検索されません。

```
#「Q, R, S, q, r, s」のいずれかが含まれている場合に、その位置を特定したい
str_locate_all(string = "Simons et al. (2016)", pattern = fixed(pattern = "[Q-S]", ignore_case = TRUE))
str_locate_all(string = "Simons et al. (2016)", pattern = coll(pattern = "[Q-S]", ignore_case = TRUE))
```

```
[[1]]                                                                  出力
     start end
```

これはコラムで前述したように、fixed()やcoll()が、正規表現を利用しない照合を行うためです。この場合は、「"Simons et al. (2016)"」の中に、見た目通り「[Q-S]」という文字列が存在するかどうかを調べています。よって、もし検索対象の文字列が「"Simons et al. (2016)[Q-S]"」であったならば、適切に21文字目から25文字目までがマッチしていることを返してくれます。

```
#「Q, R, S, q, r, s」のいずれかが含まれている場合に、その位置を特定したい
str_locate_all(string = "Simons et al. (2016)[Q-S]", pattern = fixed(pattern = "[Q-S]", ignore_case = TRUE))
str_locate_all(string = "Simons et al. (2016)[Q-S]", pattern = coll(pattern = "[Q-S]", ignore_case = TRUE))
```

```
[[1]]                                                                  出力
     start end
[1,]    21  25
```

正規表現を用いる場合には、fixed()やcoll()ではなく、regex()を使用します。以下のコードではたしかに、1文字目と6文字目に存在する、大文字の「S」や小文字の「s」が検索されています。

```
# 「Q, R, S, q, r, s」のいずれかが含まれている場合に、その位置を特定したい
str_locate_all(string = "Simons et al. (2016)", pattern = regex(pattern = "[Q-S]", igno
re_case = TRUE))
```

```
[[1]]                                                                              出力
     start end
[1,]     1   1
[2,]     6   6
```

A-4 まとめ

現実に我々が利用するデータセットは、必ずしも整然（tidy）であるとは限りません。特に、第2章で説明したスクレイピングを用いてインターネット上のデータを取得する際には、文字列の間に不要な空白が空いていたり、大文字と小文字の表記が統一されていなかったりと、悩ましい問題に直面します。そのような場合に、stringrパッケージと正規表現を組み合わせると、多様な文字列処理を実現します。

本章で説明したstringrパッケージの関数や正規表現は、ごく一部にすぎません。もし、本章で学習した内容だけでは対処できない問題があれば、以下に紹介する情報源を参考にしてください。まずは、stringrパッケージの公式ドキュメントを読むことをお勧めします。

URL https://stringr.tidyverse.org/index.html

このページに、stringrパッケージおよび正規表現の公式チートシート[注A.1]がリンクされています。stringrパッケージの関数や正規表現を利用した場合の挙動が、図を用いて分かりやすく説明されています。

正規表現そのものは、R以外のプログラミング言語においても用いられる汎用的な技術なので、習得すれば他の言語を利用する際にも役に立つと思います。また、stringrパッケージ以外のパッケージを利用する際にも、正規表現が活用できることがあります。

注 A.1　URL https://github.com/rstudio/cheatsheets/blob/master/strings.pdf

付録B

lubridateによる日付・時刻データの処理

本章では、主にlubridateパッケージを用いて日付・時刻データを扱う方法を概説します。文字列からの変換や日付・時刻の足し算引き算など、よくある処理について取り上げます。また、タイムゾーンなどのつまづきがちなトピックについても簡単に解説します。

本章の内容

B-1 日付・時刻のデータ型とlubridateパッケージ

データ分析において、日付や時刻に関わるデータを扱うこともよくあるでしょう。本付録では、日付や時刻に関するデータ型と、それを処理する際に便利なlubridateパッケージについて紹介します。

時間を表すデータ型は数多くあります。標準で提供されているものもあれば、さまざまなパッケージが独自に提供しているものもあります。基本のデータ型としては、まずは以下の2つを押さえておきましょう。

- `Date`: 日付を表すデータ型
- `POSIXct`[注B.1]: 時刻を表すデータ型

現在の日付や時刻をこれらのデータ型で取得するには、それぞれ`Sys.Date()`、`Sys.time()`という関数を使います[注B.2]。

```
Sys.Date()
```

```
[1] "2020-11-01"
```
出力

```
Sys.time()
```

```
[1] "2020-11-01 13:59:01 JST"
```
出力

しかし実際には、こうして現在の時刻を参照するケースは稀です。すでにあるデータを日付や時刻に変換して使うことがほとんどでしょう。また、読み込めばそれで終わりではなく、その日付や時刻のデータを使って計算や集計（例：所要時間を計算する、週ごとの平均を求める）を行うことでしょう。tidyverseでは、**lubridateパッケージ**がこうした変換や加工に便利な関数を提供しています。lubridateは、tidyverseをインストールすれば同時にインストールされますが、他のパッケージと異なり、`library(tidyverse)`するだけでは自動で読み込まれません[注B.3]。まずは`library(lubridate)`で明示的に読み込みましょう。

注B.1　`POSIXct`とよく似た名前の`POSIXlt`というデータ型もあります。これらは相互に変換もできますが、内部のデータ構造が異なっており、処理の効率の観点からtidyverseでは`POSIXct`型しかサポートしていない関数が多いです。もし時刻データが`POSIXlt`型になっていれば、まずは`as.POSIXct()`で`POSIXct`型に変換してから処理を始めましょう。

注B.2　ところで、結果にある「JST」はタイムゾーンの時間帯を示す文字列ですが、この表示については注意が必要です。「B-6 タイムゾーンの扱い」で後述します。

注B.3　執筆時点の挙動です。lubridateパッケージの関数には他のパッケージと衝突するものがあり、それが解決すれば自動で読み込まれるようにする計画のようですが、まだ完了していないようです。参考：URL https://github.com/tidyverse/tidyverse/issues/157

```
library(lubridate)
Attaching package: 'lubridate'

The following objects are masked from 'package:base':

    date, intersect, setdiff, union
```

ちなみに、読み込み時に表示される「The following objects are masked from…」というメッセージは、「lubridateパッケージの関数`date()`、`intersect()`、`setdiff()`、`union()`と同名の関数が素のRにも存在して、名前が衝突している」という情報です。このことで、たとえば`date()`を実行すると、素のRの`date()`（現在時刻を文字列で返す）ではなく、lubridateパッケージの`date()`（時刻型オブジェクトから日付部分を抜き出す）が呼び出されます。これはしばしば予期せぬ挙動につながるため、注意喚起としてこのメッセージが表示されているわけです。しかし、lubridateパッケージの場合は素のRの関数と互換性があるように作られているので（たとえば、lubridateパッケージの`date()`は、引数なしで使うと内部で素のRの`date()`が呼び出される）、無視して問題ありません。

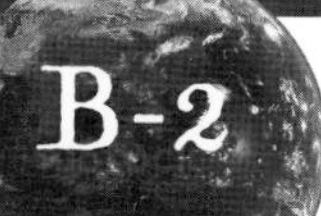

B-2 日付・時刻への変換

文字列から日付・時刻への変換

日付や時刻は、デフォルトの形式のものであれば`as.Date()`、`as.POSIXct()`でそのまま変換できます。

```
as.Date("2020-11-01")
```

```
[1] "2020-11-01"
```
出力

```
as.POSIXct("2020-11-01 13:59:01")
```

```
[1] "2020-11-01 13:59:01 JST"
```
出力

しかし、現実には時間を表すデータはさまざまな形式で記述されます。たとえば、以下の文字列を日付に変換する場合を考えてみましょう。

```
x <- c(
```

```
  "20-11-01",          # 年代は下二桁だけ
  "20201101",          # 数字だけ
  "2020年11月1日"     # 日本語
)
```

これらの文字列は、デフォルトの形式とは異なるので、変換にはas.Date()のformatという引数に適切なフォーマットを指定する必要があります。しかし、そんなことをしなくても、lubridateパッケージはこうしたデータを簡単に変換できる関数ymd()を提供しています。

```
ymd(x)
```

```
[1] "2020-11-01" "2020-11-01" "2020-11-01"
```
出力

ymd()の3文字のアルファベットはそれぞれ、年（y）、月（m）、日（d）を表しており、数字が年月日の順に並んでいる文字列であれば、数字以外の文字はうまく無視して変換してくれます。この関数には並び順が違うバージョンも用意されていて、たとえば月年日の順であればmyd()を使います。

```
myd("01/2021/30")
```

```
[1] "2021-01-30"
```
出力

また、時刻型も同じように、ymd_hms()といった関数が用意されています。_のあとのアルファベットはそれぞれ、時（h）、分（m）、秒（s）を表しています。時分秒については、並び順が違うバージョンはありませんが、分まで（hm）、時まで（h）のものが用意されています。

```
# 「年月日時分秒」の形式の文字列
ymd_hms("2020-12-13T20:09:14Z")
```

```
[1] "2020-12-13 20:09:14 UTC"
```
出力

```
# 「日月年時分」の形式の文字列
dmy_hm("13/12/2020 20:09")
```

```
[1] "2020-12-13 20:09:00 UTC"
```
出力

注意点として、これらの関数は、タイムゾーンの情報は読み取ってくれません。たとえば、以下の文字列には「JST」とあるので日本時間として認識してほしいところですが、UTC（Universal Time Coordinated; 協定世界時）になってしまいます。

```
ymd_hms("2020-12-13 20:09:14 JST")
```

```
[1] "2020-12-13 20:09:14 UTC"
```
出力

UTC以外のタイムゾーンにしたい場合は、tz引数を指定する必要があります。日本時間なら"Asia/Tokyo"注B.4です。他に、読み込んだあとでタイムゾーンを変換するという手もあります。これについては「B-6 タイムゾーンの扱い」で説明します。

```
ymd_hms("2020-12-13 20:09:14 JST", tz = "Asia/Tokyo")
```

```
[1] "2020-12-13 20:09:14 JST"
```
出力

ymd_hms()は便利ですが、すべてのフォーマットの時刻に対応できるわけではありません。たとえば、12時間表記の時刻（AM/PMの区別がある）はymd_hms()では正しく変換できません。こういった複雑なケースには、自分でフォーマットを指定するparse_date_time()が使えます。フォーマットに使える主要な項目は**表B.1**に示すとおりです。たとえば、AM/PMの区別がある時刻は次のようにすると変換できます。

```
parse_date_time("2020-11-1 01:10 PM", "YmdHMp")
```

```
[1] "2020-11-01 13:10:00 UTC"
```
出力

●表B.1　parse_date_time()に指定できるフォーマット

フォーマット文字列	意味	例
Y	年（4桁の数字）	1999
y	年（2桁の数字）	99
m	月（2桁の数字）	1, 01（2桁目の0はあってもなくてもマッチする）
d	日（2桁の数字）	1, 01
H	時（2桁の数字、24時間表記）	01, 23
M	分（2桁の数字）	04, 55
S	秒（2桁の数字）	04, 55
p	AM/PM	am, AM

数値から日付・時刻への変換

日付・時刻は、表示する際は人間に分かりやすい文字列で記述されますが、内部的には「ある

注B.4　ここは "JST" と指定したくなるところですが、それはできません。tz 引数は、基本的にはタイムゾーン名（ここでは Asia/Tokyo）で指定します。一部、"UTC" や "CET" のように標準時の名前で指定できるものもあります。指定できる値は環境によって異なりますが、OlsonNames() をコンソールで実行すると一覧を見ることができます。詳しい説明は ?timezones のヘルプを参照してください。

基準時からの経過秒数（または日数）」のような形で扱われています。もっともよくあるのは1970年1月1日の0時0分0秒を基準にした秒数[注B.5]で、これは**UNIX時間**などと呼ばれます。機械的に取得されたデータを扱う際には、タイムスタンプがこの形式になっていることがしばしばあります。これを時刻に変換するにはas_datetime()を使います。

```
as_datetime(1604216331)
```

```
[1] "2020-11-01 07:38:51 UTC"
```
出力

同様に、基準日からの経過日数を日付に変換するにはas_date()が用意されています。

```
as_date(18567)
```

```
[1] "2020-11-01"
```
出力

as_datetime()・as_date()にはorigin引数で明示的に基準時（日）を指定することもできます。たとえば、1899年12月30日を基準にした経過日数[注B.6]を日付に変換するには次のようにします。

```
as_date(35981, origin = "1899-12-30")
```

```
[1] "1998-07-05"
```
出力

数値を日付や時刻に変換する別のケースとして、年、月、日などが別々に用意されている場合があります。ここから日付と時刻のデータ型を組み立てるには、それぞれmake_date()とmake_datetime()が便利です。

```
d <- tibble(
  year  = c(2020, 2021, 2022),
  month = c(  12,    1,    8),
  day   = c(   1,   30,   19)
)

d %>%
  mutate(date = make_date(year = year, month = month, day = day))
```

```
# A tibble: 3 x 4
   year month   day date
  <dbl> <dbl> <dbl> <date>
```
出力

注B.5　ただし、うるう秒はカウントしません。

注B.6　WindowsのExcelの日付データの内部表現をRの日付に変換するには1899年12月30日を基準にしなければならないことが知られています。なぜこんな中途半端な日付なのか気になった方は、?as.Date()のExamplesセクションの説明を読んでみてください。

```
1  2020    12     1 2020-12-01
2  2021     1    30 2021-01-30
3  2022     8    19 2022-08-19
```

readr パッケージによる読み込み時の変換

ここまで見てきたように、lubridateパッケージには変換のための便利な関数がたくさんありますが、データを読み込む時点で日付・時刻に変換できるケースも多くあります。たとえば、第1章の「CSV, TSV ファイルの読み込み」でreadrパッケージによるCSVファイルの読み込みを紹介しました。readrパッケージは、よくあるフォーマットであれば何も指定しなくても日付・時刻データに変換してから読んでくれますし、もし推測がうまくいかない場合でもフォーマットを指定できます。このフォーマットには、parse_date_time()のときに使ったもの（**表B.1**のフォーマット文字列）の前に%を付けて指定します。また、parse_date_time()のときは順序を指定するだけでしたが、readrの場合は/のような間に入る文字も含める必要があることに注意してください。

```
csv_text <-
  "dt,value
10/2020/11,1
10/2020/11,2"

# dt列はDate型だと推測してほしいが、普通に読み込むと文字列になってしまう
read_csv(csv_text)
```

出力

```
# A tibble: 2 x 2
  dt          value
  <chr>       <dbl>
1 10/2020/11      1
2 10/2020/11      2
```

```
# col_types でフォーマットとともに型を指定
read_csv(csv_text, col_types = cols(dt = col_date("%d/%Y/%m")))
# A tibble: 2 x 2
  dt          value
  <date>      <dbl>
1 2020-11-10      1
2 2020-11-10      2
```

B-3 日付・時刻データの加工

次に、日付・時刻データを加工する関数を見ていきましょう。

まず、分かりやすいものとして、lubridateには日付・時刻の一部を抜き出す関数があります。たとえば、date()は日付だけを、month()は月だけを抜き出す関数です。

```
x <- ymd_hms("2020/07/18 12:34:56")
date(x)
```

```
[1] "2020-07-18"
```
出力

```
month(x)
```

```
[1] 7
```
出力

こうした関数の一覧は**表B.2**に示す通りです。

●表B.2　日付・時刻の一部の要素を抜き出す関数

関数	抜き出す要素
date()	日付
year()	年
month()	月
day()	日
hour()	時
minute()	分
second()	秒

また、その日付や時刻の属性について調べる関数もあります。

たとえば、wday()は曜日を調べる関数です。この関数のweek_start引数には、週の始まりの曜日を1（月）～7（日）の数字で指定します[注B.7]。wday()は、その指定した曜日を基準とした曜日を表す数字を返します。月曜が基準であれば1（月）～7（日）、日曜が基準であれば1（日）～7（土）です。例として、2020/1/1（水）～1/10（金）までの日付データに対してwday()を使ってみましょう。

注 B.7　week_startは必須の引数ではありませんが、本付録では説明のため指定しています。デフォルト（lubridate.week.startオプションを指定していない）では7になっています。

```
x <- ymd(20200101 + 0:9)
x
```

```
 [1] "2020-01-01" "2020-01-02" "2020-01-03" "2020-01-04" "2020-01-05"
 [6] "2020-01-06" "2020-01-07" "2020-01-08" "2020-01-09" "2020-01-10"
```
出力

```
# 月曜はじまりの週
wday(x, week_start = 1)
```

```
 [1] 3 4 5 6 7 1 2 3 4 5
```
出力

```
# 日曜はじまりの週
wday(x, week_start = 7)
```

```
 [1] 4 5 6 7 1 2 3 4 5 6
```
出力

数字ではなく曜日名が見たい場合には、label = TRUEを指定すると曜日のラベルがついた因子型ベクトルになります。曜日のラベルは実行環境のデフォルトロケールのもの（筆者の環境では日本語）になっています。ラベルを英語にしたい場合はlocale = "C"を指定します。

```
wday(x, week_start = 7, label = TRUE)
```

```
 [1] 水 木 金 土 日 月 火 水 木 金
Levels: 日 < 月 < 火 < 水 < 木 < 金 < 土
```
出力

```
wday(x, week_start = 7, label = TRUE, locale = "C")
```

```
 [1] Wed Thu Fri Sat Sun Mon Tue Wed Thu Fri
Levels: Sun < Mon < Tue < Wed < Thu < Fri < Sat
```
出力

week()やisoweek()、epiweek()は、1年の何週目なのかを調べる関数です。week()は1月1日を基準にした週を、isoweek()は月曜から始まる週、epiweek()は日曜から始まる週をそれぞれ返します。先ほどのx（2020年1月1～10日）をそれぞれの関数に渡して、結果を見比べてみると分かりやすいでしょう。

```
week(x)
```

```
 [1] 1 1 1 1 1 1 1 2 2 2
```
出力

```
isoweek(x)
```

B

```
[1] 1 1 1 1 1 2 2 2 2 2
```

```
epiweek(x)
```

```
[1] 1 1 1 1 2 2 2 2 2 2
```

次に、日付や時刻を加工する関数を見ていきましょう。たとえば、「1ヶ月後の日付がほしい」という場合を考えてみます。

一番単純には、月を1ヶ月後の月で置き換える、という方法があります。先ほど、month()などの関数で時刻の一部を抜き出せることを紹介しましたが、これらの関数は時刻の一部だけを書き換えることにも使えます。次のコードでは、2020年3月30日という日付の「3月」を「4月」に置き換えています。

```
x <- ymd("2020-03-30")

month(x) <- 4
x
```

```
[1] "2020-04-30"
```

しかし、今回はたまたま日付が1つだけだったのでピンポイントに置き換えることができましたが、もっとたくさんの日付データの1ヶ月後を求めたいときにはどうすればいいのでしょう。lubridateパッケージでは、months()という関数で「1ヶ月」という期間を表すオブジェクトを作り、それを足したり引いたりすることができます。

```
one_month <- months(1)
one_month
```

```
[1] "1m 0d 0H 0M 0S"
```

```
x <- ymd(c("2020-03-30", "2020-12-09"))
x + one_month
```

```
[1] "2020-04-30" "2021-01-09"
```

先ほどのmonth()と間違えやすいですが、こちらは後ろにsがついています。同様の関数が年、日、時、分、秒にも用意されています（**表B.3**）。

●表B.3　期間を表すオブジェクトを作る関数

関数	オブジェクトが表す期間
years()	n年後
months()	n月後
days()	n日後
hours()	n時間後
minutes()	n分後
seconds()	n秒後

ちなみに、「1ヶ月」が何を指すのかは、単純なように見えて難しい問題です。たとえば、1月30日の「1ヶ月後」は何月何日でしょうか？ まずは単純にmonths()で「1ヶ月」を足してみましょう。

```
ymd("2020-01-30") + months(1)
```

```
[1] NA
```
出力

NAになってしまいました。これは、2月30日という日付は存在しないためです。存在しない日付がNAになるのは正しい挙動ですが、計算上はNAではなくなんらかの日付が返ってくる方が望ましいケースもあります。

%m+%という演算子は、計算結果がその月の日数を超えていれば代わりに月末の日付を返してくれます。引き算には%m-%演算子を使います。

```
ymd("2020-01-30") %m+% months(1)
```

```
[1] "2020-02-29"
```
出力

また、「1ヶ月後」を「30日後」と解釈するのであれば、明示的にdays(30)を使いましょう。

```
ymd("2020-01-30") + days(30)
```

```
[1] "2020-02-29"
```
出力

他にも、「1ヶ月後」の解釈によってまた別の計算方法もあるかもしれません。このように、日付・時刻の計算は、単純に見えても実際にやってみると複雑になりがちです。簡単なデータで動作を確認しながらコードを組み立てるようにしましょう。

次に、日付・時刻データを任意の単位に丸める関数round_date()、floor_date()、ceiling_date()について紹介します。

round_date()は、指定された単位の区切りのうち、もっとも近いものを返します。単位はunit引数に文字列で指定します。たとえば、単位が1時間だとすると、20:29:59 は 20:00:00に切り捨て、

20:30:00は21:00:00に切り上げ、といった具合です。

```
x <- ymd_hms(c("2020-02-01 20:29:59", "2020-02-01 20:30:00"))
round_date(x, unit = "hour")
```

```
[1] "2020-02-01 20:00:00 UTC" "2020-02-01 21:00:00 UTC"
```
出力

floor_date()はその日付・時刻より過去の区切りのうちもっとも近いもの、ceiling_date()は未来の区切りのうちもっとも近いものを返します。

```
# 21時の1秒前、21時ちょうど、21時の1秒後
x <- ymd_h("2020-02-01 21") + seconds(-1:1)
x
```

```
[1] "2020-02-01 20:59:59 UTC" "2020-02-01 21:00:00 UTC"
[3] "2020-02-01 21:00:01 UTC"
```
出力

```
# 21時より1秒でも前なら20時に、21時以降なら21時に
floor_date(x, unit = "hour")
```

```
[1] "2020-02-01 20:00:00 UTC" "2020-02-01 21:00:00 UTC"
[3] "2020-02-01 21:00:00 UTC"
```
出力

```
# 21時より1秒でも後なら22時に、21時以前なら21時に
ceiling_date(x, unit = "hour")
```

```
[1] "2020-02-01 21:00:00 UTC" "2020-02-01 21:00:00 UTC"
[3] "2020-02-01 22:00:00 UTC"
```
出力

ちなみに、unit引数には4 daysや6 hoursといった基本単位の定数倍を指定することもできます。指定できるフォーマットについては関数のヘルプ（?round_date）を参照してください。

```
x <- ymd("2020-02-01") + days(0:5)
x
```

```
[1] "2020-02-01" "2020-02-02" "2020-02-03" "2020-02-04" "2020-02-05"
[6] "2020-02-06"
```
出力

```
floor_date(x, unit = "3 days")
```

```
[1] "2020-02-01" "2020-02-01" "2020-02-01" "2020-02-04" "2020-02-04"
[6] "2020-02-04"
```
出力

B-4 interval

時系列データを扱っていると、あるイベントがある期間に含まれているかを調べたくなることがあります。たとえば、以下のデータを2021年1月2～4日に絞り込む場合を考えてみましょう。日付・時刻データ同士は<や>といった演算子で比較できるので、もっとも単純には、`filter()`に「2021年1月2日以降」「2021年1月4日以前」という条件を組み合わせれば望む結果が得られます。

```
d <- tibble(
  date = ymd("2021-01-01") + days(0:6),
  value = 1:7
)

d %>%
  filter(
    date >= ymd("2021-01-02"),
    date <= ymd("2021-01-04")
  )
```

```
# A tibble: 3 x 2
  date       value
  <date>     <int>
1 2021-01-02     2
2 2021-01-03     3
3 2021-01-04     4
```
出力

あるいは、`between()`という関数を使って書くこともできます。これは数値が指定した区間の下限と上限の間にあるかを調べるdplyrの関数で、日付・時刻データにも使うことができます。2番目の引数には区間の下限、3番目の引数には区間の上限を指定します。

```
d %>%
  filter(between(date, ymd("2021-01-02"), ymd("2021-01-04")))
```

簡単なコードではこれだけでも十分ですが、lubridateパッケージは「xからyまで」という期間を表すintervalクラスを提供しています。intervalクラスのオブジェクトは、`interval()`で作成できます。

```
i <- interval(
  start = ymd("2021-01-02"),
  end   = ymd("2021-01-04")
)
```

```
i
```

```
[1] 2021-01-02 UTC--2021-01-04 UTC
```
出力

または、%--%演算子を使って次のように書くこともできます。

```
ymd("2021-01-02") %--% ymd("2021-01-04")
```

ある日付や時刻がそのintervalに含まれるかは%within%演算子で判定できます。

```
d %>%
  filter(date %within% i)
```

intervalは、int_start()、int_end()で期間の最初と最後を取り出したり、変更を加えたりすることができます。

```
int_start(i)
int_end(i)

int_end(i) <- ymd("2021-01-05")  # 期間の終わりを2021年1月5日に変更
```

また、int_length()で期間の長さ（単位は秒）を知ることができます。期間中の平均などを求めたい場合はこれを使うと便利でしょう。

```
i2 <- ymd_hms("2021-01-02 00:00:00") %--% ymd_hms("2021-01-02 01:02:03")
int_length(i2)
```

```
[1] 3723
```
出力

B-5 日付、時刻データの計算・集計例

wday() を使った曜日の計算例

wday()が返す曜日を表す数字は、曜日に関わる計算をする際に便利です。例として、2020年1～6月の各月の第一水曜日を計算する方法を考えてみます。まずは各月1日の曜日を調べましょう。week_startには3（水曜）を指定します。

```
x <- make_date(year = 2020, month = 1:6, day = 1)  # 各月1日
w <- wday(x, week_start = 3)                        # 水曜はじまりの週で何番目の曜日か
w
```

出力
```
[1] 1 4 5 1 3 6
```

wが1のものは、その日が第一水曜日です。それ以外のものは、週末（水曜始まりの週の最後の日）までの日数が7 - w日で、その翌日が第一水曜日です。つまり、7 - w + 1日後の日付を計算すればそれが第一水曜日です。これを計算し、xに足し合わせてみましょう。

```
days_to_first_wednesday <- if_else(w == 1, 0, 7 - w + 1)   # (7 - w + 1) %% 7 でも OK
x + days(days_to_first_wednesday)
```

出力
```
[1] "2020-01-01" "2020-02-05" "2020-03-04" "2020-04-01" "2020-05-06"
[6] "2020-06-03"
```

```
# 曜日を確認
wday(x + days(days_to_first_wednesday), label = TRUE)
```

出力
```
[1] 水 水 水 水 水 水
Levels: 日 < 月 < 火 < 水 < 木 < 金 < 土
```

第一水曜日が計算できました。このように、lubridateの関数を組み合わせて使うと、複雑な日付の処理を行うこともできます。

floor_date()を使った週ごとの集計例

時系列データでは、「1ヶ月」「3日間」といった時間の単位ごとにデータを分割して集計したいことがあります。これにはfloor_date()やceiling_date()が便利です。

1つ具体的な集計の例を考えてみましょう。nycflights13パッケージは、2013年のニューヨーク市から出発した航空便に関するデータflightsを提供しています。

```
# install.packages("nycflights13") でインストール
library(nycflights13)

head(flights, 3)
```

出力
```
# A tibble: 3 x 19
   year month   day dep_time sched_dep_time dep_delay arr_time sched_arr_time
  <int> <int> <int>    <int>          <int>     <dbl>    <int>          <int>
1  2013     1     1      517            515         2      830            819
2  2013     1     1      533            529         4      850            830
```

```
3  2013     1     1     542           540         2     923           850
# … with 11 more variables: arr_delay <dbl>, carrier <chr>, flight <int>,
#   tailnum <chr>, origin <chr>, dest <chr>, air_time <dbl>, distance <dbl>,
#   hour <dbl>, minute <dbl>, time_hour <dttm>
```

次のコードでは、このデータから、出発地（origin）ごとに各週の便数と平均遅延時間を計算しています。

```
flights %>%
  mutate(
    # 日付データを組み立てる
    date = make_date(year, month, day),
    # 各週の初めの日(デフォルトだと日曜日、week_start引数で変更可)のうち、
    # その日付を超えないものの中でもっとも直近のもの
    week = floor_date(date, unit = "week")
  ) %>%
  # 日付と出発地でグループ化
  group_by(week, origin) %>%
  # 便数と平均の遅延時間を計算
  summarise(
    n = n(),
    avg_dep_delay = mean(dep_delay, na.rm = TRUE),
    .groups = "drop"
  )
```

```
# A tibble: 159 x 4                                                    出力
   week       origin     n avg_dep_delay
 * <date>     <chr>  <int>         <dbl>
 1 2012-12-30 EWR     1568        14.3
 2 2012-12-30 JFK     1556        10.5
 3 2012-12-30 LGA     1210         5.26
 4 2013-01-06 EWR     2234         6.03
 5 2013-01-06 JFK     2079         4.21
 6 2013-01-06 LGA     1805        -0.296
 7 2013-01-13 EWR     2226        14.3
 8 2013-01-13 JFK     2043         9.07
 9 2013-01-13 LGA     1807         3.39
10 2013-01-20 EWR     2213        20.0
# … with 149 more rows
```

集計期間を変えるにはunitに指定する期間を変えるだけです。たとえば1ヶ月ごとの集計であればmonth、3日間ごとの集計であれば3 daysを指定します。このように、floor_date()やceiling_date()を使うと、連続値である日付・時刻データを柔軟に分割できます。

B-6 タイムゾーンの扱い

日本ではJST（日本標準時）の時刻が使われますが、lubridateパッケージのデフォルトではUTC（Universal Time Coordinated; 協定世界時）が使われます。JSTはUTCより9時間進んでいます。相対的な時間（例：イベント発生から何時間後か）しか扱わない場合にはUTCのままで扱っていても問題になりませんが、日ごとに集計する場合や、「毎朝9時の値」といった特定の時刻について考える場合などは、タイムゾーンの変換が必要になってきます。

タイムゾーンの変換について説明する前に、まずはデータの構造について簡単にふれておきます。Rの時刻データには、タイムゾーンの情報を持つものと持たないものがあります。

現在の時刻を得る関数、`Sys.time()`の結果をもう一度見てみましょう。

```
Sys.time()
```

```
[1] "2020-11-01 13:59:01 JST"
```
出力

ここでは「JST」と表示されていますが、実は`Sys.time()`が返す時刻はタイムゾーンの情報を持っていません。タイムゾーンの情報を調べる関数`tz()`をこの結果に使ってみると、空文字列が返ってきます。これはタイムゾーンが設定されていないことを示しています。

```
tz(Sys.time())
```

```
[1] ""
```
出力

Rでは、タイムゾーンを持たない時刻データを表示する際、自動的にそれがシステムのデフォルトのタイムゾーンだと判断します。上で「JST」という表示になっていたのは、筆者の環境のタイムゾーンが`Asia/Tokyo`だったのでJSTだと判定されているだけでした。これはやや危険な状態です。もしタイムゾーンが違う実行環境の上[注B.8]で動かせば、手元では動いていたスクリプトが動かなくなる、といった事故がしばしば起こります。

lubridateパッケージの関数は必ずタイムゾーン付きの値を返すのでこういった事故は起こりません。

```
tz(ymd_hm("2020-12-12 10:23"))
```

注 B.8　Linuxのサーバーなどは UTC になっているケースも多いでしょう。

B

```
[1] "UTC"
```
出力

一方で、デフォルトではUTCになっているので、JSTや他のタイムゾーンに変換しなければならないことがしばしば発生します。タイムゾーンは、まずは時刻に変換する際に指定できることを紹介しました。

```
ymd_hm("2020-12-12 10:23", tz = "Asia/Tokyo")
```

```
[1] "2020-12-12 10:23:00 JST"
```
出力

では、すでにある時刻データのタイムゾーンを変更するにはどうすればいいのでしょう。これには`force_tz()`という関数が使えます。この関数は、時刻はそのまま、タイムゾーンを置き換えます。つまり、次の例ではUTCからJSTへと、時間が9時間戻っていることになります。

```
x <- ymd_hm("2020-12-12 10:23")

force_tz(x, "Asia/Tokyo")
```

```
[1] "2020-12-12 10:23:00 JST"
```
出力

もうひとつ、`with_tz()`という関数もあります。これは、時間を進めたり戻したりはせず、指定したタイムゾーンでの時刻に変換します。

```
with_tz(x, "Asia/Tokyo")
```

```
[1] "2020-12-12 19:23:00 JST"
```
出力

JSTのはずがUTCとして読み込まれてしまった、というデータには`force_tz()`を、そのあとの処理ではJSTとして扱いたい、というデータには`with_tz()`を、それぞれ使うことになるでしょう。

B-7 その他の日付・時刻データ処理に関する関数

lubridateパッケージだけで事足りる作業も多いですが、時刻データの扱いは複雑なので、tidyverse外のパッケージが必要なことも多いでしょう。便利なパッケージをいくつか紹介します。

 zipangu パッケージ

日本のデータを扱っていると、データ中に漢数字が出てきてlubridateの関数ではうまく変換できないことがあります。こんなときは、瓜生真也氏が開発しているzipanguパッケージが便利です。zipanguは、住所や漢数字など日本特有のデータ処理のためのパッケージです。

和暦を日付データに変換するには`convert_jdate()`を使います。

```
library(zipangu)

convert_jdate("令和元年10月22日")
```

```
[1] "2019-10-22"
```
出力

また、日本の祝日を調べたいときには`is_jholiday()`という関数が使えます。次の例では、文化の日である11月3日が祝日だと判定されています注B.9。

```
x <- ymd("20201101") + days(0:3)
is_jholiday(x)
```

```
[1] FALSE FALSE  TRUE FALSE
```
出力

B

 slider パッケージ

時系列データを扱う際には、長期的なトレンドを見やすくするために平滑化された値を見ることがあります。これには、Davis Vaughan氏が開発しているsliderパッケージが便利です。sliderはウィンドウ関数を扱うためのパッケージです。

sliderはここで全貌を説明するには機能が豊富すぎるので、具体的な使用例だけ紹介します。

たとえば、10日間移動平均を計算するには次のようなコードになります。ウィンドウの幅は、`.period`（単位）と、`.before`（各時点より何個前まで見るか）、`.after`（各時点より何個後まで見るか）で決まります。ここでは、`.period`が`"day"`、`.before`が9になっているので、各時点のデータとその9日前までのデータに対して`mean`が適用されます。

```
library(slider)

set.seed(32)
# 単調増加にランダムなノイズが乗ったデータ
d <- tibble(
  date = ymd("2020-01-01") + days(0:60),
```

注B.9　祝日かどうかだけで、土日は含まれません。

```
  values = 1:61 + 10 * runif(61)
)

d %>%
  mutate(
    values_slide = slide_period_dbl(
      values,             # 値
      date,               # 値の観測時点
      mean,               # ウィンドウに対して適用する関数
      .period = "day",    # ウィンドウの単位
      .before = 9         # ウィンドウの幅
    )
  )
```

```
# A tibble: 61 x 3                                                    出力
   date       values values_slide
   <date>      <dbl>        <dbl>
 1 2020-01-01   6.06         6.06
 2 2020-01-02   7.95         7.00
 3 2020-01-03  11.1          8.36
 4 2020-01-04  11.3          9.10
 5 2020-01-05   6.52         8.58
 6 2020-01-06  15.6          9.74
 7 2020-01-07  14.5         10.4
 8 2020-01-08  16.5         11.2
 9 2020-01-09  15.7         11.7
10 2020-01-10  13.9         11.9
# … with 51 more rows
```

sliderが便利なのは、このウィンドウを柔軟にコントロールできる点です。たとえば、10日間の移動平均ではなく、開始からその時点までの平均を計算するには、`.before`を次のように変えます。

```
d %>%
  mutate(
    values_slide = slide_period_dbl(

      ...

      .before = Inf       # ウィンドウの幅
    )
  )
```

このようにsliderを使うとウィンドウ関数を柔軟に扱うことができます。詳細はパッケージの公式HP[注B.10]を参照してください。

注B.10　URL https://davisvaughan.github.io/slider/

索引

【E】

【F】

【G】

【H】

【S】

【T】

【U】

【V】

【W】

【X】

【Y】

【Z】

【あ行】

【か行】

【さ行】

【た行】

【な行】

【は行】

【ま行】

【ら行】

profile 著者プロフィール

松村 優哉（まつむら ゆうや）

IT企業勤務。修士（経済学）。学生時代の専門はベイズ統計学、統計的因果推論およびそれらのマーケティングへの応用。ホームページ：URL https://ymattu.github.io/

仕事および趣味でRを使用し、ブログ（URL https://y-mattu.hatenablog.com/）にてRやPythonなどの情報を発信しているほか、Rの勉強会Tokyo.Rの運営にも携わる。著書に『データサイエンティストのための最新知識と実践 Rではじめよう！［モダン］なデータ分析』（マイナビ出版, 2017）。本書の第1章、第2章を執筆。

湯谷 啓明（ゆたに ひろあき）

IT企業勤務。データの可視化への興味からggplot2を知り、Rを使い始める。tidyverseへのコントリビューションも多数。技術ブログ（URL https://notchained.hatenablog.com/）でもRに関する小ネタや最新情報を発信している。好きな言語はRと忍殺語。著書に「Rによるスクレイピング入門」（C&R研究所, 2017）、翻訳書に「Rプログラミング本格入門」（共立出版, 2017）。本書の「tidyverseとは」、第3章、付録Bを執筆。

紀ノ定 保礼（きのさだ やすのり）

静岡理工科大学情報学部 講師。博士（人間科学）。同志社大学文化情報学部在学中にRを習うも、当時はRStudioがなく、いつしか疎遠になる。統計モデリングとtidyverseへの興味から再びRを使い始め、今ではRはなくてはならない存在に。大阪大学大学院人間科学研究科助教を経て、現職。専門は、認知心理学、交通心理学、人間工学。翻訳書に『ベイズ統計モデリング－R, JAGS, Stanによるチュートリアル－原著第2版』（共立出版, 2017）。本書の第4章と付録Aを執筆。

前田 和寛（まえだ かずひろ）

IT企業勤務。分析をするためにRを使いはじめ、気付いたら全国各地のRコミュニティで発表するようになる。Webページ（URL https://kazutan.github.io/kazutanR/）などでRに関する情報を発信中。翻訳書に『ベイズ統計モデリング－R, JAGS, Stanによるチュートリアル－原著第2版』（共立出版, 2017）、『Rではじめるソーシャルメディア分析－Twitterからニュースサイトまで－』（共立出版, 2019）。本書の「はじめに」、第5章を執筆。

●装丁・本文デザイン
　トップスタジオデザイン室（轟木 亜紀子）
●DTP
　酒徳 葉子
●担当
　高屋 卓也

改訂2版　R ユーザのための RStudio［実践］入門
tidyverse によるモダンな分析フローの世界

2018年 7月13日　初　版　第1刷発行
2021年 6月16日　第2版　第1刷発行
2023年12月14日　第2版　第3刷発行

著　者　松村優哉、湯谷啓明、紀ノ定保礼、前田和寛
発行者　片岡　巌
発行所　株式会社技術評論社
　　　　東京都新宿区市谷左内町 21-13
　　　　電話　03-3513-6150（販売促進部）
　　　　　　　03-3513-6177（第5編集部）
印刷／製本　昭和情報プロセス株式会社

定価はカバーに表示してあります。

ISBN978-4-297-12170-9　C3055
Printed in Japan

■お問い合わせについて

本書に関するご質問については、本書に記載されている内容に関するもののみとさせていただきます。本書の内容と関係のないご質問につきましては、一切お答えできませんので、あらかじめご了承ください。また、電話でのご質問は受け付けておりませんので、FAX か書面にて下記までお送りください。

＜問い合わせ先＞
〒162-0846
　東京都新宿区市谷左内町 21-13
　株式会社技術評論社　第5編集部
　「改訂2版　R ユーザのための RStudio［実践］入門」係
　FAX：03-3513-6173

なお、ご質問の際には、書名と該当ページ、返信先を明記してくださいますよう、お願いいたします。

お送りいただいたご質問には、できる限り迅速にお答えできるよう努力いたしておりますが、場合によってはお答えするまでに時間がかかることがあります。また、回答の期日をご指定なさっても、ご希望にお応えできるとは限りません。あらかじめご了承くださいますよう、お願いいたします。